# 图解中学
# 对数与向量

## 通过实例学习数学及科学研究所用的重要工具

〔日〕牛顿出版社　编
《科学世界》杂志社　译

科学出版社
北京

图字号：01-2021-6736

## 内 容 简 介

你是擅长数学还是害怕数学呢？可能有很多人对数学持有这样的印象——“不知道在学校学到的数学有什么用”。在现代社会里，各种各样的数学工具非常丰富。本书对其中的“对数”和“向量”这样非常实用的工具进行介绍。

“对数”作为可以简化计算的工具在16世纪就已诞生，在没有电子计算机的时代，对数成为自然科学发展的基石。到今天，对数除了作为单纯的计算工具，还出现在现代科学的各种场合里，支持社会发展。“向量”是表述“同时具有大小和方向的量”的概念，在包含物理学在内的很多科学领域起到巨大作用。

本书通过不同实例从基础开始，对什么是对数、什么是向量，以及它们起到什么样的作用等进行简单易懂的介绍。同时还对与对数相关的“指数”，与向量有关的“矩阵”等进行解说。除此之外，本书还将介绍如何利用对数和指数更加灵活自如地去掌握数字的技巧、使用对数计算机“计算尺”的原理和方法，以及与向量和力学有关的定理等。



**图书在版编目（CIP）数据**

图解中学对数与向量/日本牛顿出版社编；《科学世界》杂志社译. —北京：科学出版社，2023.2

ISBN 978-7-03-070970-7

Ⅰ. ①图… Ⅱ. ①日… ②科… Ⅲ. ①对数－青少年读物②向量－青少年读物 Ⅳ. ①O122.6-49②O183.1-49

中国版本图书馆 CIP 数据核字（2021）第 261177 号

责任编辑：王亚萍 / 责任校对：刘 芳
责任印制：李 晴 / 排版设计：楠竹文化

科学出版社 出版
北京东黄城根北街16号
邮政编码：100717
http://www.sciencep.com

北京盛通印刷股份有限公司 印刷

科学出版社发行 各地新华书店经销

*

2023年2月第 一 版 开本：889×1194 1/16
2024年4月第三次印刷 印张：11
字数：280 000

**定价：88.00元**

（如有印装质量问题，我社负责调换）

如此方便的数学工具

## 对数与向量

通过实例从基础开始学习，是科学研究必要的工具

## 指数的威力

可以缩短数的书写，使计算变得容易
指数函数可表现剧烈的变化

## 对数的世界

对数与指数表里如一
通过对数曲线得知“隐藏的变化”

## 向量与“场”

“内积”和“外积”的含义及计算方法
科学中必须用到的向量

## 掌握巨大数字的方法

实际感受大数的窍门
用来估算大约数量的费米问题

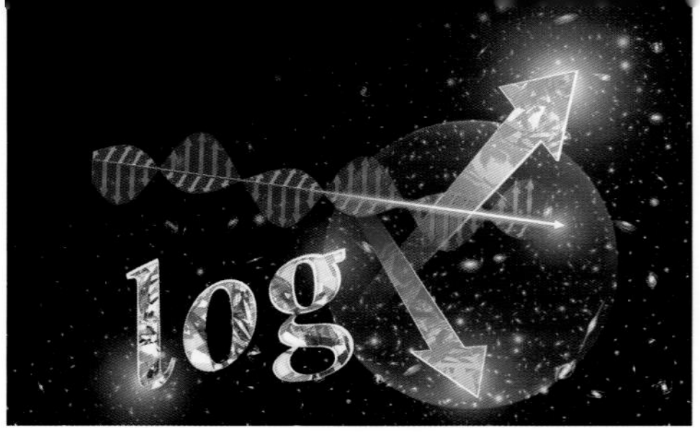


# 图解中学
# 对数与向量

通过实例学习数学及科学研究所用的重要工具

# 1

对数与指数

## 对数 · 指数 · 巨大的数

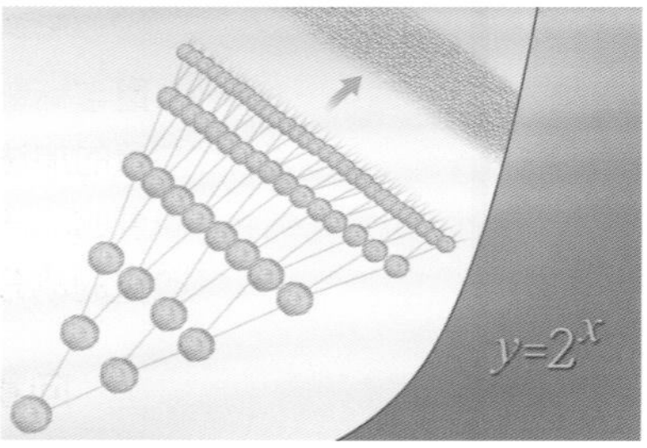


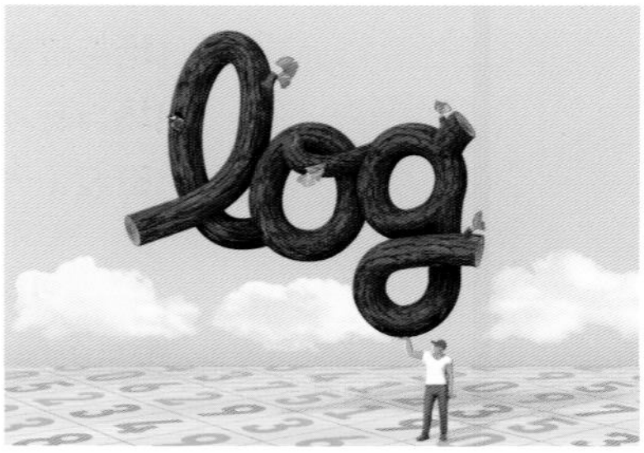


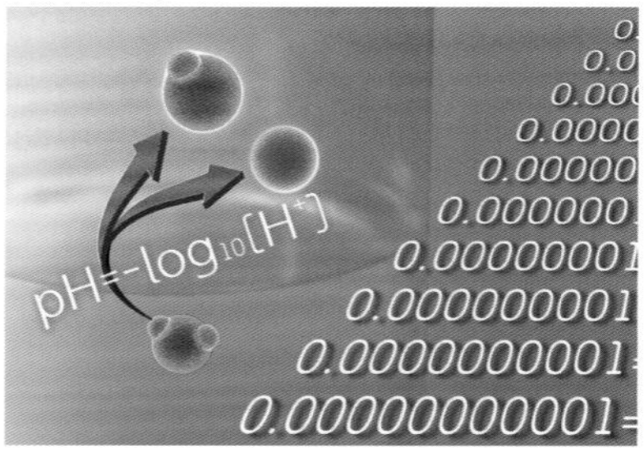


### PART 1 如何掌握大数



### PART 2 指数的威力



### PART 3 对数的世界

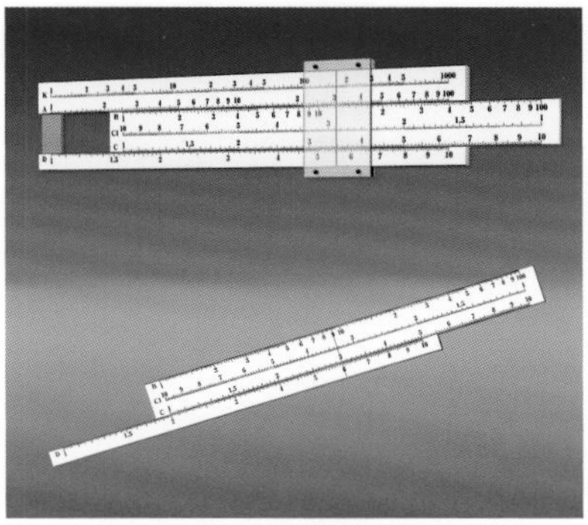

## 2 风 · 速度 · 力 · 光——通过实例详细理解 向量

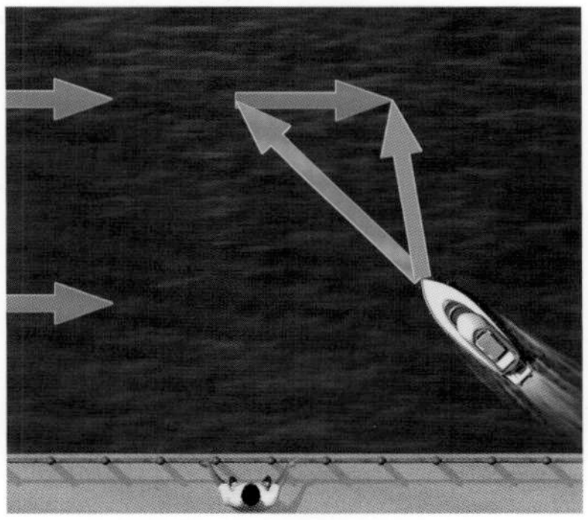



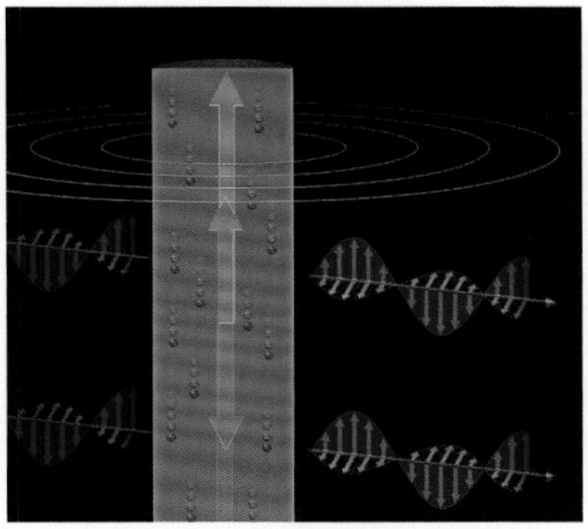



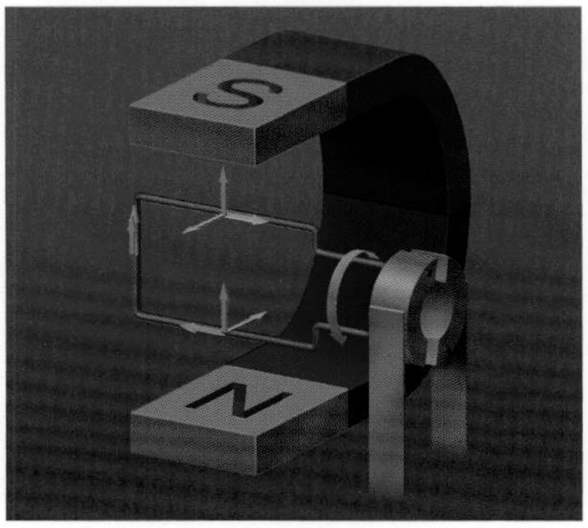

1

## 对数与指数

# 对数·指数·巨大的数

在日常生活中，我们每天会接触到各种数字，如商品的价格、自己的体重、两地的距离等，有时也会偶尔看到或听到如“地球与太阳之间的距离是 1.5 亿千米”“人体内有 37 万亿个细胞”等大得超出想象的数字。实际上，稍加一点小技巧，就能简单地掌握这些巨大的数字。这样的技巧就是粗略地掌握数字的方法。

“对数”和“指数”便是能够快速粗略地掌握巨大数字的数学工具。在本部分中，我们将会结合日常生活中关于数字的具体例子，用方便易懂的方式解说对数和指数。希望读完这篇文章后，你掌握数字的能力会变得更强。

log

# 如何掌握大数

对于数字，特别是巨大数字的理解，很多人也许会感觉比较困难。如果能够很好地掌握和运用数字，可以帮助我们更好地理解各种事物的含义、把握全局的面貌，甚而认识世界运行的规律。在 PART 1，将会介绍如何轻松地掌握和运用数字的技巧。

掌握概数

感知大数

数字词头

估算数字

费米问题

# 对数字敏感的人常用“大约的数”进行快速计算

如何才能增强数字运算能力？技巧之一就是粗略看待数字，进行大约地理解和计算。

以买东西来举例，假设在超市购物筐里放入了“198 日元的牛奶”“128 日元的青椒”“777 日元的猪肉”“98 日元的苹果”“537 日元的青花鱼（鲭类）”※（下图），那么合计需要多少钱呢？如果用心算精确地计算可能会费很大的劲儿。那如果我们不在乎价钱的零头粗略地计算又会如何呢？

我们把每个商品价格从左到右的第 2 位数字四舍五入，价格就分别变成了 200 日元、100 日元、800 日元、100 日元和 500 日元。**把这种利用四舍五入等方法变换成大约的数称为“概数”**。这样就会让加法心算变得容易很多，合计起来就是 1700 日元。而精确计算的话，合计是 1738 日元。所以计算“概数”

## 让我们使用概数进行粗略的计算吧！

本页是购物时计算商品合计金额的估算例子。只要把每个价格从左到右的第 2 位数字四舍五入，就能很简单地进行心算了。

右页是对天文学里常使用的距离单位“1 光年”究竟是多少千米进行估算的例子。

### 购入的商品合计金额是多少？

**1.** 把每个价格从左到右的第 2 位数字进行四舍五入变换成概数

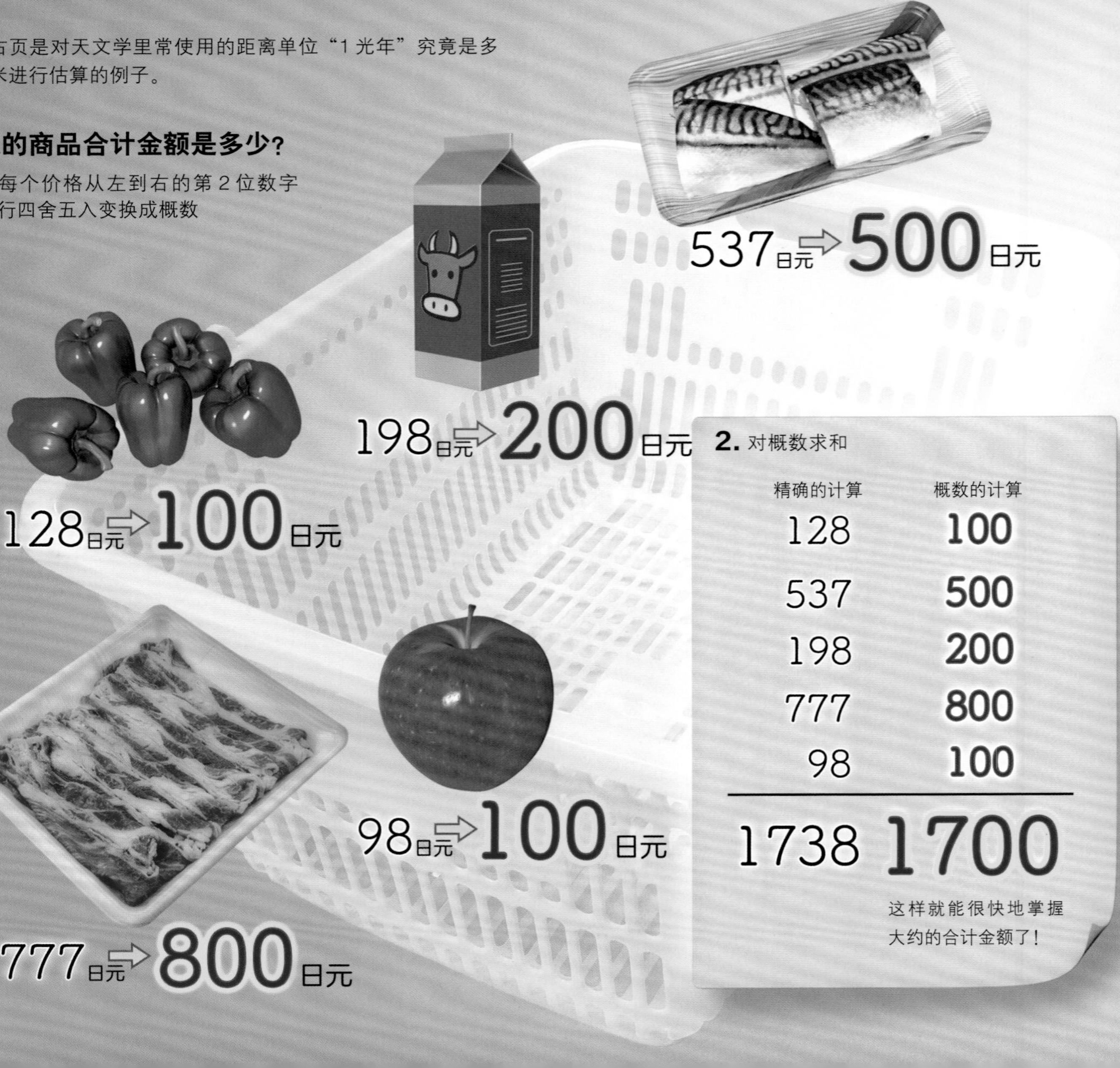


**2.** 对概数求和

| 精确的计算 | 概数的计算 |
|---|---|
| 128 | 100 |
| 537 | 500 |
| 198 | 200 |
| 777 | 800 |
| 98 | 100 |
| 1738 | 1700 |

这样就能很快地掌握大约的合计金额了！

加起来的值（估算），能对很多问题起到很好的参考作用。

## 检查精确计算的结果

下图示意了如何用概数对宇宙中速度最快的光在 1 年时间内行进的距离（1 光年）是多少千米进行计算。大家也可以试着按照所示的计算顺序和方式，实际感受一下概数带来的便利。

当然，如果需要知道精确数值时，通常会利用计算机等进行周密的计算。不过，在日常生活中，用概数进行粗略计算，可以很方便地掌握大致的情况。

此外，用概数进行心算也可以作为对精确数值计算结果的检查。这样可以快速确认有没有发生输入错误等导致的明显计算结果错误。数字能力强的人，经常会用概数心算开展快速检查。

※　1 日元约合 0.062 元人民币，1 元人民币约合 16 日元。

### “1 光年”是多少千米？

**1.** 把 1 年换算成天，再把天数变成概数

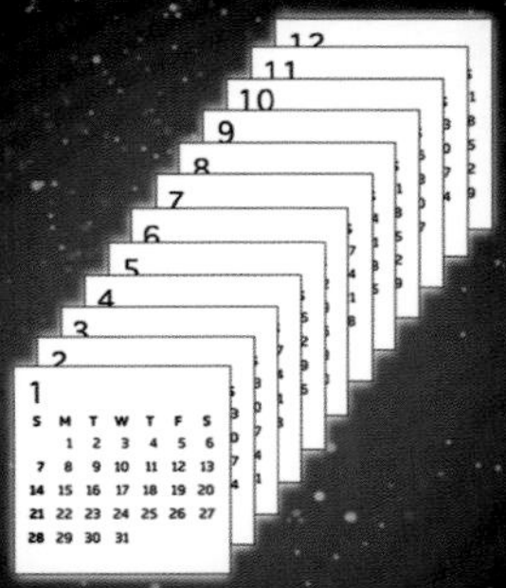

1 年＝365 天 ⇒ 400 天

**2.** 把 1 天换算成小时，再把小时数变成概数

1 天＝24 小时 ⇒ 20 小时

**3.** 把 1 小时换算成秒，再把秒数变成概数

1 分 ⇒ 60 秒　1 小时 ⇒ 60 分

3600 秒 ⇒ 4000 秒

**4.** 把上面 1~3 的结果相乘，就知道一年大概合多少秒了

400 天 × 20 小时 × 4000 秒

＝32,000,000 秒

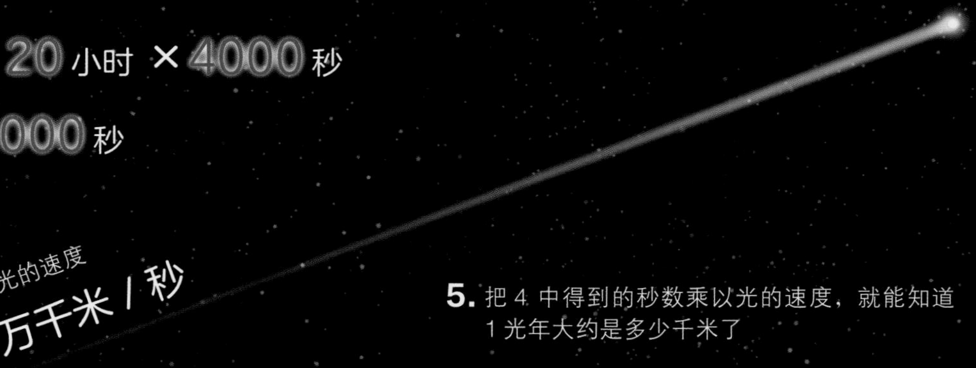

**5.** 把 4 中得到的秒数乘以光的速度，就能知道 1 光年大约是多少千米了

32,000,000 秒 × 300,000 千米 / 秒

＝9,600,000,000,000 千米

9.6 万亿千米

（更加精确的值是 9.46 万亿千米）

# 实际感知巨大数字的技巧：“均分”和“替换”

以日本为例，自 2019 年以来，其国家预算（一般会计）超过了 100 万亿日元。但是，这个“100 万亿”的数字到底有多大，我们是不是觉得很难实际地感知呢？

其实，我们大多数人都很难直接感知这样巨大的数字。这时，**为了让大数更加容易地被理解，常常使用诸如“平均每个国民”等把大数“均分”的方法。**

日本的总人口大约是 1.2 亿，如果粗略地用 1 亿去除 100 万亿日元就是 100 万日元，用 1.2 亿去除就是大约 83 万日元。由于 83 万日元（约合 5.2 万元人民币）是每个人平常可能接触到的金额，这样一来，大家印象中就很容易对国家预算有个概念了。

## 100 万亿日元“约合多少千米”呢？

为了更加直观地掌握巨大的数字，**也可以使用长**

### 用比较容易理解的数字去替换就能实际感知

下图示意了用国民每人均分和用长度（距离）替换来达到实际感知“100 万亿日元”大小的目的。

右页图是为了简单感知“140 万千米”（太阳的直径）而用地球来比较的结果。

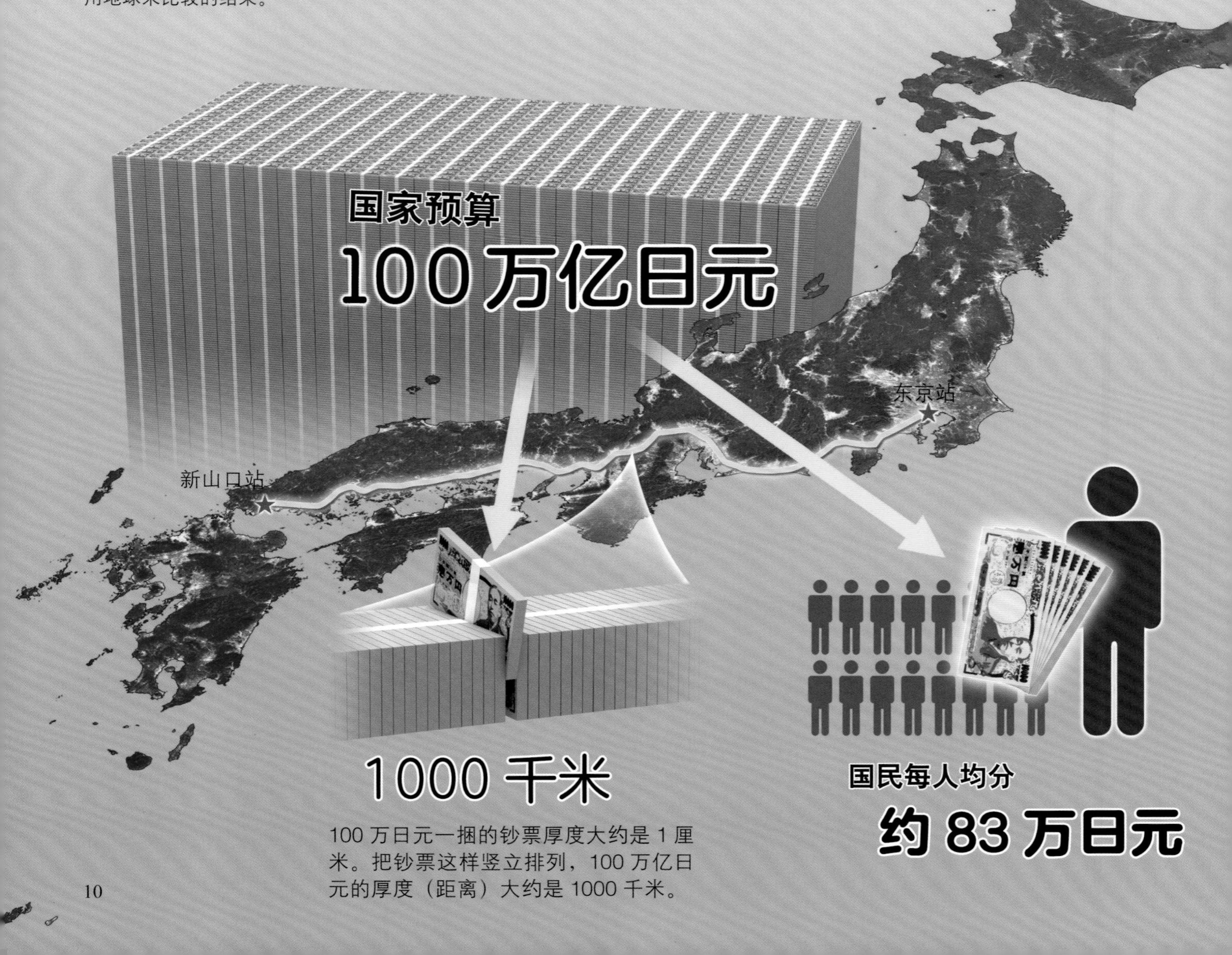


100 万日元一捆的钞票厚度大约是 1 厘米。把钞票这样竖立排列，100 万亿日元的厚度（距离）大约是 1000 千米。

**度或物体的个数等来“替换”的方法。**例如，我们来看看先前提到的 100 万亿日元，如果用长度来替换会怎样？

100 万日元一捆的钞票厚度大约是 1 厘米（100 张 1 万日元的钞票叠起来的厚度），而 100 万亿日元又相当于 1 亿个 100 万日元，所以 100 万亿日元钞票的厚度就是 1 亿厘米 =100 万米 =1000 千米。这大约是从日本东京站乘坐高速铁路到新山口站的距离（左页下图）。

让我们再举一个例子来看看。太阳的直径大约是 140 万千米。如果单纯只看这个数字，很难在脑海里浮现出它所表示的大小。这时我们可以将地球作为标准尺度去衡量。地球的直径大约是 1.3 万千米，所以 140 万千米的距离（也就是太阳的直径）就能排列大约 100 个地球（下图）。像这样，用均分或替换的方法，就能帮助我们去实际感知和体会这些巨大数字的概念。

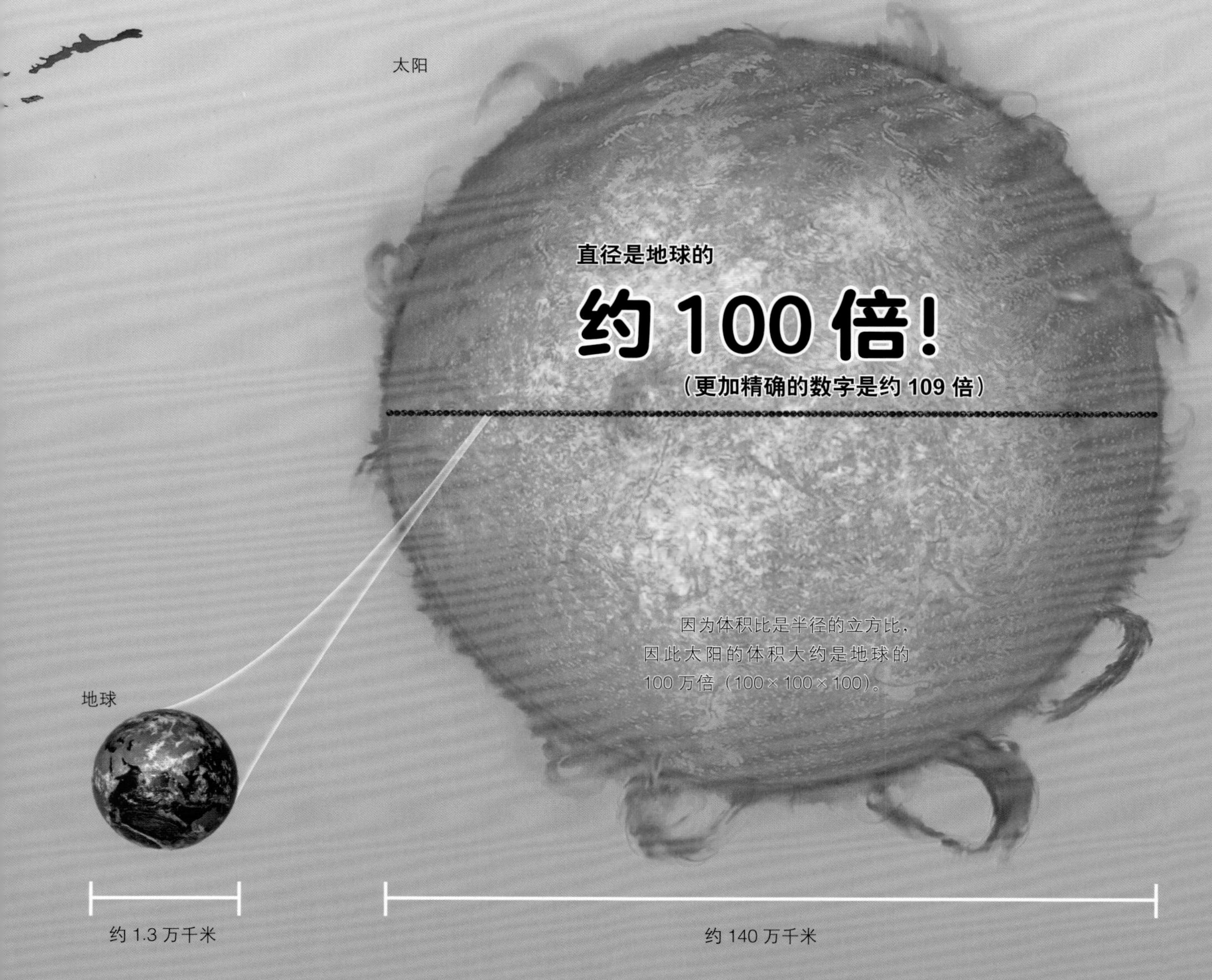

太阳
直径是地球的
约 100 倍！
（更加精确的数字是约 109 倍）
因为体积比是半径的立方比，
因此太阳的体积大约是地球的
100 万倍（100×100×100）。
地球
约 1.3 万千米
约 140 万千米

# 在不经意间使用巨大的数字

在现代社会，大家广泛使用着智能手机、数码相机等由尖端科技驱动的电子设备，同时也在不经意间使用着巨大的数字。例如，大家经常会听到用来表示数码相机解析度（像素）的“兆像素”（megapixel，MP），表示智能手机等设备内存容量的“吉字节”（gigabyte，GB）等词汇。

**这些词里的“兆”(mega，M)、“吉”(giga，G)被称作数字“词头”(前缀)，是把很大的数字表示为很短的词语的方法。**例如，兆表示的是100万，吉则是兆的1000倍，也就是表示10亿。说“数码相机的像素有8兆”，就意味着数码相机里图像传感器的感光单元有800万个。这些数字词头随着数字位数而变化，每增加3位就赋予不同的词头，吉的1000倍是“太”(tera，T)，再往上增加1000倍就是“拍”(peta，P)……依次类推。

反之，**对于很小的数字也可以用相应的词头表示。**比如，“毫”（milli，m）表示1/1000，毫的1/1000又用“微”（micro，μ）来表示，再接下来的1/1000就是“纳”（nano，n）……依次类推。在快速数字化的现代，如果很熟悉这些词头的意思，就能帮助我们很好地了解各种电子设备的性能。

## 表示巨大数字的各种词语

对巨大数字的表示，除词头外，还有其他不同的词语。例如，1后面接上100个0的巨大数字（即$10^{100}$）被称作为“古戈尔”（googol），它也是美国互联网巨头谷歌公司（Google）名称的来源。另外，在1的后面接上古戈尔个0形成的巨大数字（$10^{10^{100}}$）被称作“古戈尔普勒克斯”（googolplex）。

在古代，从印度传入中国、日本的一些佛教典籍中也描述了一些非常巨大的数字，如在1的后面接上68个0形成的巨大数字（$10^{68}$）被称为“无量大数”；“不可说不可说转”是指$10^7\times2^{122}$这样巨大的数字。

### 电子设备里常常出现巨大的数字

数码相机中图像传感器里负责感光的基本像素单元常常会有数百万个以上（图上半部分）。另外，现在智能手机等设备的存储容量也变得非常之大（图下半部分）。使用兆、吉这些数字词头，可以方便地把很大（或很小）的数字用较短的词语来表示。

国际单位制 (SI) 词头一栏

| 符号 | 中文名 | 外文名 | 代表因数 |
|---|---|---|---|
| Y | 尧[它] | yotta | $10^{24}$ |
| Z | 泽[它] | zetta | $10^{21}$ |
| E | 艾[可萨] | exa | $10^{18}$ |
| P | 拍[它] | peta | $10^{15}$ |
| T | 太[拉] | tera | $10^{12}$ |
| G | 吉[咖] | giga | $10^{9}$ |
| M | 兆 | mega | $10^{6}$ |
| k | 千 | kilo | $10^{3}$ |
| m | 毫 | milli | $10^{-3}$ |
| μ | 微 | micro | $10^{-6}$ |
| n | 纳[诺] | nano | $10^{-9}$ |
| p | 皮[可] | pico | $10^{-12}$ |
| f | 飞[母托] | femto | $10^{-15}$ |
| a | 阿[托] | atto | $10^{-18}$ |
| z | 仄[普托] | zepto | $10^{-21}$ |
| y | 幺[科托] | yocto | $10^{-24}$ |

此表列出了国际单位制中的数字词头，使用时括号内的字可省略。对应数字的大小用“指数”来表示（指数将会在从18页开始的第2部分详细解读）。除此表列出的词头之外，日常生活中常常用到的词头还有“厘”（$10^{-2}$）和“百”（$10^{2}$）等。

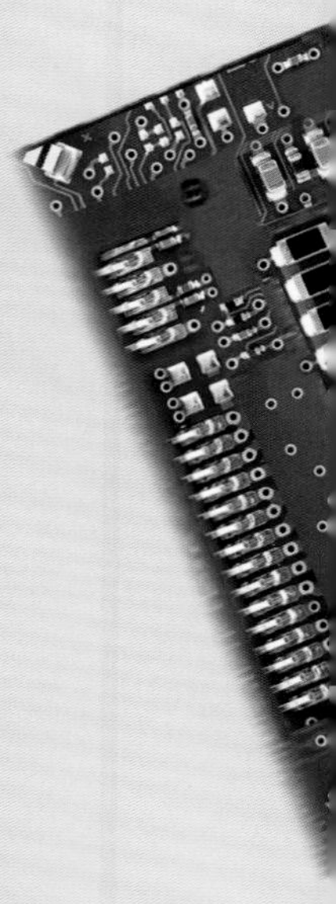

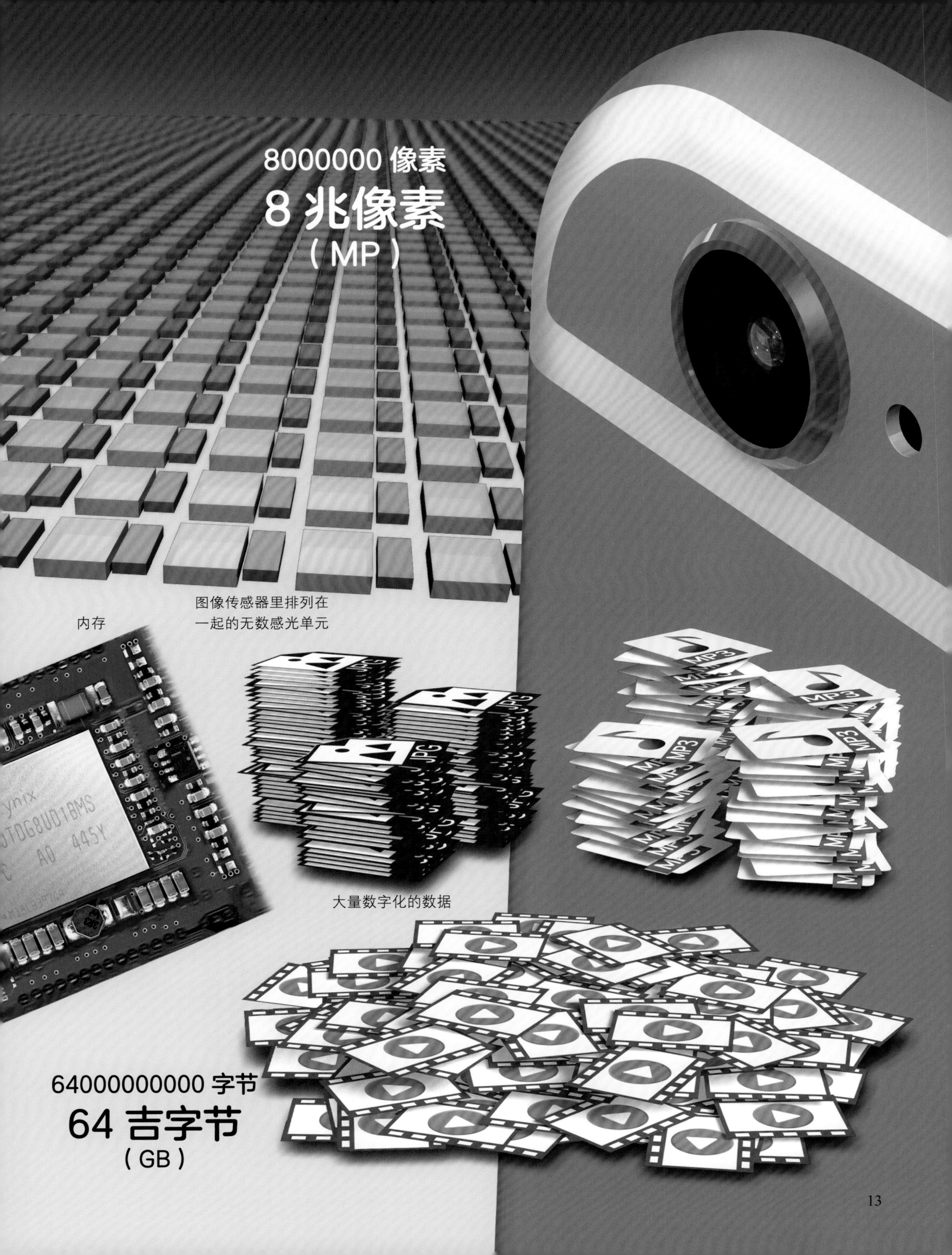
8000000 像素
8 兆像素
（MP）
图像传感器里排列在一起的无数感光单元
内存
大量数字化的数据
64000000000 字节
64 吉字节
（GB）

# 日本一年间有多少人出国？

如果能够对数字进行快速估算，应该就能称为是数字能力很强的人吧。例如，让我们不去查阅政府公布的实际统计数据，而试着去估计推理“一年有多少人出国”的结果吧。这里所说的出国的人数包含了出国的人和来我国后又回国的外国人的总人次数。

我们以日本为例，先从一架国际航线的民航客机所能够搭乘的人数来考虑。不同的客机能够搭乘的最大人数有所不同，但是常用的客机最多也就能够载客 300 人左右。由于不可能每个航班都满员，我们假定每一班飞机实际搭乘的平均人数是 100 人。**这里需要指出，估算的重点之一就是不要太在乎每一个细微之处的精确数值。**

然后，我们来假设能从一个机场起飞的国际航线航班数。这里我们假设平均 1 小时有 6 班国际航班，也就是 10 分钟一班。当然，不同的机场的国际航线航班数或多或少，但从常理上来考虑，平均每 1 分钟 1 班国际航线航班的话太多，而如果平均每 100 分钟 1 班国际航线航班又太少。同时，我们假定每个机场每天会运行 18 个小时（客机起飞降落的总时间）。

接着，我们假设全日本有 10 个开通国际航线航班的主要机场（非主要机场的出国人数很少，可以忽略）。最后，我们假设每一个机场全年 365 天都正常运行。

## 对照答案，检验估计推理过程中的假设是否合理

我们把以上假设的数字全部相乘，就能得到日本一年出国的总人数了。我们得到的结果大约是 4000 万人。据日本官方统计表明，2017 年的出国总人数是 45241985 人。从这个例子可以看出，就算我们不知道准确的数值，按照常理假设 5 个前提条件推理出来的结果，也是一个比较好的估算数值。

不过，要是推理出来的估算结果与实际数据出现很大差别，那就说明推理过程中的假设有了比较大的误差。通过修正假设条件，也能够帮助我们更加详细地把握一些事物的概要。

### 把问题按照要素分解并设定假设条件

本图示意如何估算日本一年出国人数。在推理中设置了 5 个假设条件，逐步地进行估算。另外，虽然也有乘船出国的人，但人数很少，与坐飞机出国的人相比，基本可以忽略，所以在这里没有计入考虑。

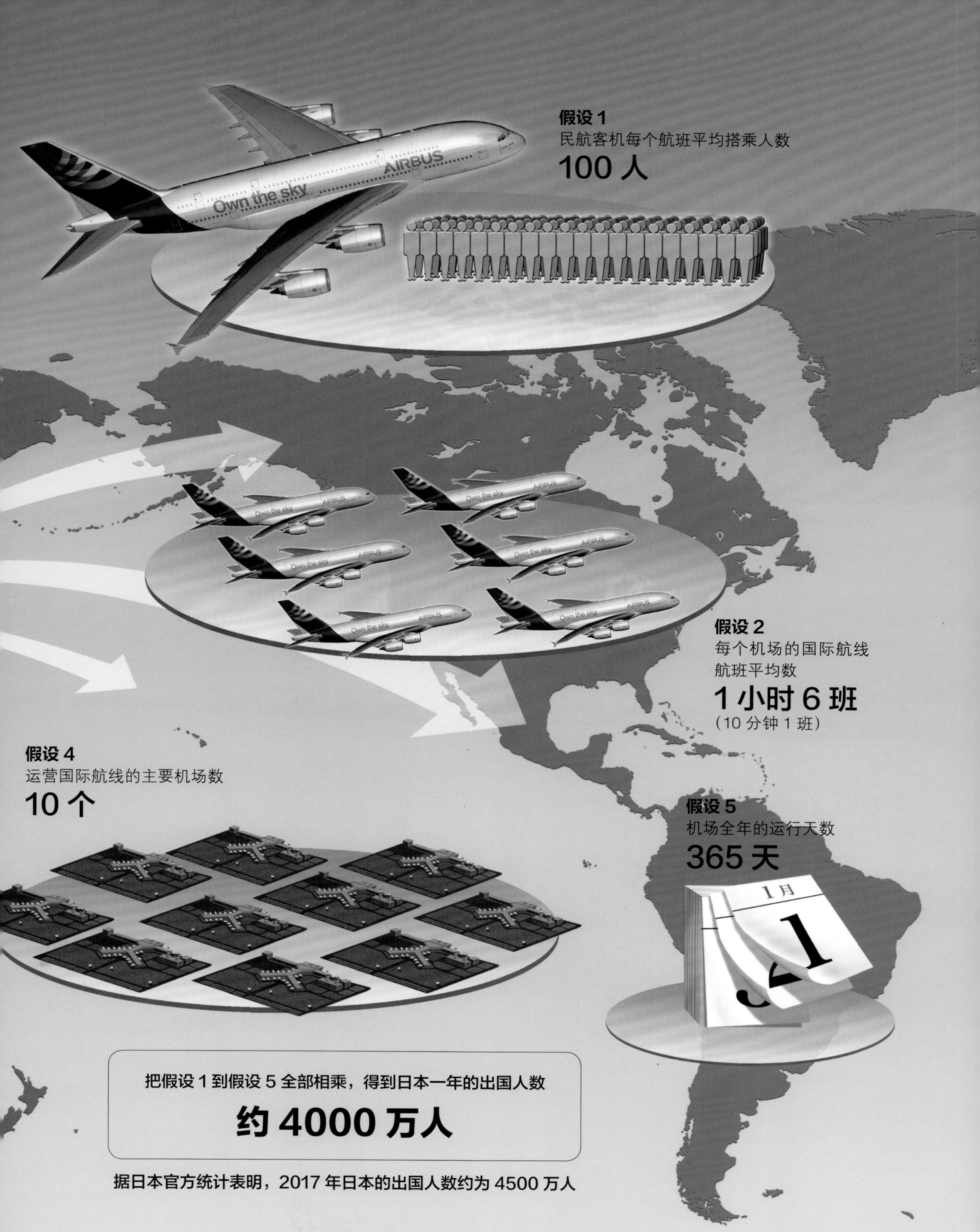


**假设 1**
民航客机每个航班平均搭乘人数
**100 人**

**假设 2**
每个机场的国际航线航班平均数
**1 小时 6 班**
（10 分钟 1 班）

**假设 4**
运营国际航线的主要机场数
**10 个**

**假设 5**
机场全年的运行天数
**365 天**

**把假设 1 到假设 5 全部相乘，得到日本一年的出国人数**

**约 4000 万人**

**据日本官方统计表明，2017 年日本的出国人数约为 4500 万人**

# 利用推理来估算大致结果的“费米问题”

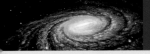

“在我们居住的银河系里一共存在多少恒星？”当你被问到这样的问题时，应该如何导出答案？你也许会觉得“我怎么可能知道这种事”，或许也有很多人被问到后会立刻去网上搜索答案。

但是，就算对于这种乍一看感觉无从下手的问题，也可以像前文的例子一样，利用已经知道的数或设置一些简单的假设条件来获得大概的答案。美国物理学家恩里科·费米（Enrico Fermi，1901～1954）就是一位擅长利用推理来估算数值的人。

## 在谷歌公司的招聘考试中也会采用

据说费米经常对学生提出像前面提到的恒星数目那样乍一看无从下手的问题。一个著名的费米问题的例子，就是费米向学生提问“在美国芝加哥有多少钢琴调音师”。**对于这种不能简单得出答案而是要利用推理来估算大致结果的方法，也被称为“费米估算”。** 美国谷歌公司为了测试面试者的能力，在其招聘考试中就采用了诸如此类的费米问题。

由于费米问题的解答只是对数量级的一个大致估算，所以并不能得到精确的答案。但是，通过利用这样的推理对数值进行大致估算，**对我们掌握事物的规模和概要等非常有帮助。**

## 乍一看感觉无法解答的问题

这里给出了3个费米问题的例子。解答费米问题的技巧在于：考虑问题是由哪些要素组成，并随之设置假设。在下面的问题中列出了解答费米问题的线索及具体估算的结果，你也来试着一起挑战吧！

### Q. 银河系里存在多少恒星？

**解答费米问题的线索**

- 用银河系的体积乘以银河系内恒星的密度，应该可以得出银河系内恒星的总数。
- 离太阳最近的恒星与太阳相隔4.2光年。那我们应该假设银河内恒星的密度为多少来估算才比较合理呢？

**解答**

1. 假设银河系的半径是5万光年、厚度是1000光年的话，银河系的体积大约是3.14×5万×5万 ×1000≈$8\times10^{12}$光年$^3$（立方光年）这个数量级。
2. 因为离太阳最近的恒星与太阳相隔4.2光年，我们假设在边长为4光年的立方体（体积是64光年$^3$）的宇宙空间里只有1颗恒星。
3. 那么银河系里恒星的总数估计就是$8\times10^{12}\div64\approx1.3\times10^{11}$颗，也就是大约1300亿颗。

根据基于天文学观测数据的研究，银河系中存在的恒星数应该在2000亿颗左右。这样看来，上面列出的估算值的误差不到2倍，也是相对合理的估算。

## Q. 人体全身总共有多少个细胞？

**解答费米问题的线索**

- 如果用 1 个细胞的体积去除人体的体积，应该就能得到细胞的总数。
- 如果假设人的体重大约 70 千克，密度和水的密度一样都是 1 克 / 立方厘米，那么人体的体积是……

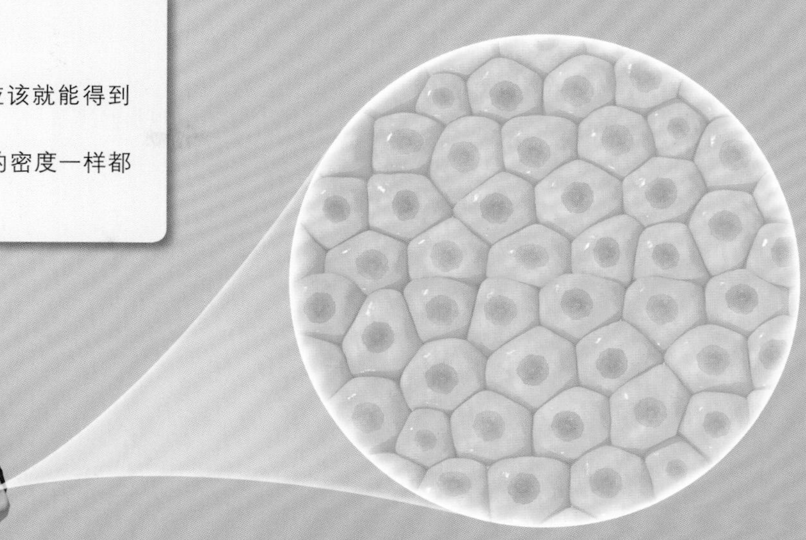

**解答**

1. 假设人的体重大约 70 千克，假设密度和水的密度一样都是 1 克 / 立方厘米，人体的体积大约就是 70000 立方厘米。
2. 如果细胞的直径是 0.001 厘米的话，一个细胞的体积大约就是 $10^{-9}$ 立方厘米。
3. 人体的总细胞数就是人的体积除以 1 个细胞的体积，$70000 \div 10^{-9} = 7 \times 10^{13}$ 个，也就是大约 70 万亿个细胞。

最近的研究结果表明，人体全身的细胞总数估计大约有 37 万亿个。这样看来，上面列出的估算值在数量级上差不多，可以说是相对合理的估算。

## Q. 日本东京都有多少根电线杆？

**解答费米问题的线索**

- 1 平方千米内平均大约有多少根电线杆？
- 东京都的面积大约是多少？

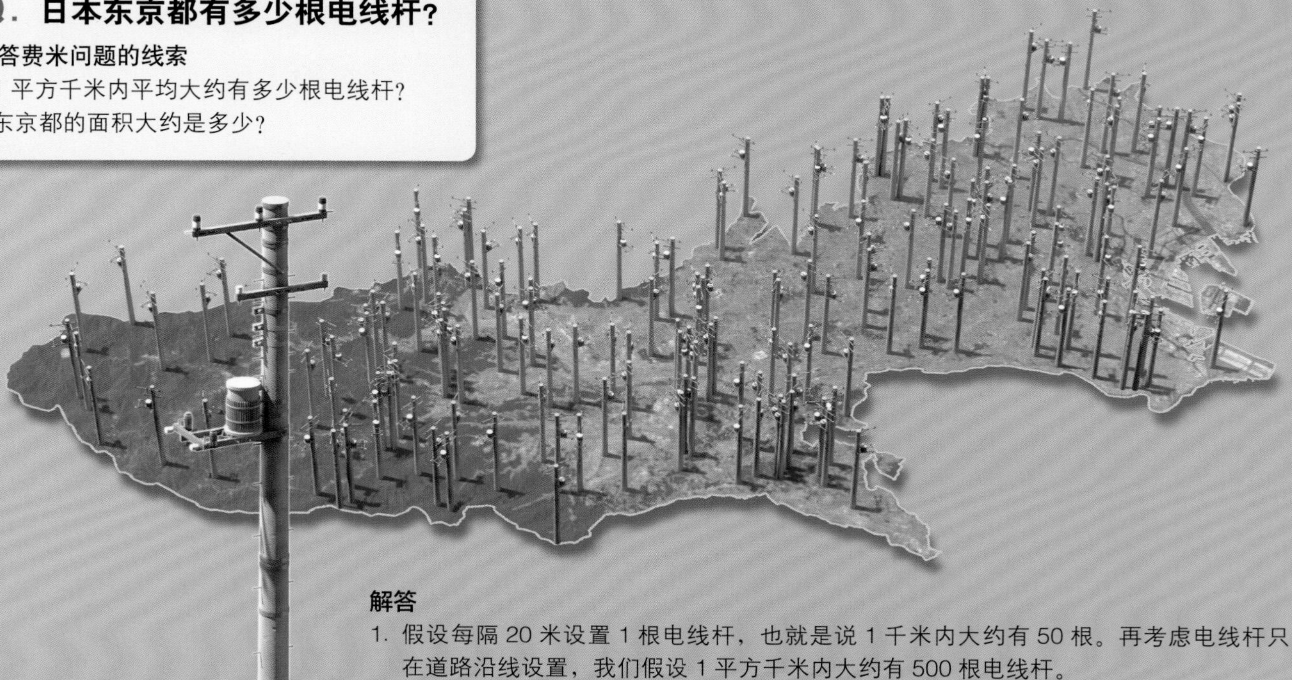

**解答**

1. 假设每隔 20 米设置 1 根电线杆，也就是说 1 千米内大约有 50 根。再考虑电线杆只在道路沿线设置，我们假设 1 平方千米内大约有 500 根电线杆。
2. 如果把东京都看成南北方向长约为 20 千米、东西方向宽约为 100 千米的长方形，它的面积大约是 2000 平方千米。
3. 所以东京都的电线杆总数就是 $2000 \times 500 = 1000000$ 根，也就是说大约有 100 万根。

根据日本东京都政府公布的数据，截至 2016 年年末，电线杆的总数大约是 68.6 万根。这样看来，上面列出的估算值的误差不到 2 倍，是相对合理的估算。

# 指数的威力

无论是位数很多的大数，还是非常小的数字，用起来都感觉很麻烦。此外，在生活中还经常会遇到用同一个数反复相乘的情况。这时，“指数”就登场了。使用指数，可以把很大的数用较短的形式表示，也可以很轻松地对大数加以计算。让我们一起来感受一下“指数的威力”吧!

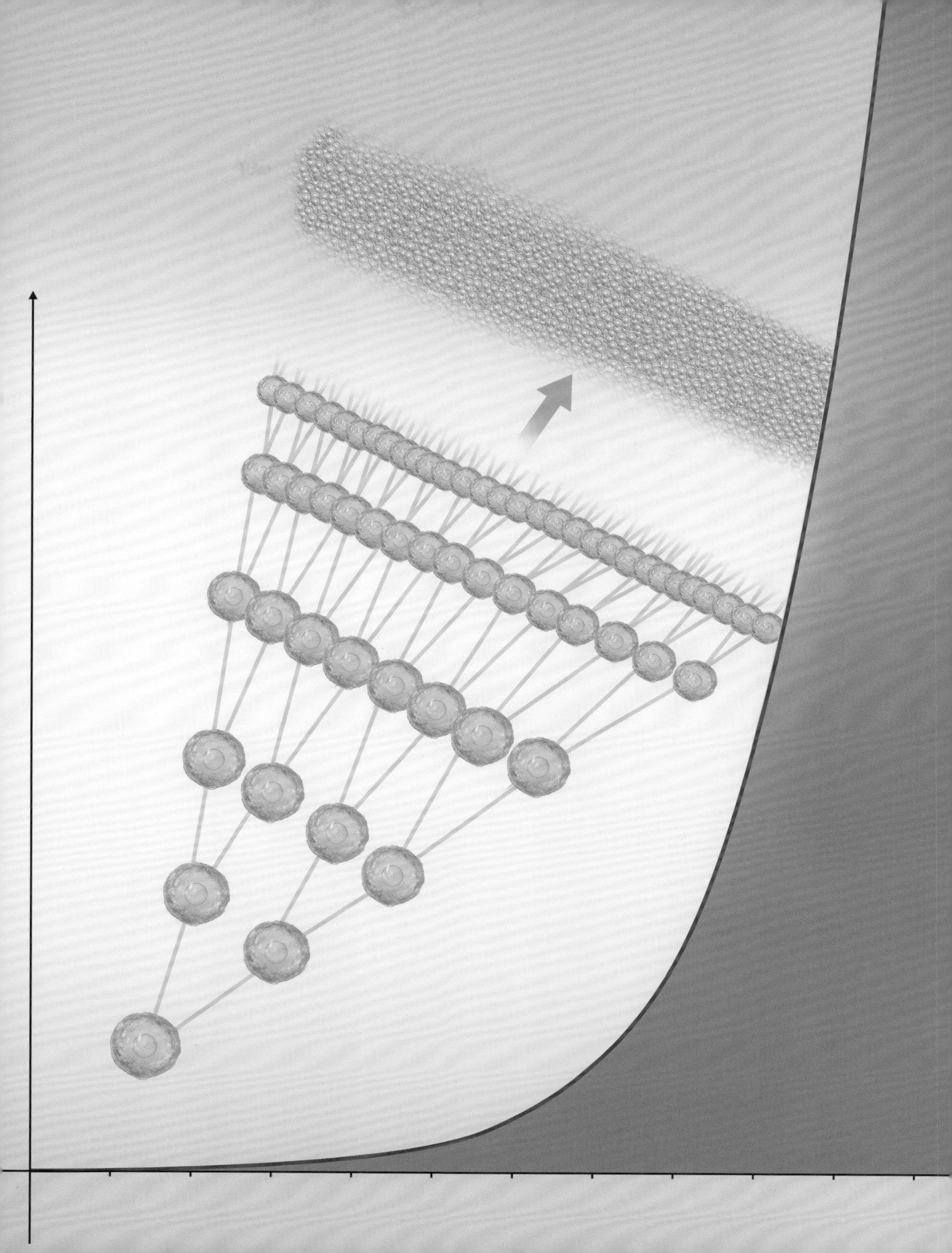

# “指数”：把大数变得方便使用的技巧

有时，我们会把非常大的数字称作“天文数字”。这是因为在以宇宙和天体为研究对象的天文学里，经常会出现很多非常大的数字。比如，宇宙的大小，可以观测到的宇宙的大小大约有1000000000000000000000000000 米。并排了这么多位的 0（一共 27 位），大家很难一下子感受到这究竟是多少吧！

如果使用“指数”，就能很方便地认识这样的大数。**像 $10^3$ 这样，放在数字右上方的小小的数字就是“指数”。$10^3$ 读作“10 的 3 次方”（也称 10 的 3 次幂）**，意思是“用 10 进行 3 次相乘得到的数”。也就是指 $10^3=10\times10\times10=1000$。刚才举例的宇宙大小的数字也可以写作 $10^{27}$。像这样使用指数的话，就能把位数很多的大数用很短的形式表示出来。

## 无论是巨大的数字还是很小的数字，都可以简单表示

从“可以观测到的宇宙大小”到“原子的直径”，图像用指数表现了各种各样大小数字的概数。用普通的表示方法会出现很多位数，很难掌握。用指数来表示的话，可以变得很短而且容易理解。

地球的直径
10000000 米

$10^{7}$ 米

可以观测到的宇宙大小
1000000000000000000000000000 米

$10^{27}$ 米

高层建筑的高度
100 米

$10^{2}$ 米

只要看一下指数，就能瞬间读出这个数有多少位数。**因为“指数＋1”就是数字的位数，所以能立刻知道 $10^{27}$ 有 28 位数。**相对于普通的数字表示方法，计算位数很多的大数时，运用指数能够很简单地比较它们的大小，而且也不会在读数时数错位数。

指数还可以表示“同一个数的反复相乘”，其实就是“同一个数反复相乘的次数”。

**“用来反复相乘的数”叫作“底数”。底数可以是任何数字。**例如，$2^3$ 就代表 $2\times2\times2$。像这样使用指数，就能很简单地表示同一个数的反复相乘。

其实，指数的位置也可以放上负数。如果指数是负的，又是怎么一回事呢？用负数做指数的话，其实可以表示很小的数。例如，氢原子的大小是 0.0000000001 米。如果用指数来表示的话，就可以写成“$10^{-10}$”，意思就是 $\frac{1}{10^{10}}$。

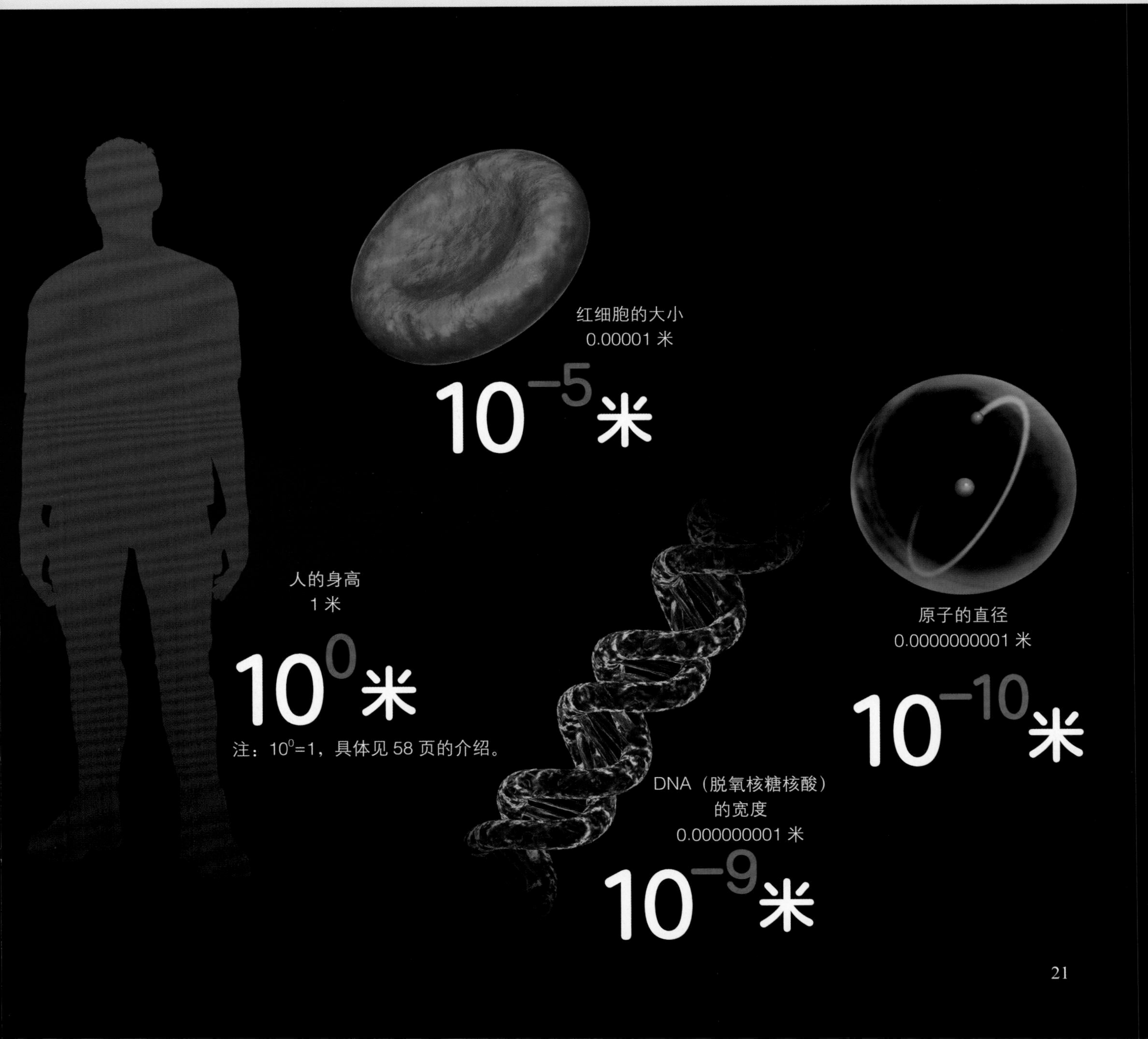

# 把纸对半剪开重叠，只要重复 42 次就能到达月球

在数学世界里，**重复乘法运算（或者作为运算结果的数字）叫作“乘方运算”（也称“幂运算”，幂即乘方运算的结果）**。重复相乘的次数就算看起来没那么多，运算得到的结果却很可能是超出想象的巨大数字。让我们来看下面这个例子吧。

通常，打印纸的厚度大约是 0.1 毫米。把这样的纸对半剪开再重叠起来的话，厚度就变成了 2 张打印纸的厚度，也就是 0.2 毫米。

那么，把这叠在一起的 2 张打印纸再进一步对半剪开重叠起来，厚度就又变成 2 倍，这样一直重复对半剪开再重叠的话……会变成什么样呢？重叠的打印纸厚度从最开始的 0.1 毫米逐步变成 0.2 毫米、0.4 毫米、0.8 毫米、1.6 毫米……依次倍增下去。到第 10 次的话，厚度就变成大约 100 毫米（10 厘米）。

## 乘方运算会使得结果超乎想象地增大

下图示意了把打印纸对半剪开再重叠起来的操作重复 42 次时，叠起来的纸的厚度会超过地球到月球的距离。如果实际操作的话，纸的面积会变得极其小，图中对纸的面积进行了夸大示意。

打印纸对半剪开后重叠，重叠后的纸再对半剪开重叠在一起。重叠的打印纸厚度会以 2 倍、4 倍、8 倍、16 倍……这样的速度不断倍增。

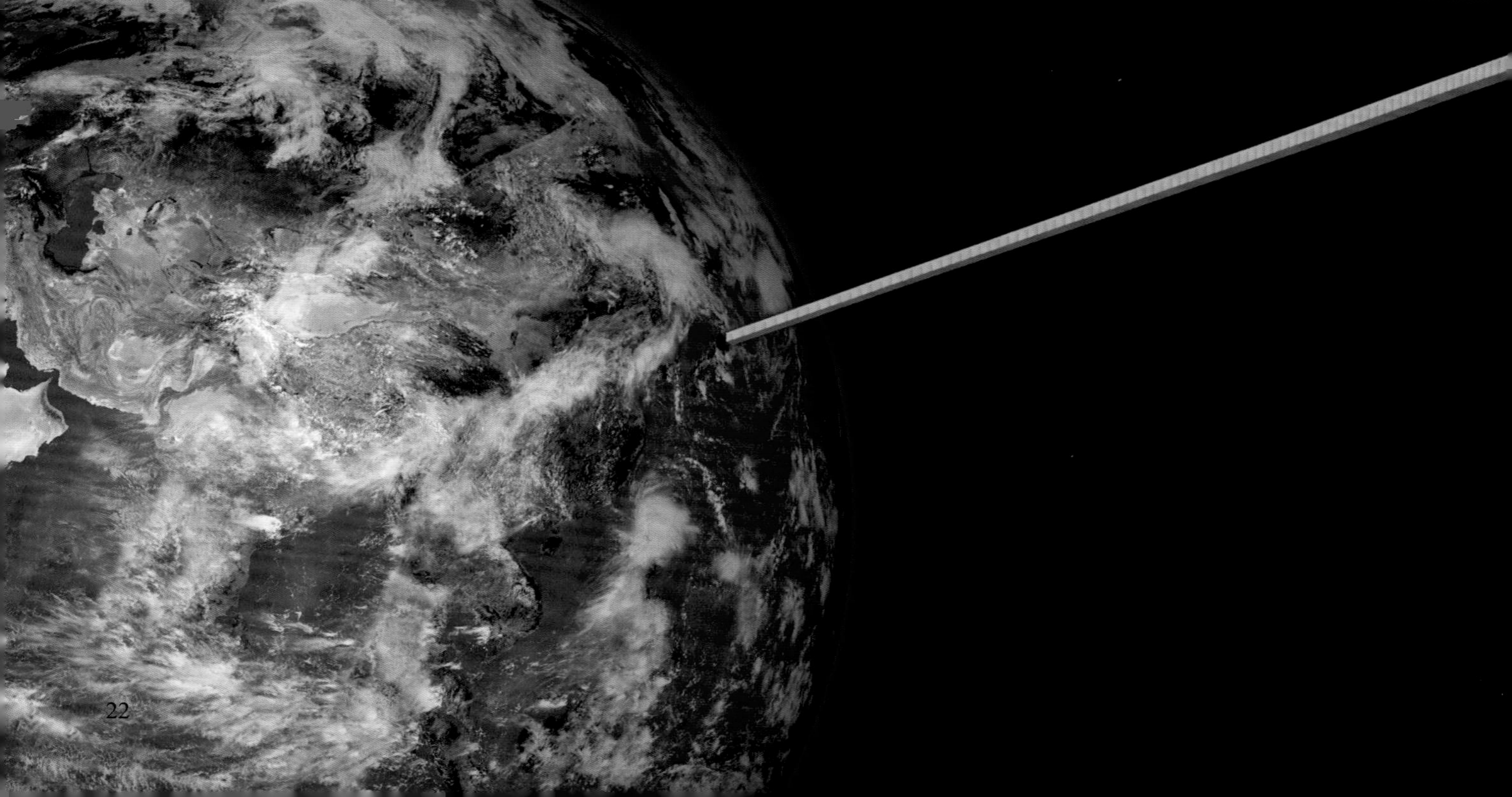

## 如果增加重复的次数，结果会急剧地增大

到第 10 次变成 10 厘米左右，可能感觉也不是多大的数。但是，如果再继续重复对半剪开重叠起来的操作，就会出现让人惊讶的结果。

重复到第 23 次时，厚度会达到约 840 米，超过世界第一高楼哈利法塔（高 828 米）的高度。重复到第 30 次的时候，高度大约会有 100 千米，已经可以从地表到达宇宙空间。到第 42 次时，高度会变成 44 万千米，轻松地超过地球到月球的距离（约 38 万千米）※。如果增加重复的次数，结果会急剧地增大。

※ 要注意的是，如果是用 A4 尺寸（长边大约长 30 厘米）的纸重复 42 次对半剪开重叠的话，纸的大小（长边的长度）会变成分子的尺寸（100 纳米级别）那么小。

# 使用曲线，一目了然地理解倍增的威力！

数字成倍增长的现象，在自然界也可以发现。例如，细胞分裂增长的现象就是其中之一。我们先假定1个细胞在1分钟的时间里分裂成2个细胞；分裂后的2个细胞，再经过1分钟后又各自分裂成2个细胞。这样不断地重复分裂，细胞的个数会随着时间的推移急剧地增加。

像这样成倍增长的关系，**用数学式来表示的话，可以写成“$y=2^x$”**。在这个例子里，$y$代表细胞的个数，$x$代表经过的时间（单位为分钟）。如果使用这个数学式，只要把感兴趣的时间数字代入$x$，就能知道那时分裂产生的细胞总个数$y$。**像这样的数学式我们称之为“指数函数”**[※1]。

## 急剧“上升”的指数曲线

使用曲线来表现指数函数，可以一目了然地知道它变化的样子。右图就是表示细胞倍增的数学式$y=2^x$的曲线[※2]。如图所示，越往右边行进（$x$越大），曲线就越是急剧上升。这就表示随着时间的流逝，细胞的个数会急剧地增加。

在这个指数函数$y=2^x$里，2表示用来重复相乘的数，也就是第21页提到的底数。我们也可以考虑底数除了2之外的指数函数，如$y=10^x$。

在这种情况下，也同样拥有横轴往右曲线急剧上升的特征。

※1　更加严格地说，当$a>0$，并且$a\neq1$时，用$y=a^x$来表示的函数叫作指数函数。

※2　虽然在细胞分裂的例子里，$x$只能是如1、2、3等这样的自然数，但在更为一般的指数函数里，$x$也可以是诸如小数等自然数以外的数字。

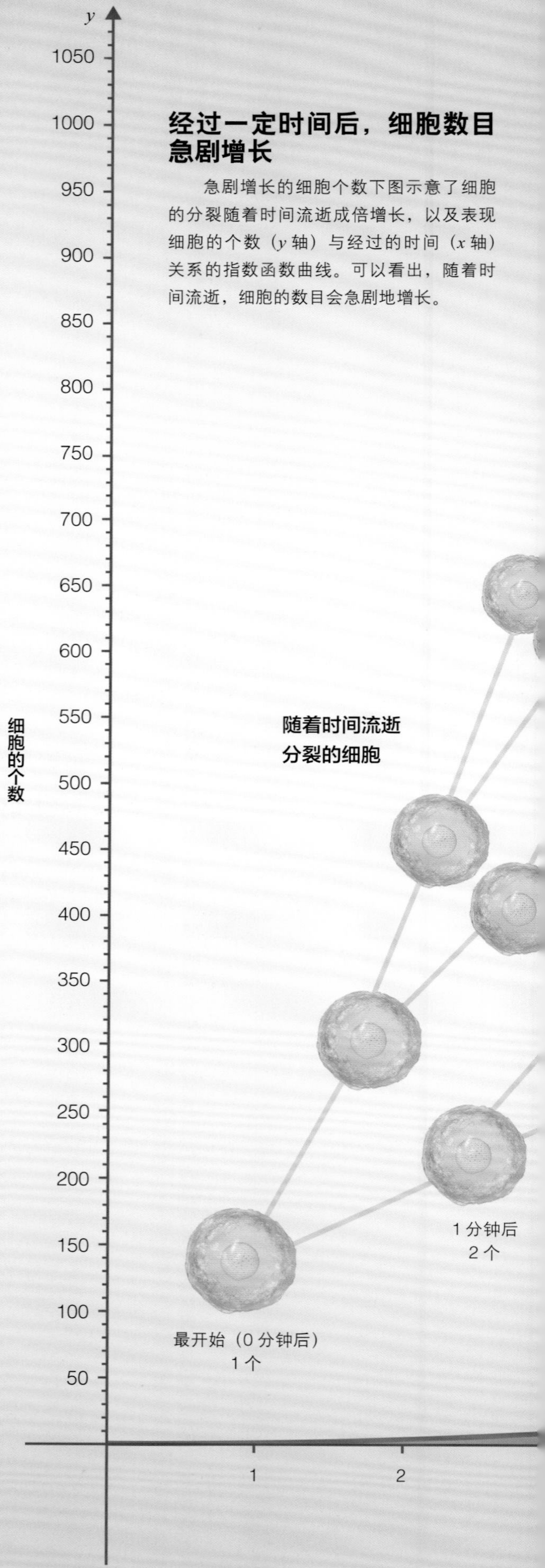


### 经过一定时间后，细胞数目急剧增长

急剧增长的细胞个数下图示意了细胞的分裂随着时间流逝成倍增长，以及表现细胞的个数（$y$轴）与经过的时间（$x$轴）关系的指数函数曲线。可以看出，随着时间流逝，细胞的数目会急剧地增长。

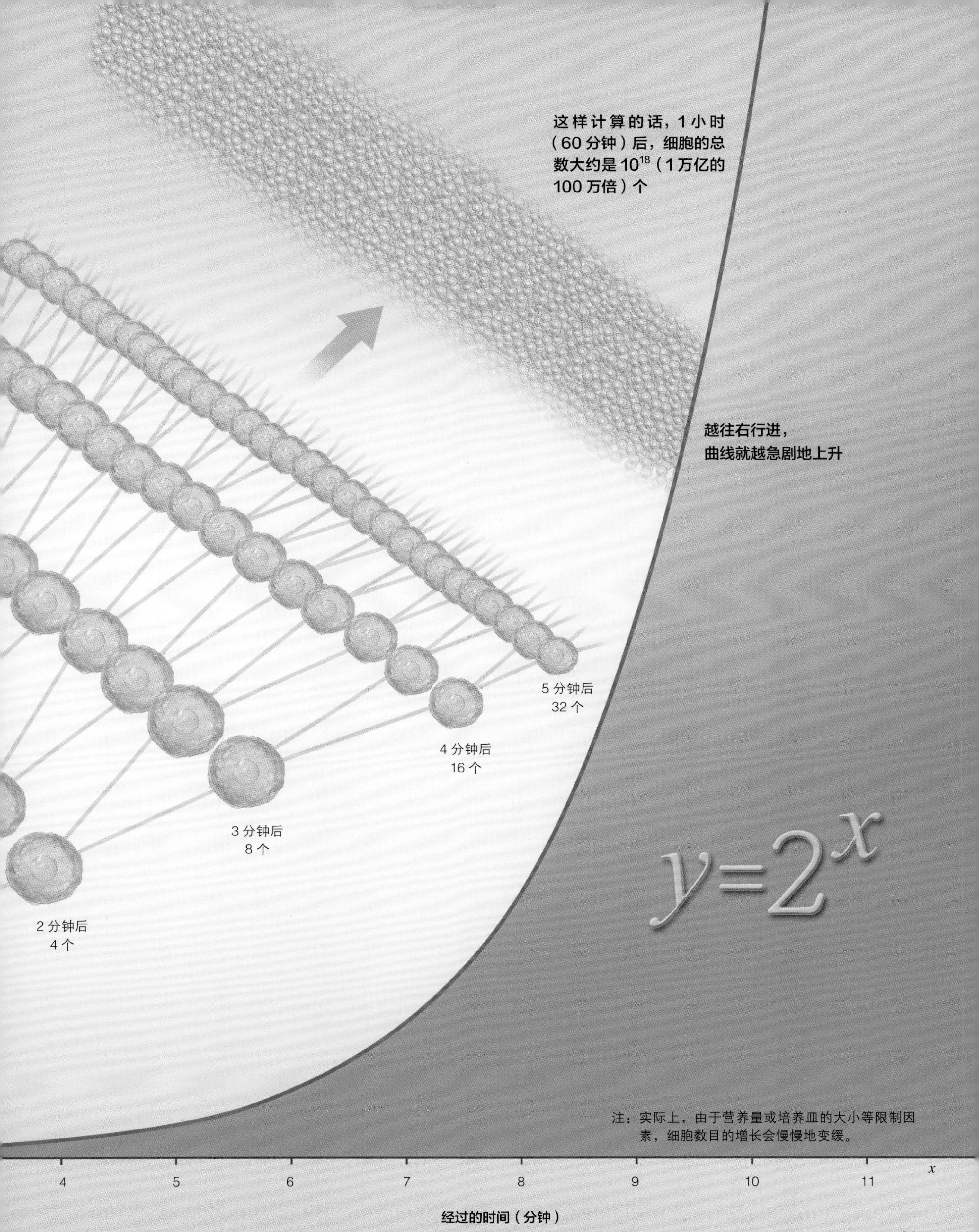

这样计算的话，1 小时（60 分钟）后，细胞的总数大约是 $10^{18}$（1 万亿的 100 万倍）个
越往右行进，
曲线就越急剧地上升
5 分钟后
32 个
4 分钟后
16 个
3 分钟后
8 个
2 分钟后
4 个
$y=2^x$
注：实际上，由于营养量或培养皿的大小等限制因素，细胞数目的增长会慢慢地变缓。
4
5
6
7
8
9
10
11
$x$
经过的时间（分钟）

# 音阶是 1.06 倍的连续累乘计算

连续累乘计算在"哆来咪发唆啦西哆"这样的"音阶"里也会出现。

音调的高低是由声波（空气的振动）在每 1 秒振动的次数，也就是振动频率来决定的。**音高每高"半个音"，振动频率就变成之前的 1.06 倍左右。**如果把基准音"啦"的振动频率定为 440 赫兹，并把音高关系用数学式来表示的话，就成为"$y≒440\times1.06^x$"。这里的 $y$ 表示"音的振动频率"，$x$ 表示"音阶"（把基准音预设为 0 的情况下）。

这个关系也可以通过观察吉他来确认。弦乐器的音高由弦的长度（更准确地说由弦的振动部分的长度）来决定，弦越短，振动越快，发出的声音也越高。吉他上有被称为"品"的部分，吉他是通过按住某个品来改变弦的振动部分的长度从而改变弹出的音的高低。**从弦的底部到各个品之间的长度正好是 1.06 倍的关系，如果每往吉他顶部方向移一个品按住，弦的振动部分的长度就成了之前的 1.06 倍，弹出来的音也就低了半个音。**

### 每升半个音振动频率就变为之前的 1.06 倍

下图示意了音阶的各个音（$x$ 轴）与对应振动频率（$y$ 轴）之间的指数函数的关系曲线。可以看出当音变很高时，振动频率会急速增大。

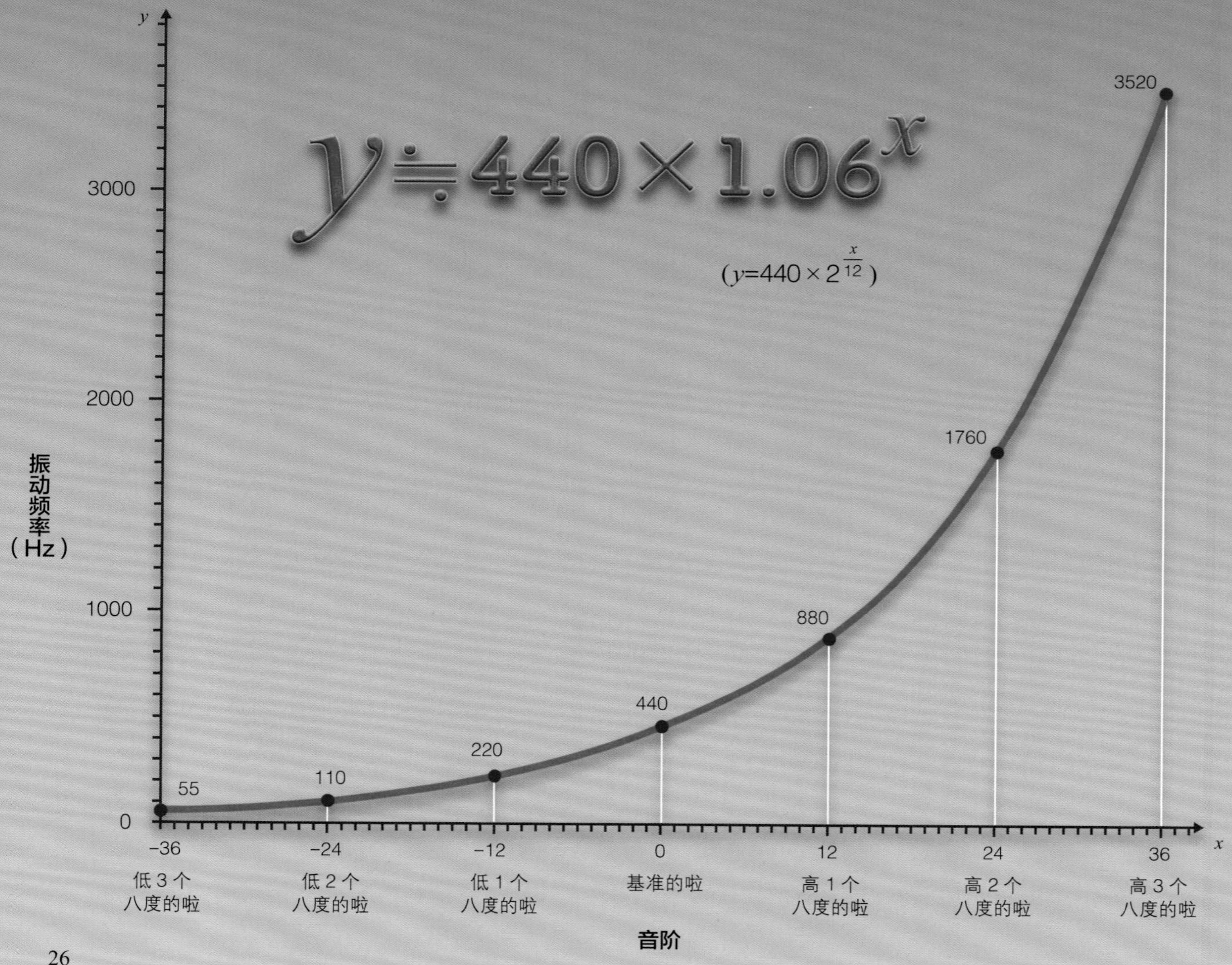

那么 1.06 这个数字又是怎么得出来的呢？音变高一个八度（如从低音的哆到高音的哆），振动频率就变成了原来的两倍。而一个八度内又被分为 12 个半音。把 1.06 连续累乘 12 次（$1.06^{12}$）就能大约得到 2 了。也就是说，1.06 这个数字是由表示这个关系的式子“$r^{12}=2$”计算而得到的[※1]。此处 $r$ 表示降低一个半音时弦长变化的比率，“12”表示一个八度由 12 个半音构成，2 则表示每降低一个八度，弦长变为 2 倍[※2]。

顺带说一下，对于“$r^{12}=2$”，如果用通常的方法会使计算变得很复杂，但如果利用对数来计算的话，就能戏剧性地省掉很多麻烦，是非常方便有用的方法（详见第 39 页介绍）。

※1　我们把 1 个八度按照 $r^{12}=2$ 这样在乘法计算上 12 等分来定音阶的调律方式（律式）称为“十二平均律”。十二平均律是现在最主流的律式，吉他的品的位置也是基于十二平均律来定的。其他的律式还包括任何两个音的频率都成整数比的“纯律”等。另外，十二平均律之所以在乘法计算上等分来定音阶，与“人的很多感觉都是对数的”（详见第 45 页）是有密切关系的。振动频率以乘法计算往上增大时，人对音高的感知却如等间隔似地在往上升。

※2　所以音阶与振动频率的关系式可以表示为 $y=440\times 2^{\frac{x}{12}}$。

弹吉他时，在用手指去按住被称为品的部分的状态下，去弹弦而发出音，从弦的底端开始每 1.06 倍长度的地方就是品的位置。根据按住的品的位置，就能知道弦的振动部分的长度，从而也就能知道弹出的音高了。弦的振动部分的长度每增长为之前的 1.06 倍，弹出的音高就降半个音。注意与其他不一样的是，咪和发之间、西和哆之间不是全音（两个音阶），而是只差半音（一个音阶）。

另外，音高也受弦的粗细和拉紧程度的影响。吉他一般有 6 根弦，按住同一个品时，各根弦弹出的音高也是被设定为已知的。比如，第一弦和第六弦弹出的音正好差两个八度。

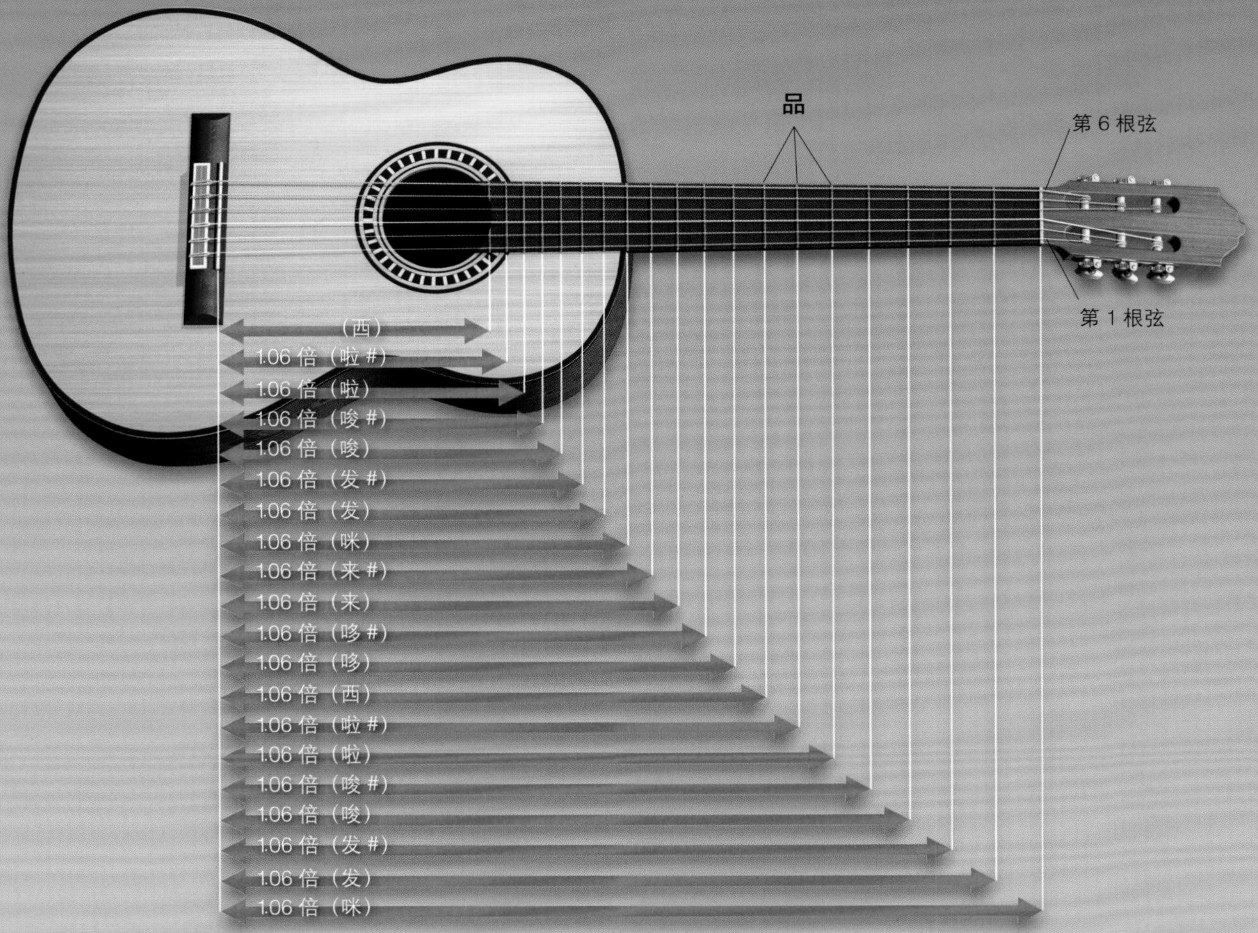

# 大海越深处越暗，其亮度变化也可以用指数函数表示

在前文，我们介绍了数字急剧增加的指数函数的例子。现在，让我们来看看数字急剧减少的例子吧。

如果潜入大海，越往深处会发现周围变得越暗。这是因为海水及其含有的成分会吸收射入海水中的阳光，所以从海面传来的光线就很难到达深处。其实，水深和亮度的关系也可以用指数函数来表示。

虽然实际上的变暗程度会根据具体的环境变化而有所不同，这里我们简单地假设每往深处潜入 1 米，海中的亮度就变成 $\frac{9}{10}$ 倍。也就是说，把水面的亮度定义为“1”的话，水深 1 米处的亮度就是 $\frac{9}{10}=0.9$，水深 2 米处的亮度就是 $\frac{9}{10}\times\frac{9}{10}=\frac{81}{100}=0.81$，水深 3 米处的亮度就是 $\frac{9}{10}\times\frac{9}{10}\times\frac{9}{10}=\frac{729}{1000}=0.729$，依次类推。水深 $x$ 米处的亮度 $y$ 就可以用 $y=\left(\frac{9}{10}\right)^x$ 这样的数学式来表示。

## 先急剧减少，再慢慢趋近于 0 的曲线

如果把这个数学式绘制到普通的坐标图中，就是右图所示的样子。和前一页的指数函数 $y=2^x$ 的曲线不同，我们可以看到越往右边行进（$x$ 变大）曲线高度会急剧下降，接着曲线会慢慢地接近 0（$x$ 轴）。这表明，越到深处，亮度的变化会越小。

像这样，**如果是底数比 1 小的指数函数的话，曲线越往右行进，数值会越来越小，并无限地趋近于 0（$x$ 轴）。**

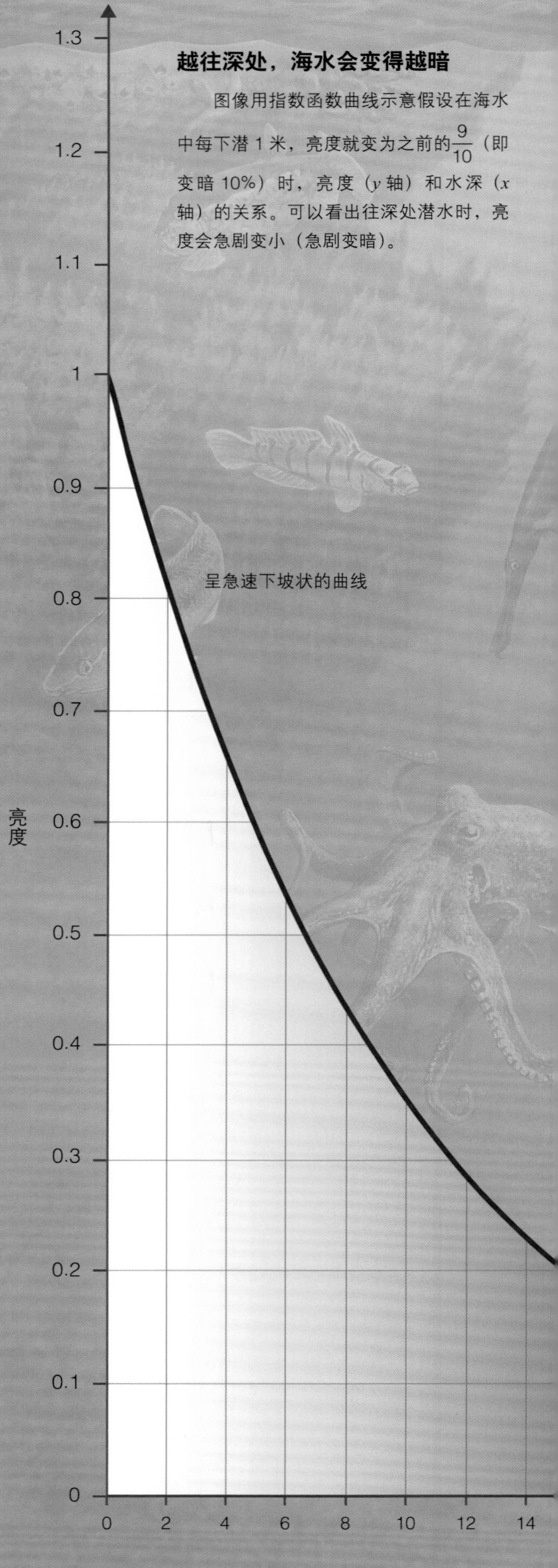


**越往深处，海水会变得越暗**

图像用指数函数曲线示意假设在海水中每下潜 1 米，亮度就变为之前的 $\frac{9}{10}$（即变暗 10%）时，亮度（$y$ 轴）和水深（$x$ 轴）的关系。可以看出往深处潜水时，亮度会急剧变小（急剧变暗）。

从海面射入的光很难到达海中深处。海水中的亮度变化可以用指数函数来表示。

$$y=\left(\frac{9}{10}\right)^x$$

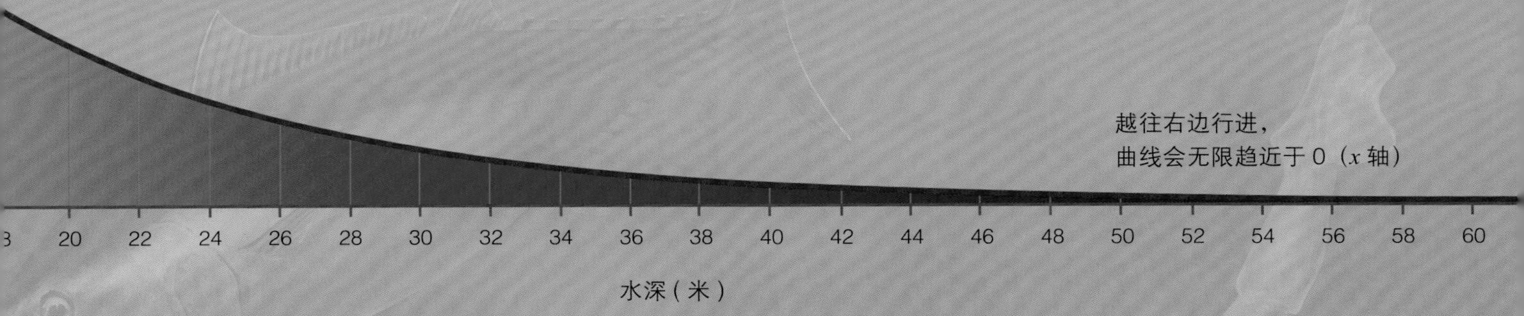

# 放射性物质的衰减趋势，也能用指数来表示

如前页所述，如果反复连乘比 1 小的数的话，得到的结果数字就会越来越小（越来越接近零）。放射性物质也是这样的一个例子。

放射性物质会发生原子核“分裂”而变成其他原子核的现象。其概率是由放射性物质的种类决定的，并且是一个定值。一堆放射性物质遵从一定的概率发生裂变

## 放射性物质的裂变，以 1/2 倍重复

放射性物质以一定的概率裂变成其他物质。裂变的概率由放射性物质的种类来决定，每当经过各自“半衰期”时，原物质的原子数就变为之前的$\frac{1}{2}$。

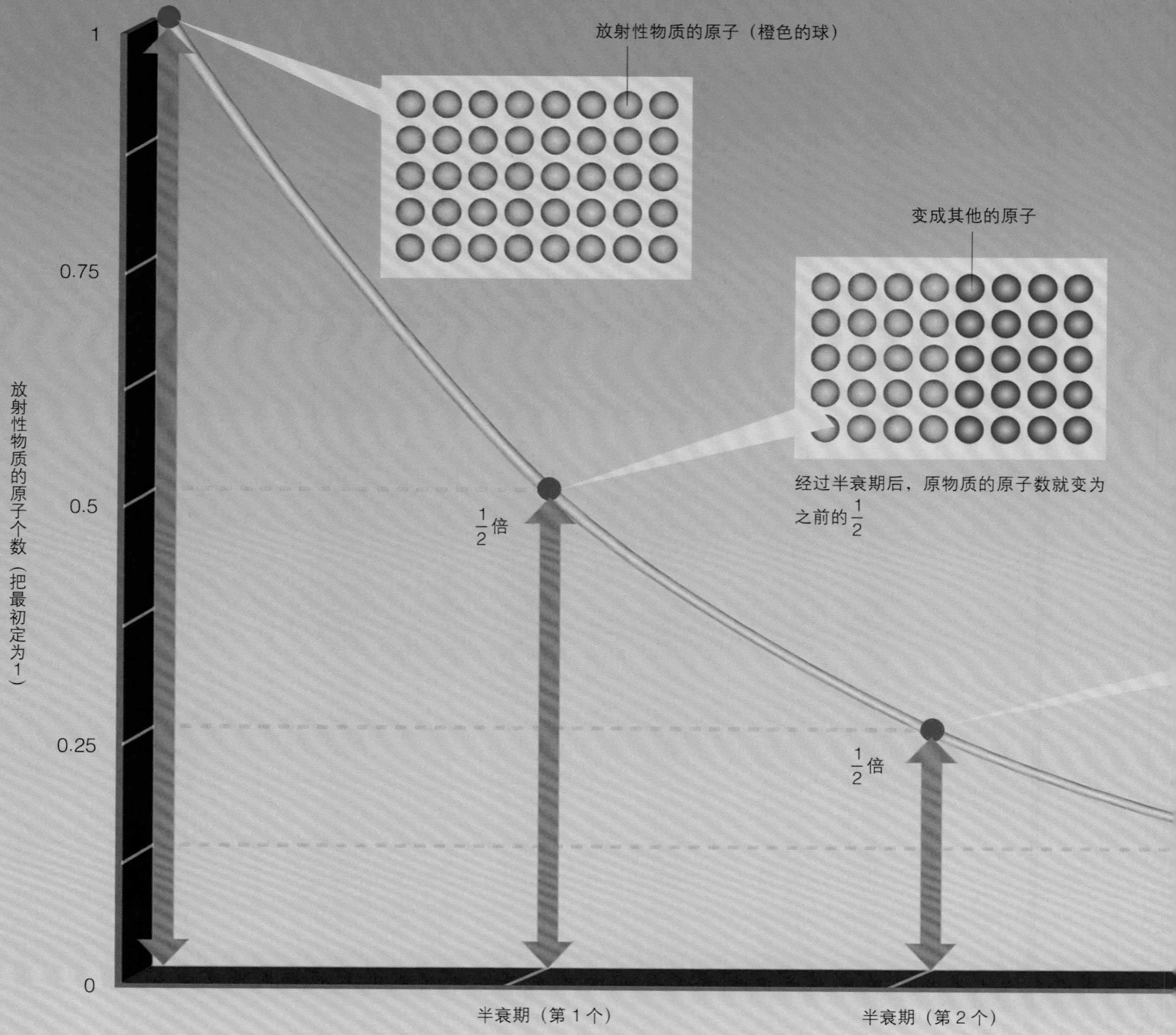

时，原本的物质只剩下最初 $\frac{1}{2}$ 的量时，经过的时间被称为“半衰期”。经过一个半衰期后放射性物质的量变为原来的 $\frac{1}{2}$，经过两次半衰期后变为 $\frac{1}{2}\times\frac{1}{2}=\frac{1}{4}$。这也是反复连乘的计算。

例如“碳 -14”这种放射性物质，半衰期约为 5730 年。另外，因为核电站事故造成的“铯 -137”污染，其半衰期约为 30.1 年。

$$y=\left(\frac{1}{2}\right)^{x}$$

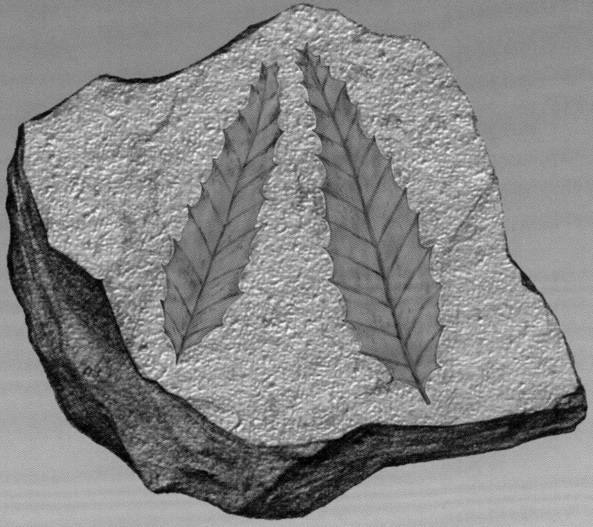

只要测定化石中含有的放射性物质（如碳 -14 等），就可以推算出这个化石形成的时间（年代测定）。

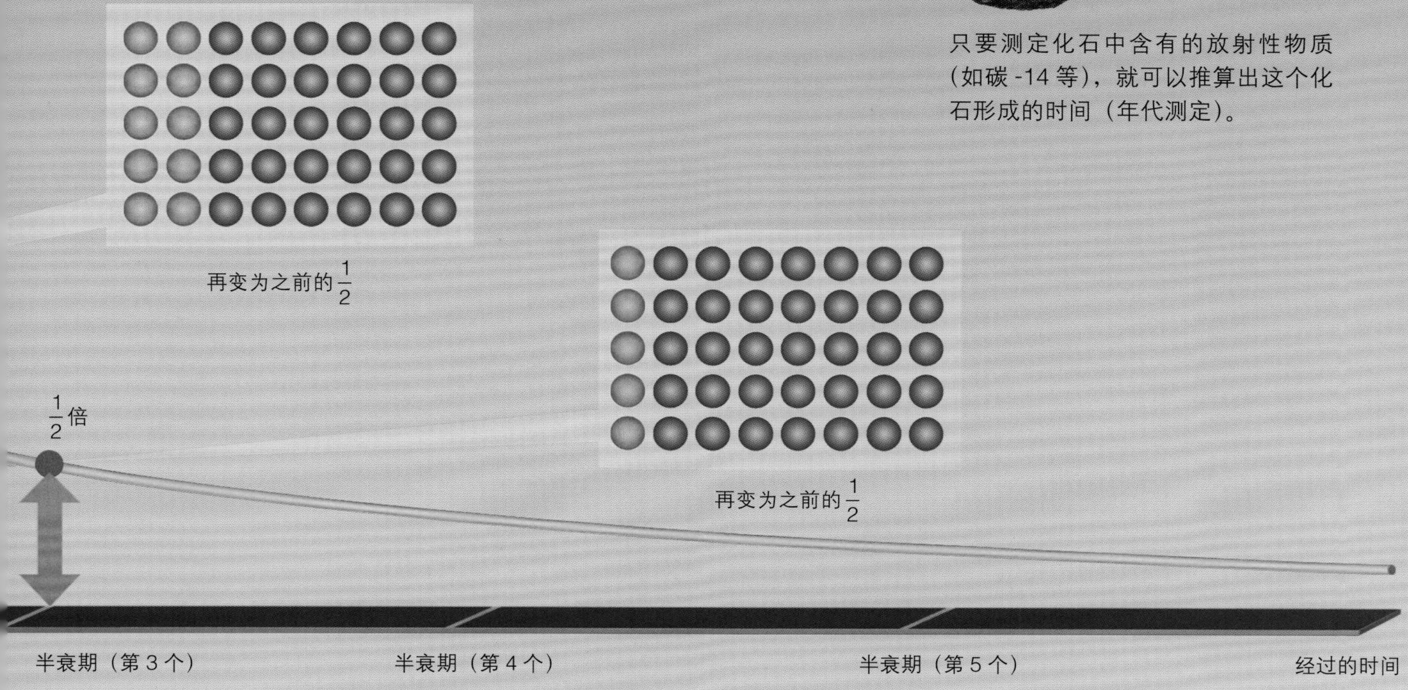

# 乘法变身成加法！指数让计算更简便

我们再来看看使用指数进行计算。指数有着把乘法变成加法这样不可思议的性质。这究竟是怎么一回事呢？

其实大家可能经常下意识间就使用了指数进行计算。我们来看看下面这个例子：假设某次音乐会的门票单价是 1 万日元，总共卖出 1 万张门票，那门票的总销售额是多少呢？

门票销售额的计算方法是，10000（日元 / 张）× 10000 张票。是不是很多人在进行计算的时候，会数 10000 有 4 个 0，然后在 4+4=8 个 0 的前面放一个 1（100000000 日元 =1 亿日元）来得到结果呢？指数的计算，其实与此一样。

## 乘方的乘法运算只需把指数相加

用指数来表示 10000 的话，就写成 $10^4$，所以 $10000\times10000=10^4\times10^4$。

由于 $10^4$ 就是 $10\times10\times10\times10$（用 10 进行 4 次相乘），所以 $10^4\times10^4=(10\times10\times10\times10)\times(10\times10\times10\times10)$。这就意味着连着用 10 进行了（4+4）次相乘。也就是说，$10^4\times10^4=10^{(4+4)}=10^8=100000000$（结果里有 8 个 0）。

可以看出这里反复相乘的次数，就是指数相加的结果，所以也就是所谓的乘法变成了加法。这样的规律在底数除了 10 以外的数中也同样适用。例如，$2^4\times2^3=2^{(4+3)}=2^7$。**像这样底数相同的数相乘的运算，只要把指数相加，就可以得到所求的结果。**

## 把乘法变成加法的指数运算法则

图像示意了计算卖出 1 万张单价 1 万日元的门票的总销售额的方法。对于位数多的大数，把它们变成指数的形式进行计算的话会很方便。底数相同的两个数的乘法，只要把指数相加即可。

**指数运算法则**

$$a^p\times a^q=a^{p+q}$$

以下解释了上述数学关系式是如何成立的。

$$\begin{aligned}a^p\times a^q&=\overbrace{a\times\cdots\times a}^{p\text{个}}\times\overbrace{a\times\cdots\times a}^{q\text{个}}\\&=\overbrace{a\times\cdots\cdots\cdots\cdots\times a}^{p+q\text{个}}\\&=a^{p+q}\end{aligned}$$

对于适用于指数的其他运算法则，会在第 58 页汇总介绍。

一张门票的价格　　　　卖出的门票总数

$$10000_{\text{日元/张}} \times 10000_{\text{张}}$$

用指数来表示就变为

$$10^{4} \times 10^{4}$$

用如下的指数的加法来得到结果

$$=10^{(4+4)}$$

$$=10^{8}$$

$$=100000000$$

所以我们就知道了门票的总销售额是 **1 亿日元**

# 在利滚利的“复利”中也出现了指数

在金钱世界里，指数也是场中“常客”。例如，往银行里存钱，或者从银行贷款，都会有一定比例的利息产生。利息的计算方法主要有“单利”和“复利”两种。单利只对本金计取利息，**而复利则对“本金+此前产生的利息”都计息。**由于在复利里利息也可以产生利息，经过一段时间后，本金和利息的合计金额可以膨胀得很快，它的增长形式里就出现了指数。

**在计算复利时，我们假设本金为 $a$，年利率为 $r$，$n$ 年后的本金和利息的合计金额就可以用 $a\times(1+r)^n$ 这样的数学式来表示，也就是说这是一个指数函数。**例如，如果以本金 $a$=100 万日元、年利率 $r$=5%=0.05 的复利来存钱，使用之前的数学式计算

## 用复利让 100 万日元变成 2 倍需要几年？

图像示意了在年利率为 5%、本金为 100 万日元的情况下通过复利产生利息的过程。复利对上一年产生的利息也计取利息。所以本金和利息的合计金额就可以用指数来表示。

当本金为 $a$，年利率为 $r$ 时，$n$ 年后本金和利息的合计金额的数学式为

$$a\times(1+r)^n$$

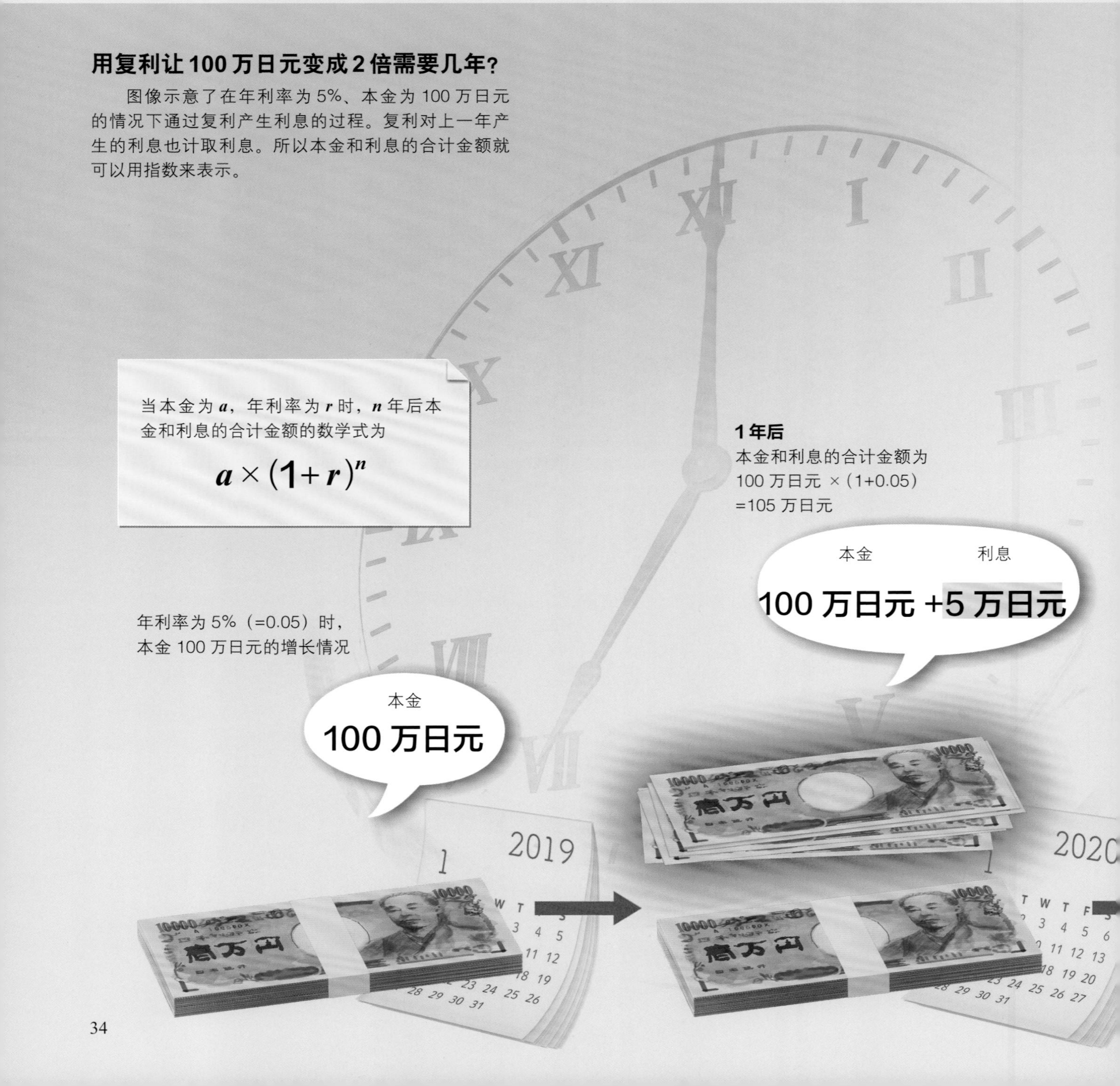

本金和利息的合计金额，就能知道 1 年后总金额变成 105 万日元，2 年后变成 110.25 万日元。

## “70 法则”可以简单计算出本金翻倍需要的年数

其实不用刚才的复利计算公式，我们也可以简单快速地算出本金变为 2 倍所需要的大致年数。也就是用**“70÷ 年利率（%）”**来计算。

例如，如果年利率为 5%，用 70 除以 5 得到的是 14 年，就是本金变为 2 倍所需要的大致年数（精确的答案是 14.21 年）。

反过来，如果用“70÷ 年数”来计算，就可以知道若想要在这些年间达到本金翻倍所需要的年利率。例如，要达到 20 年本金翻倍的年利率，就可以通过 70÷20 计算得到年利率为 3.5%（精确的答案是 3.53%）。

这样使用 70 的估算方法被称为**“70 法则”**。

**2 年后**

本金和利息的合计金额为

$$
\begin{aligned}
&100\text{ 万日元} \times (1+0.05)^2 \\
&= 100\text{ 万日元} \times (1+0.05) \times (1+0.05) \\
&= 105\text{ 万日元} \times 1.05 \\
&= 110.25\text{ 万日元}
\end{aligned}
$$

计算本金翻倍所需要的大致年数的数学式：

**70÷ 年利率（%）**

当年利率比较高的时候，用 72 代替 70 来计算的“72 法则”也常常被用到。

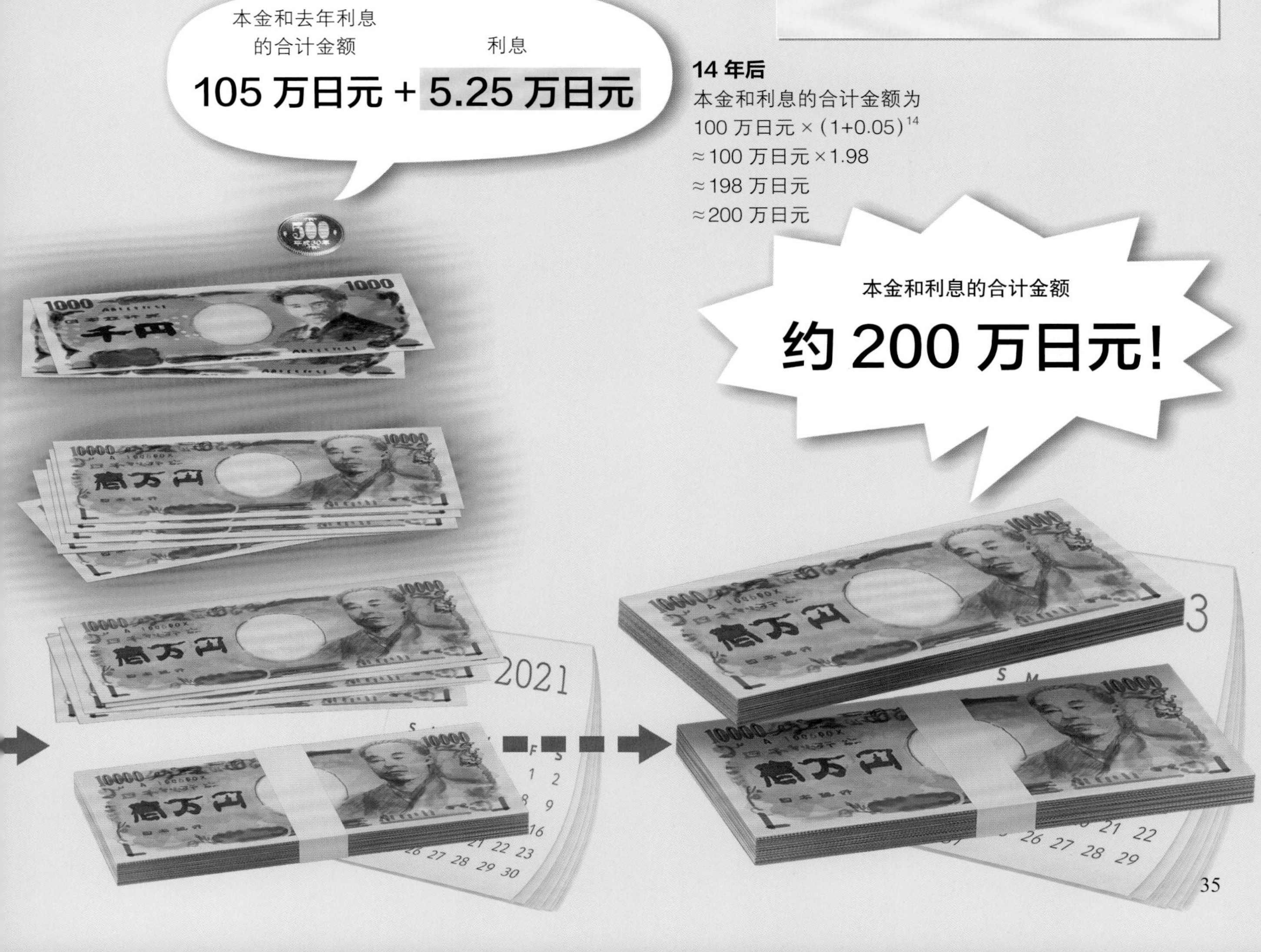


**14 年后**

本金和利息的合计金额为

$$
\begin{aligned}
&100\text{ 万日元} \times (1+0.05)^{14} \\
&\approx 100\text{ 万日元} \times 1.98 \\
&\approx 198\text{ 万日元} \\
&\approx 200\text{ 万日元}
\end{aligned}
$$

# 指数可以是自然数之外的数吗？

## 指数如果是 0、分数、π 的话，指数法则也成立吗？

通常我们对于表示 2 的累乘写为 $2^n$，考虑的是 $n$ 为自然数的情况。通过使用指数法则我们把这样的考虑可以扩展。

① $a^{m+n}=a^m\times a^n$

② $(a^m)^n=a^{m\times n}$

也就是说，根据指数法则对于一般的数也成立的考虑，我们可以把 2 的累乘扩展到自然数之外的数字上。

首先，考虑上面的指数法则①里，当 $m=0$ 时成立，就有

$a^{0+n}=a^0\times a^n$

$a\neq0$ 时，式子两边同时除以 $a^n\neq0$ 的话，我们就只能得到

$$a^0=1 \qquad (1)$$

进一步对于自然数 $n$，如果设 $m=-n$，指数法则①成立的话，就得到

$$a^0=a^{-n}\times a^n$$

这个式子的左边根据式（1）可知等于 1，所以对于负整数 $-n$，$n>0$ 的话，就得出

$$a^{-n}=\frac{1}{a^n}$$

那么 $n$ 是分数 $\frac{q}{p}$ 时，如何考虑为好呢？这时我们需要假设 $a>0$。首先，我们对自然数 $p$ 来考虑一下 $a^{\frac{1}{p}}$ 看看。这时如果我们假设指数法则②也成立，就有下式成立

$$(a^{\frac{1}{p}})^p=a^{\frac{p}{p}}=a$$

那我们就知道只要如下规定即可。

$$a^{\frac{1}{p}}=\sqrt[p]{a}$$

需要假设 $a>0$ 的理由在于，在 $a$ 是负数且 $p$ 是偶数的情况下，$a$ 的 $p$ 次方根（$p$ 次方后结果为 $a$ 的数）就不是实数了。当 $a>0$ 时，会定义 $\sqrt[p]{a}$ 是 $p$ 次方后得到 $a$ 的正实数。

那么，对 $a^{\frac{q}{p}}$ 再使用指数法则②的话，就可以定义以下公式

$$a^{\frac{q}{p}}=\left(a^{\frac{1}{p}}\right)^q=\left(\sqrt[p]{a}\right)^q \qquad (2)$$

而指数法则②成立的话，又可以得到

$$a^{\frac{q}{p}}=(a^q)^{\frac{1}{p}}=\sqrt[p]{a^q} \qquad (3)$$

根据公式（2）和（3）就可以得到

$$\left(\sqrt[p]{a}\right)^q=\sqrt[p]{a^q}$$

这个式子的成立意味着，两边同时再进行 $p$ 次方的话，就会都变成了 $a^q$。再使用指数法则①，就可以使得

$$a^{-\frac{q}{p}}=\frac{1}{a^{\frac{q}{p}}}$$

**指数函数曲线的例子**

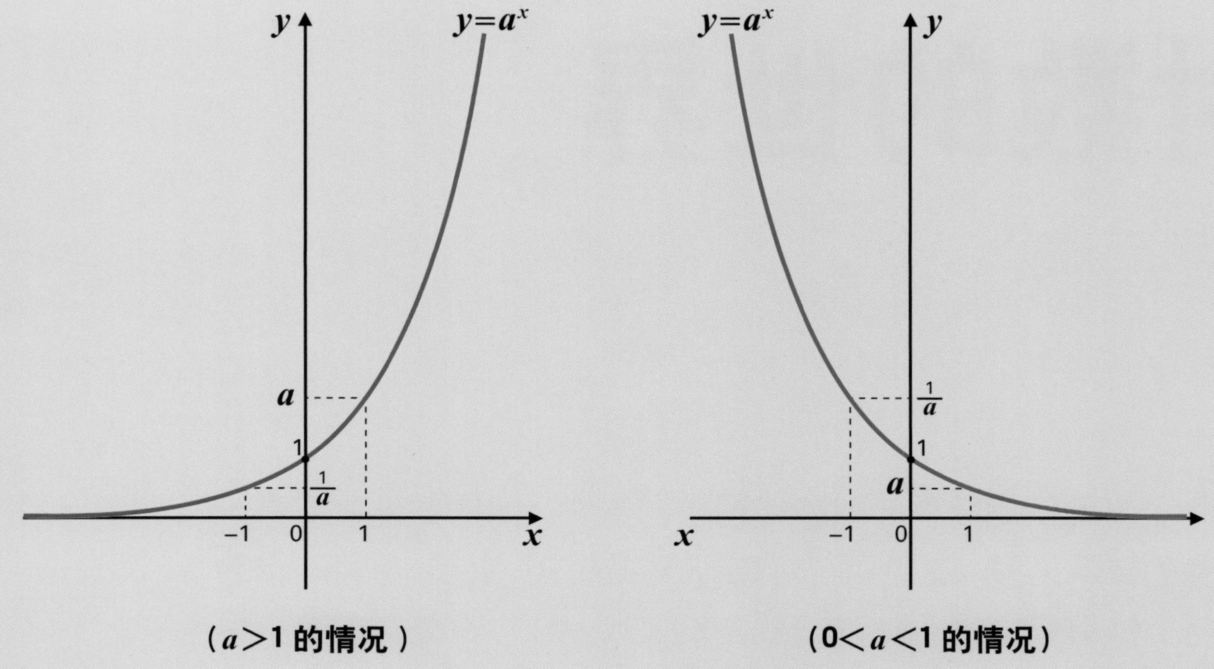


这就成功地对用正负分数 $\pm\frac{q}{p}$ 作为指数时的 $a^{\pm\frac{q}{p}}$ 进行定义。

像这样，在 $a>0$ 的情况下，指数从自然数扩展到其他数时，我们可以看出指数法则①②仍然成立。

那么，如果一般的实数 $x$ 做指数的情况下，是否能够成功定义 $a^x$ 呢？例如，圆周率 π 做指数时是否能够定义 $a^\pi$ 呢？

π 是一个以 3.1415926…开头的小数点后有无限位的小数，把这个小数的小数点后到第 $m$ 位为止的数记为 $p_m$，因为 $p_m$ 是有限小数，所以可以用分数来表示，这时的 $a^{p_m}$ 如前面所述已经成功得到定义。而我们也知道当位数 $m$ 变得越大时，$a^{p_m}$ 会无限趋近于某个数。所以我们就把趋近的这个数定义为 $a^\pi$。

对于一般的实数 $b$ 来说，如果用无限位小数来表示 $b$ 的话，小数点后到第 $m$ 位的有限位小数记为 $b_m$，因为 $b_m$ 是有理数，所以已经得到定义。把 $m$ 逐渐增大后，$a^{b_m}$ 会无限趋近于某个数，我们就把这个数定义为 $a^b$。像这样考虑的话，把指数一般化后，指数法则①②仍然成立。

所以，我们已经在 $a>0$ 的情况下对所有的实数 $x$ 成功定义了 $a^x$，从而也可以考察指数函数 $y=a^x$ 了。

但是，当 $a=1$ 时，恒有 $a^x=1$，所以通常提及指数函数时，会假设 $a>0$ 且 $a\neq1$。

$y=a^x$ 时，对应的对数关系就是 $x$ 等于以 $a$ 为底的 $y$ 的对数，即

$$y=a^x \rightleftarrows x=\log_a y$$

# 对数的世界

为了方便使用巨大的数字或很小的数字，除指数外，还有一个常用的数学工具，这就是“对数”。对数是用“log”符号表示的数，与指数有着表里一体的关系。和指数一样，对数也在很多场合出现。接下来，让我们一起来探索“对数的世界”吧！

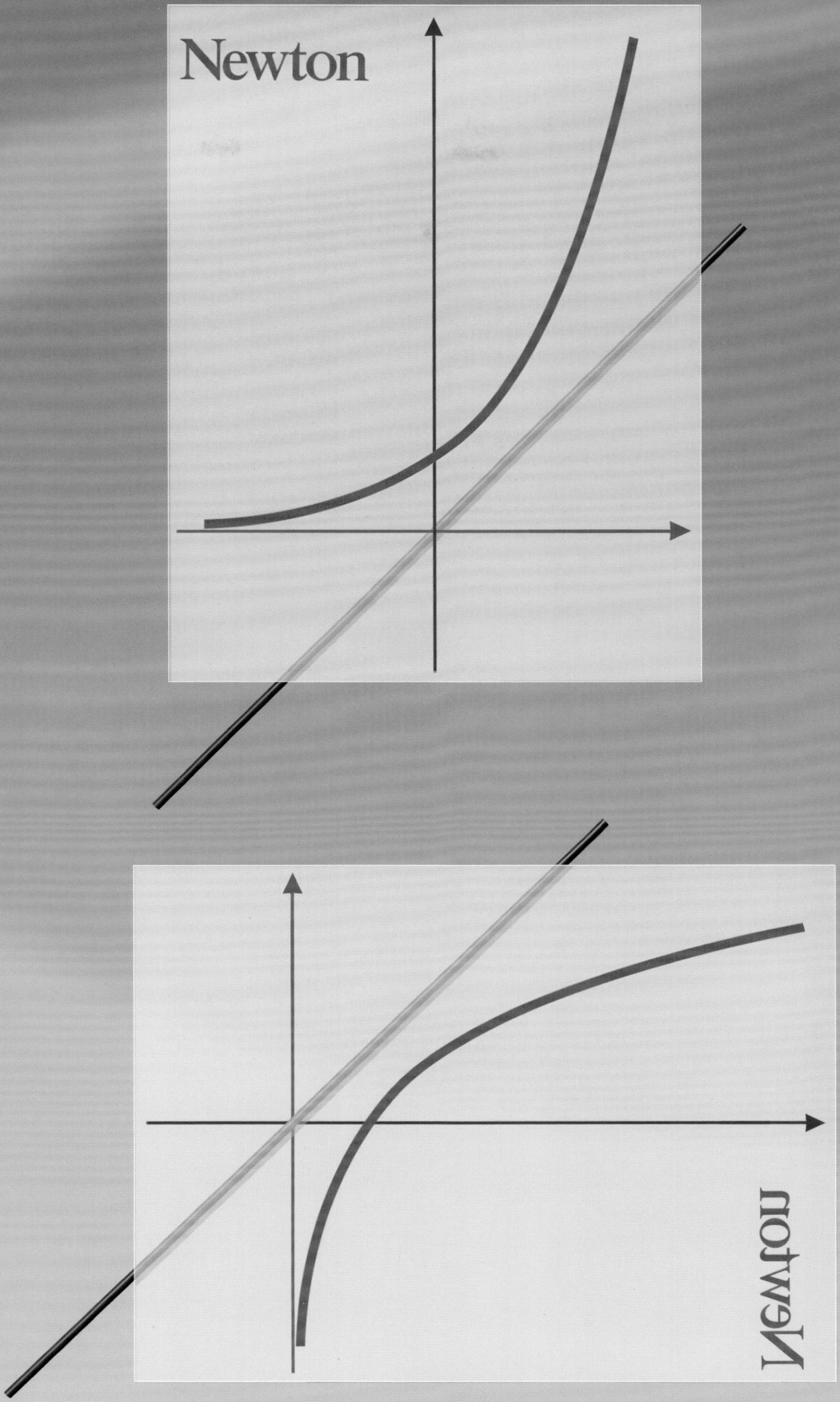
Newton
Newton

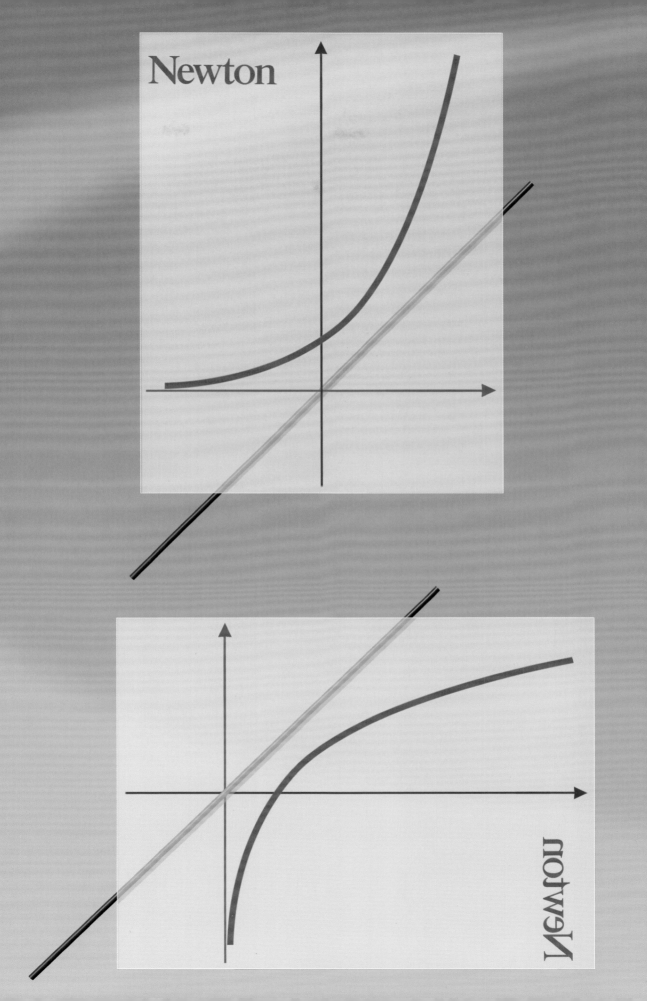

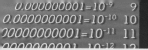

# 如果零花钱每天都成倍增加，几天之后能达到 10 亿日元？

一开始是 1 日元，1 天后变成 2 倍，也就是 2 日元，2 天后再翻倍变成 4 日元……假设每天都能拿到这样成倍增加的零花钱。由于每天都在增加，肯定到某一天就能拿到 10 亿日元。那么，到底是多少天之后呢？计算这个结果的方法可以利用对数。

对数和指数之间有着密切的关系。一方面，就如在第 21 页看到的一样，对于相同的数重复相乘而言，使用指数会很方便。例如，像 $10\times10\times10=10^3$ 这样，只要指定“相乘的数”（底数）和“重复相乘的次数”（指数），就可以很快得到计算结果。

另一方面，**对数就如询问“1000 是用 10 进行了几次重复相乘得到的”这样，已知“相乘的数”（底**

**使用对数就能知道是几天之后！**

从 1 日元开始，如果每天拿到的零花钱都是前一天的 2 倍的话，那要多少天之后拿到的零花钱会超过 10 亿日元呢？

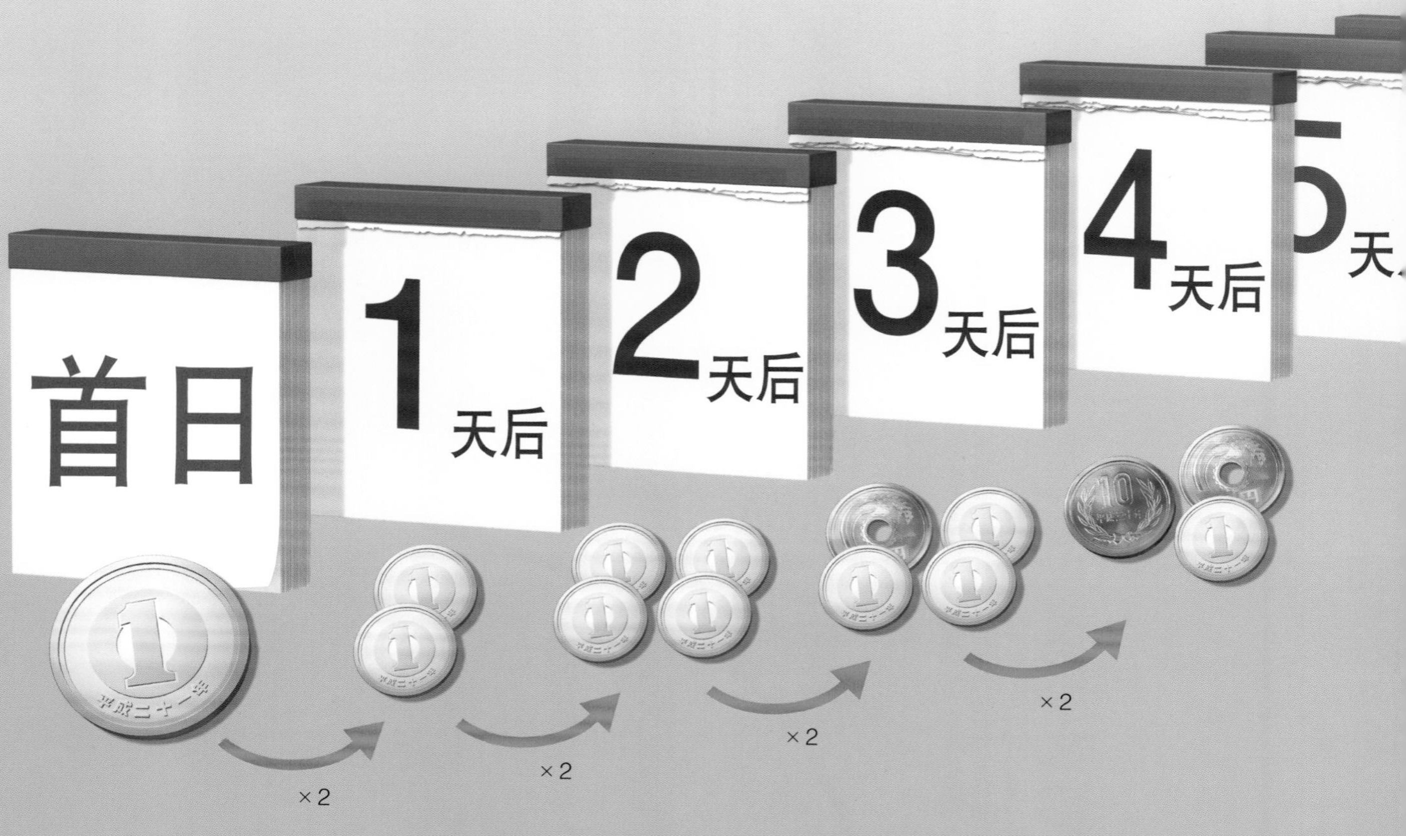


$$2^{?}=1000000000$$

**数）和“重复相乘得到的结果”（真数，即“幂”），求解“重复相乘的次数”（指数）。**对于刚才的例子，我们可以用 $\log_{10}(1000)=3$ 来求解。由此可以看出，对数和指数有着表里一体的关系。

## 用对数去寻求重复相乘的次数

利用对数再来考虑本节开头的问题。由于拿到的零花钱每经过一天就能翻倍，所以可以用 1 日元 × 2×2×……来计算。问题是，到底要乘多少次 2 才好？也就是说，问题变成“达到 10 亿的话，需要用 2 重复相乘多少次”。在这里，“相乘的数”（底数）是“2”，“重复相乘得到的结果”（真数）是“10 亿”。

那么，我们用对数来计算重复相乘的次数的话，就可以写成 $\log_2(1000000000)$。这就表示了多少天之后能拿到 10 亿日元零花钱。但是，如果只是写成这样，我们还是不能知道到底是多少天之后。在下一页，我们就会看到这样用对数形式表示的数，换成普通的表示方法是多少。

$$\log_2 1000000000 = ?\text{天后}$$

### 能拿到 8 日元是几天之后？

对于上面的例子，我们可能很难马上得出答案。那么，我们就先用一个简单的例子来增强对对数的理解吧。在每天零花钱都倍增的情况下，我们来思考一下，能拿到 8 日元是几天之后？换一个说法，就变成“8 是用 2 重复相乘几次得到的”这样一个问题。

对于这个问题，用对数来表示的话，就可以写成 $\log_2 8$。由于 $8=2\times2\times2$，是由 3 个 2 相乘得到。所以能拿到 8 日元零花钱就是 3 天之后，我们也就知道了 $\log_2 8=3$。

在这里，我们比较“$\log_2 8=3$”和“$8=2^3$”中数字的关系。一般说来，对数和指数有着如下的关系：

当 $a>0$，$a\neq1$，且 $M>0$ 时，

$$a^p = M \quad \Leftrightarrow \quad \log_a M = p$$

其中 $\log_a M$ 读作“以 $a$ 为底 $M$ 的对数”。

因为 $\log_2 8=\log_2(2^3)$，我们就知道 $\log_2(2^3)=3$。从这个例子也可以看出，对数一般有着如下的关系式：

$$\log_a(a^p) = p$$

# 熟练使用对数的性质！

前页中得到的 $\log_2(1000000000)$ 到底是多少呢？先说答案的话，结果大约是 29.9。这就意味着如果零花钱每天都能翻倍增加，那 30 天之后就能拿到超过 10 亿日元的零花钱了。

这个问题也可以通过对数的性质来求解。接下来，让我们来看看详细的计算方法。

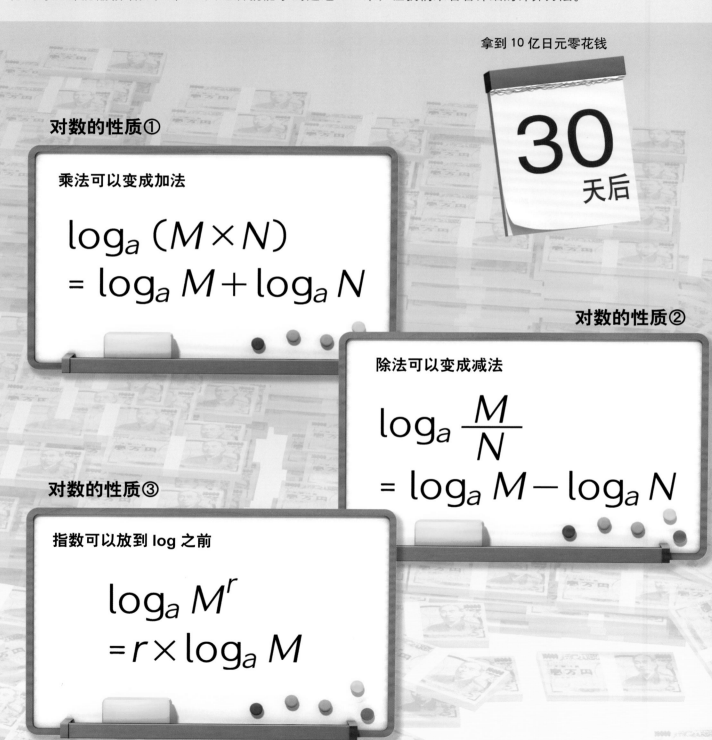

拿到 10 亿日元零花钱

**对数的性质①**

**乘法可以变成加法**

$$\log_a (M \times N) = \log_a M + \log_a N$$

**对数的性质②**

**除法可以变成减法**

$$\log_a \frac{M}{N} = \log_a M - \log_a N$$

**对数的性质③**

**指数可以放到 log 之前**

$$\log_a M^r = r \times \log_a M$$

$$\log_2 1000000000$$

$$= \log_2 10^9$$ 首先，把 10 亿用指数来表示。

$$= 9 \times \log_2 10$$ $10^9$ 的指数为 9，可以放到 log 之前（对数的性质①）。

$$= 9 \times \log_2 (2 \times 5)$$ 把 10 分解成 2×5

这里，对数里的相乘可以变成对数的相加（对数的性质②）。

$$= 9 \times (\log_2 2 + \log_2 5) \quad \cdots\cdots(A)$$

这里，$\log_2 2$ 表示“2 重复相乘几次才能得到 2”的意思，所以是 1。那么，$\log_2 5$ 又是多少呢？同样，它代表了“2 重复相乘几次才能得到 5”的意思。

$$2 \times 2 = 2^2 = 4$$

$$2 \times 2 \times 2 = 2^3 = 8$$

所以，$\log_2 5$ 的数值为

$$2 < \log_2 5 < 3$$

可以看到，精确的结果是

$$\log_2 5 = 2.3219\cdots\cdots$$

也就表示，5 等于 $2^{2.3219\cdots\cdots}$ 的意思※。所以，(A) 就等于

$$9 \times (1 + 2.3219\cdots\cdots) \approx 29.9$$

也就表示，$\log_2(1000000000) \approx 29.9$。这意味着，如果零花钱每天都能翻倍增加，

**30 天之后**就能拿到超过 10 亿日元的零花钱了。

※ 关于指数是小数的意义，将在第 58 页详细介绍。简单举例的话，$2^{0.5}$ 也可以写成 $2^{\frac{1}{2}}$，那么 $(2^{\frac{1}{2}})^2=2^{\frac{1}{2}\times 2}=2$。所以 $2^{0.5}$ 就是 2 次乘方后变成 2 的数，这也就意味着 $2^{0.5}=\sqrt{2}=1.4142\cdots\cdots$

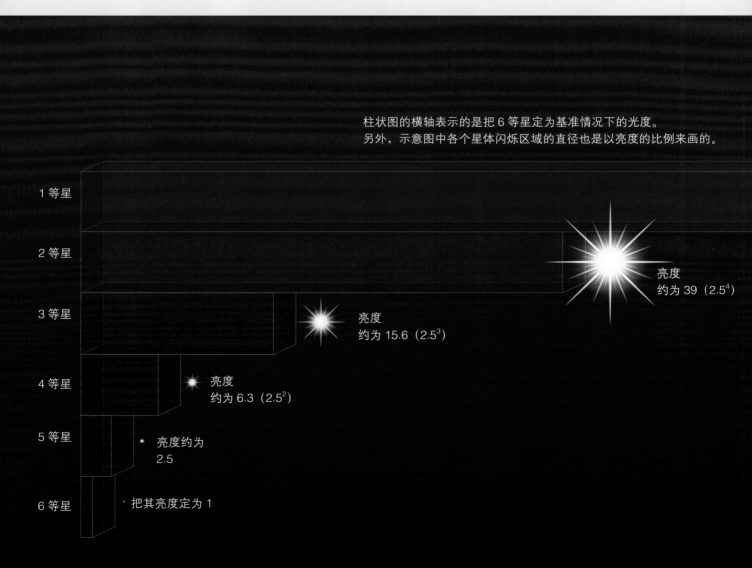

# 表示星体亮度的“等级”也使用了对数

对数出现在很多场合。例如，大家可能听过用来表示夜空中闪耀的星星的亮度级别的**“1等星”“2等星”这样的分类吧。这里的数字1、2，其实是通过对数得到的。**

在古希腊时代，人类把最明亮的星星（恒星）定为1等星，把用肉眼能勉强看得到的星星定为6等星。2等星、3等星、4等星、5等星就是亮度介于这二者之间的星星。到了19世纪，英国天文学家诺曼·罗伯特·普森（1829～1891）对各个星体的亮度进行了精确测定。结果发现，1等星的亮度大约是6等星的100倍。虽然只是6−1=5个等级的差别，但实际的光度相差了100倍。5个等级差导致了100倍的差异的话，就说明每高1个等级，亮度就大约变大2.5倍。这是因为2.5连乘5次后等于100的数（100的5次方根）大约就是2.5（即 $\log_{2.5}100 \fallingdotseq 5$）。

如果把6等星的亮度定为1的话，亮度约为2.5倍的星体就是比6等星更亮一个等级的5等星。另外，亮度约为6.3（约为 $2.5^2$）的星体就是比6等星更亮两个等级的4等星。亮度约为15.6（约为 $2.5^3$）的星体就是比6等星更亮3个等级的3等星，亮度约为

柱状图的横轴表示的是把6等星定为基准情况下的光度。
另外，示意图中各个星体闪烁区域的直径也是以亮度的比例来画的。

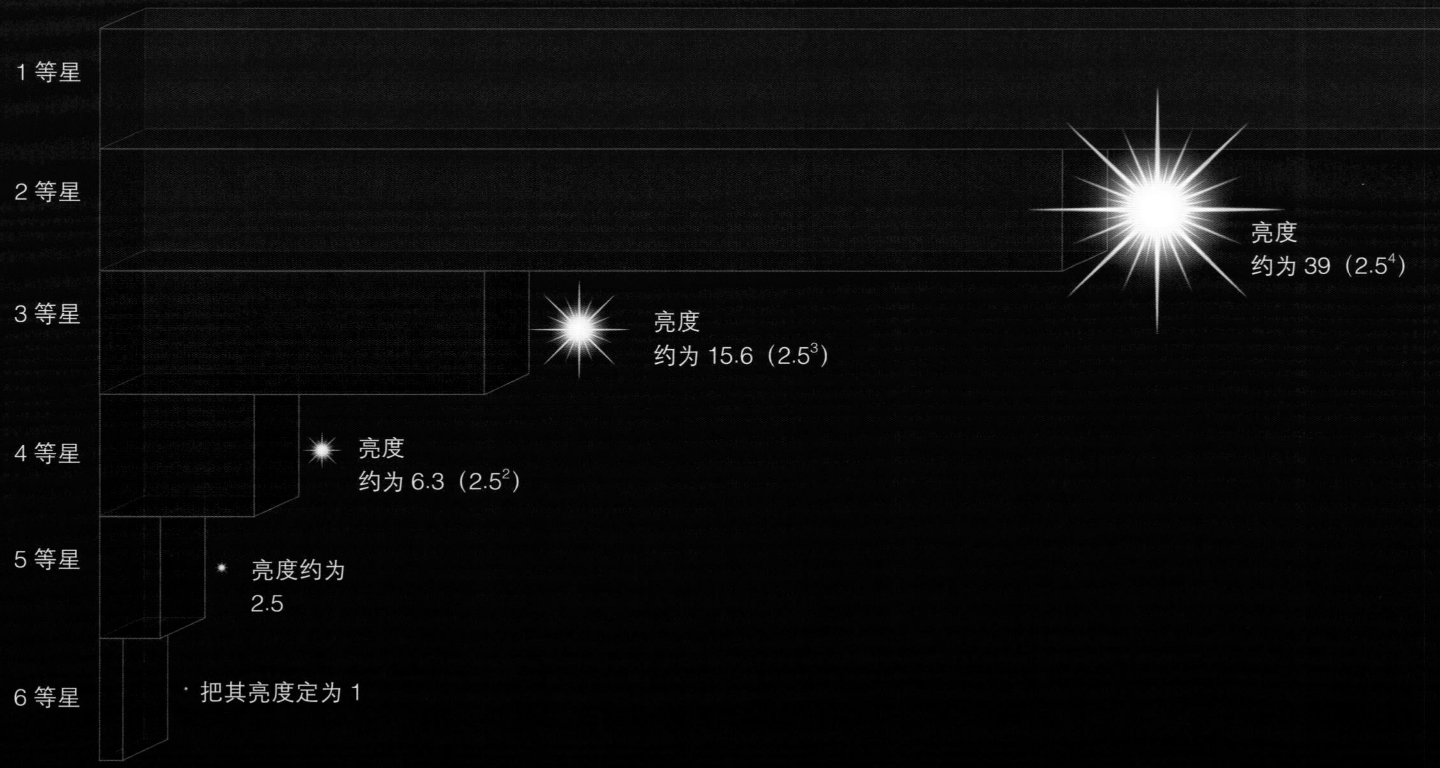

39（约为 $2.5^4$）的星体就是比 6 等星更亮 4 个等级的 2 等星，以及亮度约为 100（约为 $2.5^5$）的星体就是比 6 等星更亮 5 个等级的 1 等星。虽然等级只依次变高 1 等，但要注意相互之间亮度的差异是越来越大的。

对于某个星体，假设它的亮度是基准星体的 250 倍。要求这两个星体的等级差，**只要考虑"2.5 的几次方能得到 250 呢"就可以了。这就是对数的思想（$\log_{2.5}250 \fallingdotseq 6$）**。由于 2.5 的 6 次方大约等于 250（$\log_{2.5}250 \fallingdotseq 6$），所以这个星体比基准星体要更亮 6 个等级。星体的亮度等级就是这样用对数来定的。

## 人的感觉是呈对数性的

其实，用对数来表示星体等级与人的感觉器官特征呈对数性密不可分。

例如，往不太辣的咖喱里加入一勺辣椒后，我们会感觉变辣了。但如果在已经很辣的咖喱里加入同样多一勺辣椒，我们则很难感觉到辣度的变化。在这种情况下，如果想要感觉到同样程度的辣度变化，则需要加入同样大小一勺的几倍的量才行。

同样星体的亮度等级对比也是一样，如果没有 2.5 倍的亮度变化，人眼很难明确地感受到星体亮度的变化。

**人类感觉到的刺激强度其实与物理量上的刺激强度的对数近似成比例，这被称为"韦伯－费希纳定理"。**

### 星体亮度与对数

示意图展示了从 1 等星到 6 等星的明亮程度与等级之间的关系。把 6 等星的亮度定为 1 的话，随着星体的等级上升到 5 等星、4 等星，每个等级的亮度都为之前的 2.5 倍，并以这个 2.5 倍的亮度再继续往上升级。星体的等级是由与基准星体的亮度差别成"2.5 的几次方"来决定的。这里的"2.5 的几次方（2.5 反复连乘的次数是几次）"就是运用对数的思想。

# 测量噪声的单位“分贝”也运用了对数

你应该听说过表示声音大小的单位“分贝”(dB)。实际上，分贝也使用了对数的方法。

声音的本质是空气的振动，如果空气振动强烈，人耳就会听到较大的声音。对于一般人能听到的最小声音，其空气振动的强度（声压）大约是 $10^{-5}$ 帕（Pa，为压强的单位）。

随着声音的大小变化，声压的数值变化会非常大。例如，普通交谈声音的声压约是 $10^{-2}$ 帕级别，和人能听到的最小声音相比，是它的 1000 倍这么大。而喷气飞机的噪声一般在 10 帕级别，相当于人能听到的最小声音的 100 万倍。

## 各种各样的声音的大小

图像示意了各种声音和它们大约的大小（声压值和分贝值）。分贝是用对数定义的，研究表明，人主观感受到的刺激强度，近似地和物理上的刺激强度的对数成比例，这被称为“韦伯－费希纳定律”。人的听觉是天然的对数“转换器”。

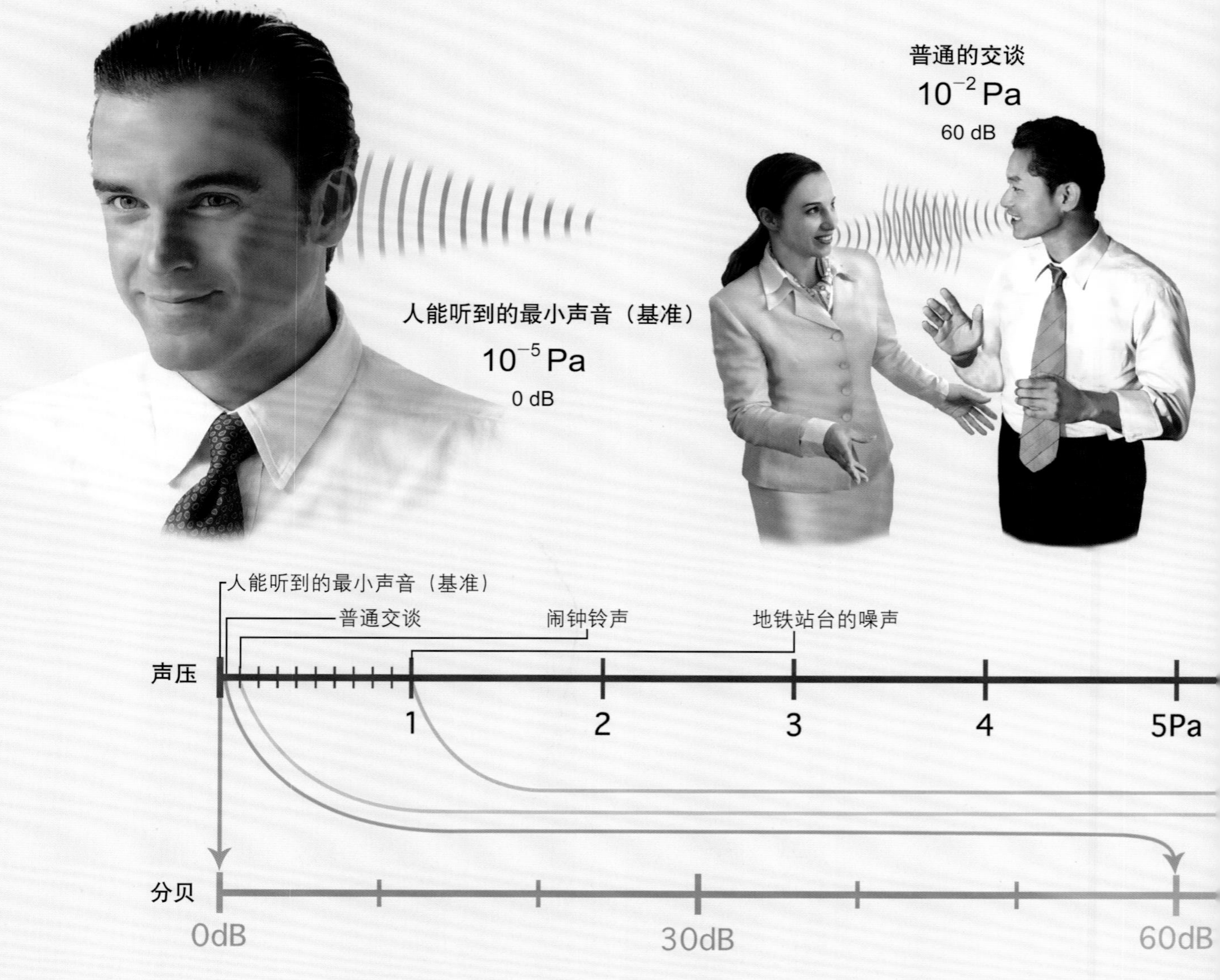

## 分贝是表示声压值位数变化的指标

这样看来，如果直接用声压的数值作为音量的指标会很不方便。而且，人也不会直观觉得耳朵听到的声音会相差 100 万倍之多。**因此，如果能把音量的指标变得和人的直观感觉接近的话，使用起来就会比较方便。这就是分贝。**

分贝使用了对数，按照 $20\times\log_{10}\left(\frac{p}{p_0}\right)$ 计算。$p$ 是想要知道音量的声音的声压，$p_0$ 是人能听到的最小声音的声压。简单来看，这个数学式可以说是表示了随着声音大小的变化，声压数值位数的变化程度。声压变成 10 倍，分贝就增加 20；100 倍就增加 40；1000 倍就增加 60。也就是说，声压与分贝值的关系为：声压每增大 10 倍，分贝值就增加 20。

使用分贝作为音量单位的话，人能听到的最小声音就是 0 分贝，而喷气式飞机发动机的噪声大约就是 120 分贝，这样就能用简单明了的数字来表示音量大小了。

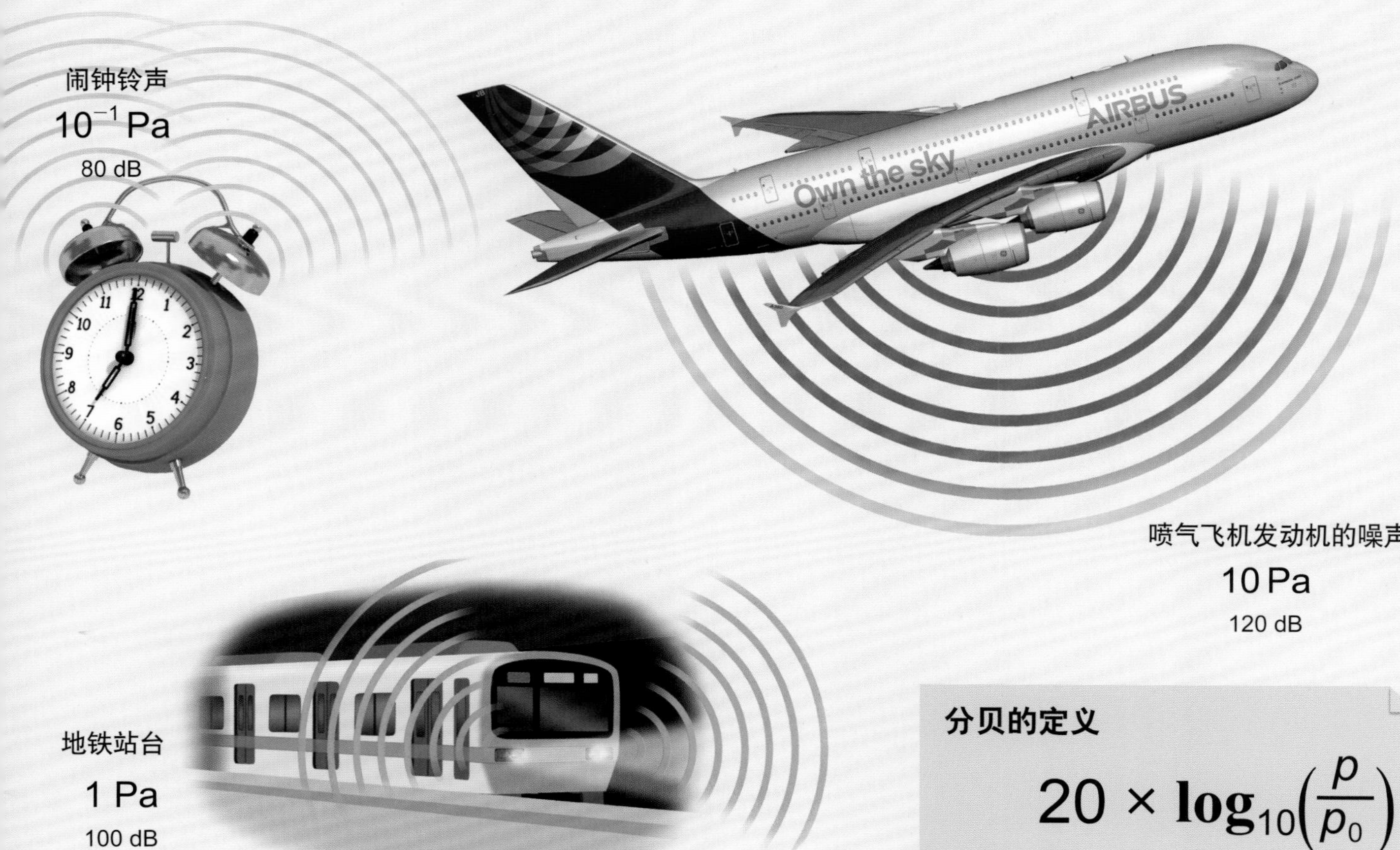


**分贝的定义**

$$20\times\log_{10}\left(\frac{p}{p_0}\right)$$

$p$：声压（帕）　$p_0$：人能听到的最小声压

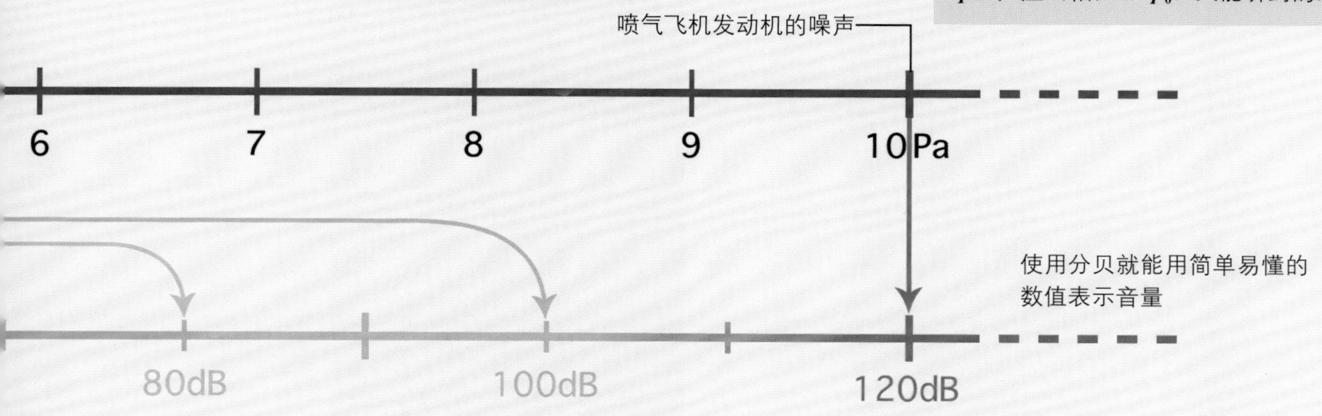

# 地震的震级也呈对数增长

不光是人类的感觉，**在自然科学及经济学等领域里，也存在着很多差别不是一定的而是以一定的比率倍数变化的情况。像这样的情况就是对数“上场”的时候了。**

例如，表示地震规模的单位“里氏震级”也与对数有关。地下的岩石地壳长期受力蓄积能量，当受力超过岩石本身能承受的强度时，岩层就会突然断裂、错动从而引发地震。里氏震级的值就来源于推断地震释放了多少能量的物理量。用 E 表示地震的能量，M 表示里氏震级，E 与 M 的关系是满足 $\log_{10}E=4.8+1.5M$ 这个对数关系式的。像这样把能量的大小变换成对数表示的就是 M（里氏震级）。

把这个公式变换成指数形式就是 $E=10^{4.8+1.5M}$。从这个公式可以看出，M 变大 2 的话，E 的值就会变大 $10^{1.5M}=10^{1.5\times2}=10^3$，$10^3$ 就是 1000。也就是说，当 M 的值相差 2 时，地震的能量其实相差了 1000 倍。2011 年，日本东北地方太平洋近海地震的 M 值为 9.0。一般来说，M7 级别的地震就已经相当大了，而对于比 M7 还要大 2 级（能量约大 1000 倍）的日本东北地方太平洋近海地震，可以想象这个地震有多么巨大了！

## 何为里氏震级？

里氏震级是对地震释放出来的总能量进行推断并换算出来的数值。也就是说，它可以说成是表示地震规模大小的指标。示意图用球体的体积代表地震的能量，对里氏震级 5、6、7、8、9 级的地震进行了比较。里氏震级上升 1 级的话，能量就增加为 32 倍。要是上升 2 级的话，能量就是 32 倍的 32 倍，也就是大约 1000 倍。

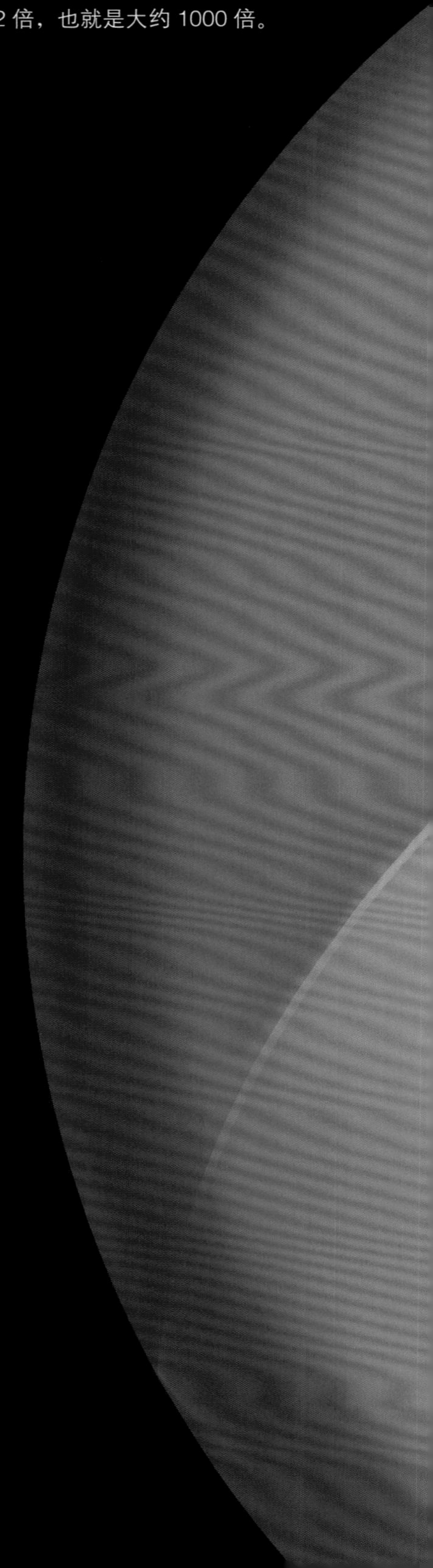

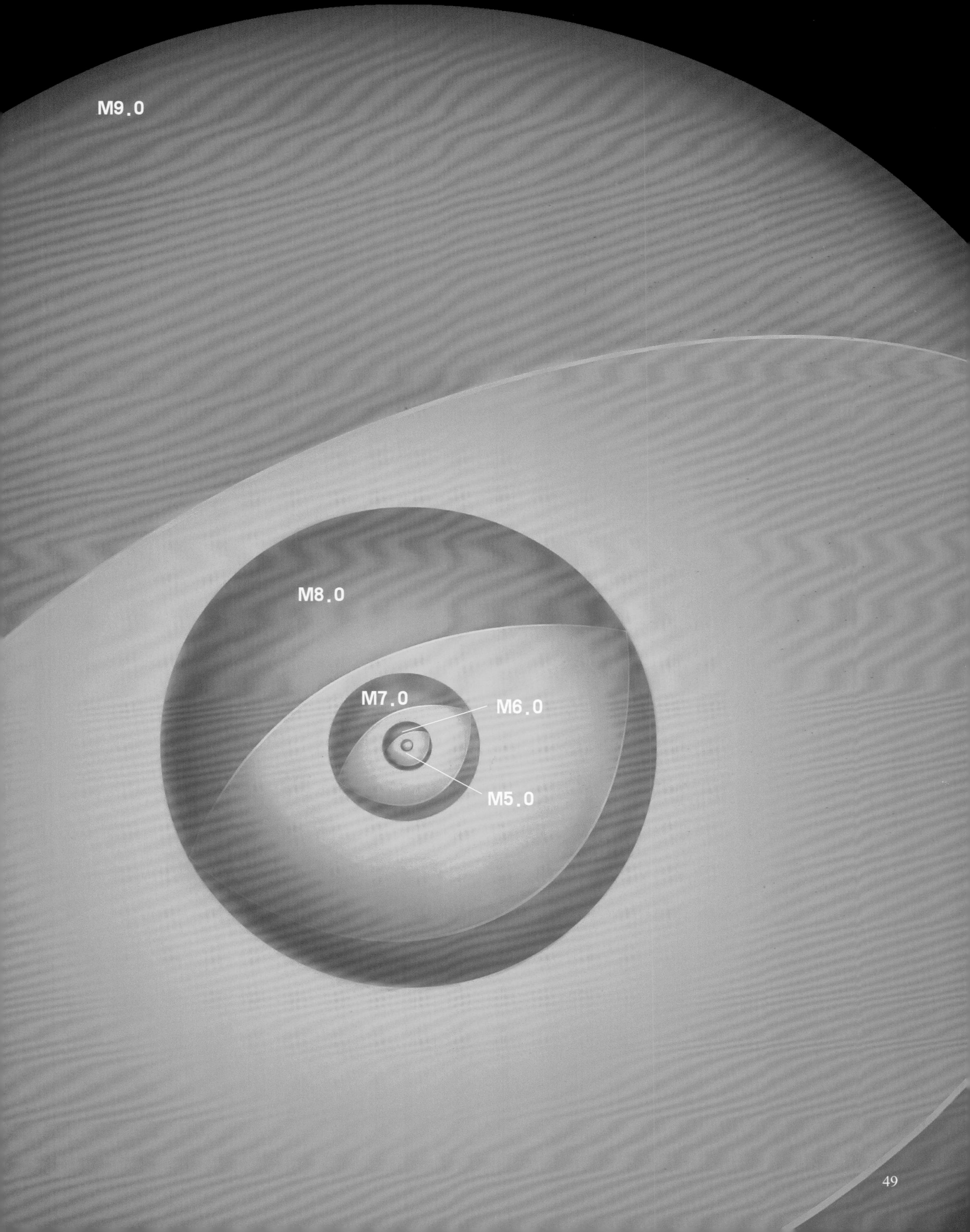
M9.0
M8.0
M7.0
M6.0
M5.0

# 衡量酸碱度的指标“pH”里出现的对数

用于表示水溶液酸碱度的“pH”和对数有着密切的关系。pH 又被称为“氢离子浓度指数”，用从 0 到 14 的数值来表示。越接近 0 表示酸性越强，7 表示中性，而越接近 14 则表示碱性越强。那么，它的数值又是怎样来确定的呢？

pH 的数值，其实表示的是水溶液中氢离子（$H^+$）的浓度到底是多少。如果水溶液中氢离子的浓度高，也就是说，1 升该水溶液中含有的氢离子总数多，那该水溶液就呈酸性。反之，如果水溶液中氢离子的浓度低，那么它就呈碱性。

## 变化达 14 位的浓度，用对数表示会清晰易懂

水溶液中氢离子的浓度，随着酸碱程度的变化会有非常大的差异。**强酸性水溶液的氢离子浓度设为 1 的话，强碱性水溶液的氢离子浓度只有 0.00000000000001，之间的变化会有 14 位之多。**所以，如果直接用氢离子的浓度数值作为表示酸碱度指标会很不方便。

如果用 $[H^+]$ 表示氢离子浓度值，pH 就是对 $[H^+]$ 使用对数（log）表示成 $-\log_{10}[H^+]$。

例如，如果把 0.00000000000001 代入 $[H^+]$，**我们就可以算出 14 这个数。这其实是把 $[H^+]$ 用指数表示后，对指数的值再取绝对值得到的数字。**例如，由于 0.00000000000001=$10^{-14}$，所以就得到 14。这样，我们就可以使用 0～14 这样清晰易懂的数字去表示酸碱度了。

### 用 0～14 的数值表示酸碱度

图中列出了氢离子浓度的数值和相应的 pH。pH 相差 1，就意味着氢离子的浓度相差了 10 倍。

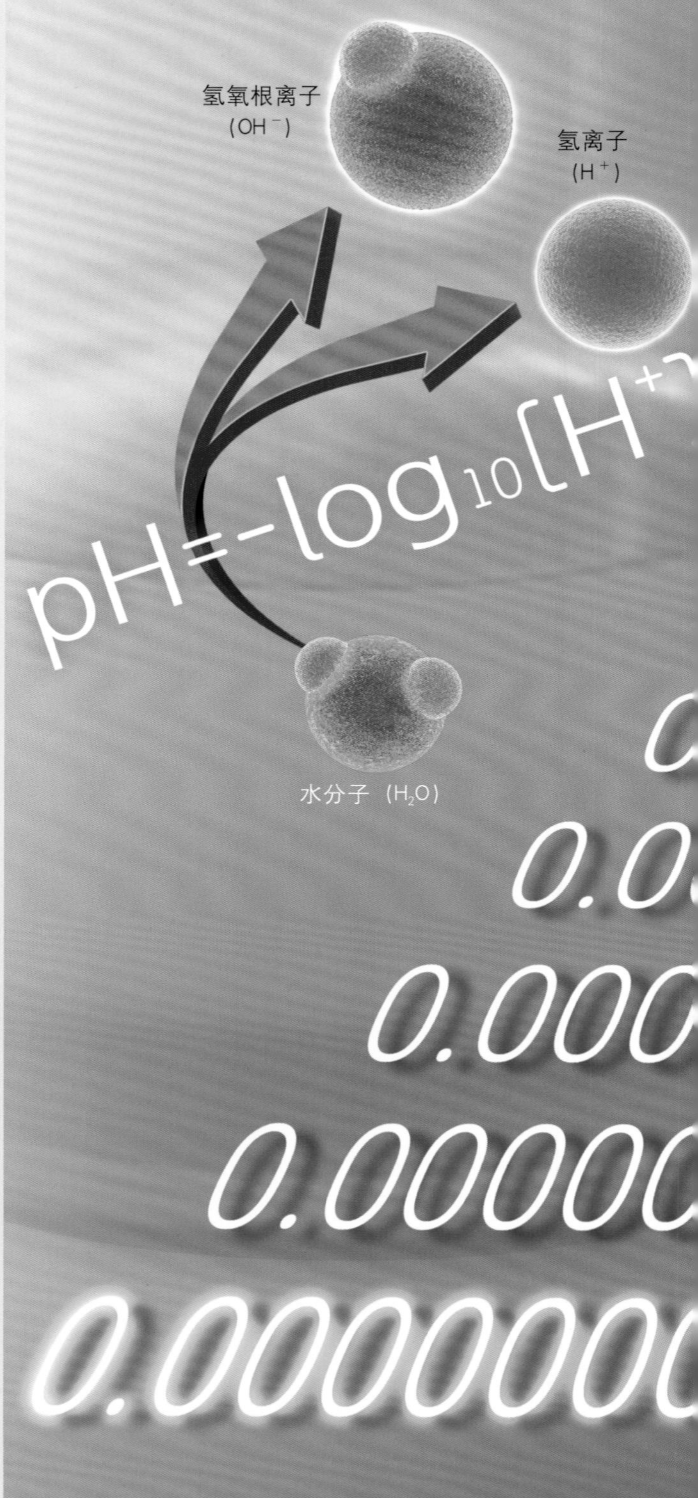

| $[H^+]$ | pH | | |
|---|---|---|---|
| $1=10^{0}$ | 0 | | 酸性 |
| $0.1=10^{-1}$ | 1 | | |
| $0.01=10^{-2}$ | 2 | | |
| $0.001=10^{-3}$ | 3 | 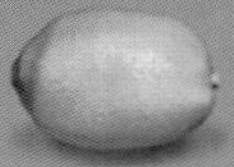 柠檬 | |
| $0.0001=10^{-4}$ | 4 | | |
| $0.00001=10^{-5}$ | 5 |  咖啡 | |
| $0.000001=10^{-6}$ | 6 | | |
| $0.0000001=10^{-7}$ | 7 |  牛奶 | 中性 |
| $0.00000001=10^{-8}$ | 8 | | |
| $.000000001=10^{-9}$ | 9 |  小苏打 ($NaHCO_3$) | |
| $000000001=10^{-10}$ | 10 |  肥皂 | |
| $000000001=10^{-11}$ | 11 | | |
| $00000001=10^{-12}$ | 12 | | |
| $0000001=10^{-13}$ | 13 | | |
| $000001=10^{-14}$ | 14 | | 碱性 |

# 数学家纳皮尔奠定了对数的基础

最早开始研究对数并把对数推广开来的人，是苏格兰数学家约翰·纳皮尔（John Napier，1550～1617）。纳皮尔在 1614 年发表的拉丁语论文《奇妙的对数规律的描述》中，公布了作为现代对数原型的“纳皮尔对数”表格。

当时正值地理大发现时代，经常需要通过观察天体来计算船只的位置。可是在这些计算里，使用了表示直角三角形边长与角度关系的“三角函数”，计算起来非常复杂。**纳皮尔之所以会去研究对数，就是想用第 42 页里提到的对数的性质②，把“复杂的乘法运算变成简单的加法运算”。**纳皮尔花费 20 年时间，把各种角度的三角函数的值用对数表示后，制作成对数表。

## 在世界范围内广泛使用的“常用对数表”

纳皮尔对数接近于今天以 0.9999999 为底的对数，使用起来非常不方便。所以，纳皮尔和英国数学家亨利·布里格斯（Henry Briggs，1561～1630）约定一起制作使用起来更加方便的以 10 为底的对数表。但是，不久之后纳皮尔就不幸去世了，布里格斯一个人持续地计算以 10 为底的对数，在 1624 年发表了 10 万以下的数的对数表。

**底数为 10 的对数被称作“常用对数”，**常用对数的出现大大简化了天文学的计算。随着不断地修正，布里格斯的常用对数表在全世界一直使用到了 20 世纪。

另外，在大学里学习对数和微积分时出现的重要常数“e”（=2.71828……）也被称作纳皮尔常数，这是为了纪念纳皮尔而取的名字。以纳皮尔常数为底的对数被称作“自然对数”。

## 只要查找对数表就能知道对数的值

如果想要知道某个数的对数值，只要在对数表里查找就能很简单地获得。纳皮尔和布里格斯两位数学家奠定了对数表的基础。

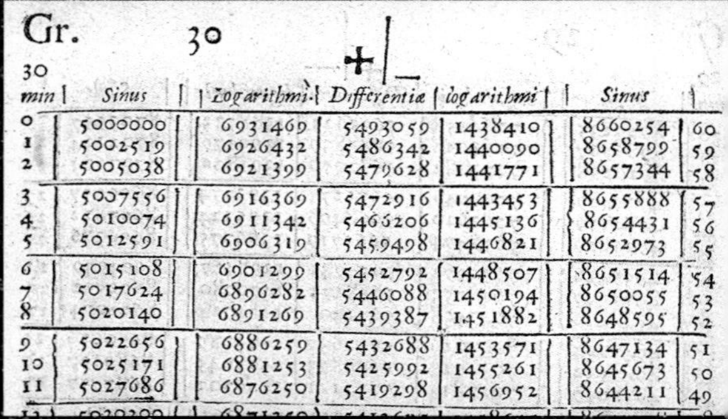

Gr. 30

30 + | −

| min | Sinus | Logarithmi | Differentiæ | logarithmi | Sinus | |
|---|---|---|---|---|---|---|
| 0 | 5000000 | 6931469 | 5493059 | 1438410 | 8660254 | 60 |
| 1 | 5002519 | 6926432 | 5486342 | 1440090 | 8658799 | 59 |
| 2 | 5005038 | 6921399 | 5479628 | 1441771 | 8657344 | 58 |
| 3 | 5007556 | 6916369 | 5472916 | 1443453 | 8655888 | 57 |
| 4 | 5010074 | 6911342 | 5466206 | 1445136 | 8654431 | 56 |
| 5 | 5012591 | 6906319 | 5459498 | 1446821 | 8652973 | 55 |
| 6 | 5015108 | 6901299 | 5452792 | 1448507 | 8651514 | 54 |
| 7 | 5017624 | 6896282 | 5446088 | 1450194 | 8650055 | 53 |
| 8 | 5020140 | 6891269 | 5439387 | 1451882 | 8648595 | 52 |
| 9 | 5022656 | 6886259 | 5432688 | 1453571 | 8647134 | 51 |
| 10 | 5025171 | 6881253 | 5425992 | 1455261 | 8645673 | 50 |
| 11 | 5027686 | 6876250 | 5419298 | 1456952 | 8644211 | 49 |

**纳皮尔的肖像画（上）和对数表（下）**

纳皮尔花了 20 年制作出了把三角函数的值变换成对数的表。min 列表示角度，Sinus 列表示相应角度的三角函数正弦（sin）的值，Logarithmi 列是纳皮尔对数的值。表示对数这个意思的单词“logarithm”，是纳皮尔用 logos（比率、话语、道理之意，在基督教中表示神的话语）和 arithmos（数）两个希腊语单词合起来造的新词。布里格斯解释其为“成比例的数”，但也可以理解为“神的数”。

**底数为 10 的常用对数表（右**

表左端的数字，表示想知道对数的（真数）的小数第一位之前的数字，表端的数字，表示其小数第二位。比如，果想知道 $\log_{10}4.83$ 的值的话，查找 4.8 在的行和 3 所在的列，其交叉之处的数是答案 0.6839。

| | | | | | | | | | |
|---|---|---|---|---|---|---|---|---|---|
| 0.0000 | 0.0043 | 0.0086 | 0.0128 | 0.0170 | 0.0212 | 0.0253 | 0.0294 | 0.0334 | 0.0374 |
| 0.0414 | 0.0453 | 0.0492 | 0.0531 | 0.0569 | 0.0607 | 0.0645 | 0.0682 | 0.0719 | 0.0755 |
| 0.0792 | 0.0828 | 0.0864 | 0.0899 | 0.0934 | 0.0969 | 0.1004 | 0.1038 | 0.1072 | 0.1106 |
| 0.1139 | 0.1173 | 0.1206 | 0.1239 | 0.1271 | 0.1303 | 0.1335 | 0.1367 | 0.1399 | 0.1430 |
| 0.1461 | 0.1492 | 0.1523 | 0.1553 | 0.1584 | 0.1614 | 0.1644 | 0.1673 | 0.1703 | 0.1732 |
| 0.1761 | 0.1790 | 0.1818 | 0.1847 | 0.1875 | 0.1903 | 0.1931 | 0.1959 | 0.1987 | 0.2014 |
| 0.2041 | 0.2068 | 0.2095 | 0.2122 | 0.2148 | 0.2175 | 0.2201 | 0.2227 | 0.2253 | 0.2279 |
| 0.2304 | 0.2330 | 0.2355 | 0.2380 | 0.2405 | 0.2430 | 0.2455 | 0.2480 | 0.2504 | 0.2529 |
| 0.2553 | 0.2577 | 0.2601 | 0.2625 | 0.2648 | 0.2672 | 0.2695 | 0.2718 | 0.2742 | 0.2765 |
| 0.2788 | 0.2810 | 0.2833 | 0.2856 | 0.2878 | 0.2900 | 0.2923 | 0.2945 | 0.2967 | 0.2989 |
| 0.3010 | 0.3032 | 0.3054 | 0.3075 | 0.3096 | 0.3118 | 0.3139 | 0.3160 | 0.3181 | 0.3201 |
| 0.3222 | 0.3243 | 0.3263 | 0.3284 | 0.3304 | 0.3324 | 0.3345 | 0.3365 | 0.3385 | 0.3404 |
| 0.3424 | 0.3444 | 0.3464 | 0.3483 | 0.3502 | 0.3522 | 0.3541 | 0.3560 | 0.3579 | 0.3598 |
| 0.3617 | 0.3636 | 0.3655 | 0.3674 | 0.3692 | 0.3711 | 0.3729 | 0.3747 | 0.3766 | 0.3784 |
| 0.3802 | 0.3820 | 0.3838 | 0.3856 | 0.3874 | 0.3892 | 0.3909 | 0.3927 | 0.3945 | 0.3962 |
| 0.3979 | 0.3997 | 0.4014 | 0.4031 | 0.4048 | 0.4065 | 0.4082 | 0.4099 | 0.4116 | 0.4133 |
| 0.4150 | 0.4166 | 0.4183 | 0.4200 | 0.4216 | 0.4232 | 0.4249 | 0.4265 | 0.4281 | 0.4298 |
| 0.4314 | 0.4330 | 0.4346 | 0.4362 | 0.4378 | 0.4393 | 0.4409 | 0.4425 | 0.4440 | 0.4456 |
| 0.4472 | 0.4487 | 0.4502 | 0.4518 | 0.4533 | 0.4548 | 0.4564 | 0.4579 | 0.4594 | 0.4609 |
| 0.4624 | 0.4639 | 0.4654 | 0.4669 | 0.4683 | 0.4698 | 0.4713 | 0.4728 | 0.4742 | 0.4757 |
| 0.4771 | 0.4786 | 0.4800 | 0.4814 | 0.4829 | 0.4843 | 0.4857 | 0.4871 | 0.4886 | 0.4900 |
| 0.4914 | 0.4928 | 0.4942 | 0.4955 | 0.4969 | 0.4983 | 0.4997 | 0.5011 | 0.5024 | 0.5038 |
| 0.5051 | 0.5065 | 0.5079 | 0.5092 | 0.5105 | 0.5119 | 0.5132 | 0.5145 | 0.5159 | 0.5172 |
| 0.5185 | 0.5198 | 0.5211 | 0.5224 | 0.5237 | 0.5250 | 0.5263 | 0.5276 | 0.5289 | 0.5302 |
| 0.5315 | 0.5328 | 0.5340 | 0.5353 | 0.5366 | 0.5378 | 0.5391 | 0.5403 | 0.5416 | 0.5428 |
| 0.5441 | 0.5453 | 0.5465 | 0.5478 | 0.5490 | 0.5502 | 0.5514 | 0.5527 | 0.5539 | 0.5551 |
| 0.5563 | 0.5575 | 0.5587 | 0.5599 | 0.5611 | 0.5623 | 0.5635 | 0.5647 | 0.5658 | 0.5670 |
| 0.5682 | 0.5694 | 0.5705 | 0.5717 | 0.5729 | 0.5740 | 0.5752 | 0.5763 | 0.5775 | 0.5786 |
| 0.5798 | 0.5809 | 0.5821 | 0.5832 | 0.5843 | 0.5855 | 0.5866 | 0.5877 | 0.5888 | 0.5899 |
| 0.5911 | 0.5922 | 0.5933 | 0.5944 | 0.5955 | 0.5966 | 0.5977 | 0.5988 | 0.5999 | 0.6010 |
| 0.6021 | 0.6031 | 0.6042 | 0.6053 | 0.6064 | 0.6075 | 0.6085 | 0.6096 | 0.6107 | 0.6117 |
| 0.6128 | 0.6138 | 0.6149 | 0.6160 | 0.6170 | 0.6180 | 0.6191 | 0.6201 | 0.6212 | 0.6222 |
| 0.6232 | 0.6243 | 0.6253 | 0.6263 | 0.6274 | 0.6284 | 0.6294 | 0.6304 | 0.6314 | 0.6325 |
| 0.6335 | 0.6345 | 0.6355 | 0.6365 | 0.6375 | 0.6385 | 0.6395 | 0.6405 | 0.6415 | 0.6425 |
| 0.6435 | 0.6444 | 0.6454 | 0.6464 | 0.6474 | 0.6484 | 0.6493 | 0.6503 | 0.6513 | 0.6522 |
| 0.6532 | 0.6542 | 0.6551 | 0.6561 | 0.6571 | 0.6580 | 0.6590 | 0.6599 | 0.6609 | 0.6618 |
| 0.6628 | 0.6637 | 0.6646 | 0.6656 | 0.6665 | 0.6675 | 0.6684 | 0.6693 | 0.6702 | 0.6712 |
| 0.6721 | 0.6730 | 0.6739 | 0.6749 | 0.6758 | 0.6767 | 0.6776 | 0.6785 | 0.6794 | 0.6803 |
| 0.6812 | 0.6821 | 0.6830 | 0.6839 | 0.6848 | 0.6857 | 0.6866 | 0.6875 | 0.6884 | 0.6893 |
| 0.6902 | 0.6911 | 0.6920 | 0.6928 | 0.6937 | 0.6946 | 0.6955 | 0.6964 | 0.6972 | 0.6981 |
| 0.6990 | 0.6998 | 0.7007 | 0.7016 | 0.7024 | 0.7033 | 0.7042 | 0.7050 | 0.7059 | 0.7067 |
| 0.7076 | 0.7084 | 0.7093 | 0.7101 | 0.7110 | 0.7118 | 0.7126 | 0.7135 | 0.7143 | 0.7152 |
| 0.7160 | 0.7168 | 0.7177 | 0.7185 | 0.7193 | 0.7202 | 0.7210 | 0.7218 | 0.7226 | 0.7235 |
| 0.7243 | 0.7251 | 0.7259 | 0.7267 | 0.7275 | 0.7284 | 0.7292 | 0.7300 | 0.7308 | 0.7316 |
| 0.7324 | 0.7332 | 0.7340 | 0.7348 | 0.7356 | 0.7364 | 0.7372 | 0.7380 | 0.7388 | 0.7396 |
| 0.7404 | 0.7412 | 0.7419 | 0.7427 | 0.7435 | 0.7443 | 0.7451 | 0.7459 | 0.7466 | 0.7474 |
| 0.7482 | 0.7490 | 0.7497 | 0.7505 | 0.7513 | 0.7520 | 0.7528 | 0.7536 | 0.7543 | 0.7551 |
| 0.7559 | 0.7566 | 0.7574 | 0.7582 | 0.7589 | 0.7597 | 0.7604 | 0.7612 | 0.7619 | 0.7627 |
| 0.7634 | 0.7642 | 0.7649 | 0.7657 | 0.7664 | 0.7672 | 0.7679 | 0.7686 | 0.7694 | 0.7701 |
| 0.7709 | 0.7716 | 0.7723 | 0.7731 | 0.7738 | 0.7745 | 0.7752 | 0.7760 | 0.7767 | 0.7774 |
| 0.7782 | 0.7789 | 0.7796 | 0.7803 | 0.7810 | 0.7818 | 0.7825 | 0.7832 | 0.7839 | 0.7846 |
| 0.7853 | 0.7860 | 0.7868 | 0.7875 | 0.7882 | 0.7889 | 0.7896 | 0.7903 | 0.7910 | 0.7917 |
| 0.7924 | 0.7931 | 0.7938 | 0.7945 | 0.7952 | 0.7959 | 0.7966 | 0.7973 | 0.7980 | 0.7987 |
| 0.7993 | 0.8000 | 0.8007 | 0.8014 | 0.8021 | 0.8028 | 0.8035 | 0.8041 | 0.8048 | 0.8055 |
| 0.8062 | 0.8069 | 0.8075 | 0.8082 | 0.8089 | 0.8096 | 0.8102 | 0.8109 | 0.8116 | 0.8122 |
| 0.8129 | 0.8136 | 0.8142 | 0.8149 | 0.8156 | 0.8162 | 0.8169 | 0.8176 | 0.8182 | 0.8189 |
| 0.8195 | 0.8202 | 0.8209 | 0.8215 | 0.8222 | 0.8228 | 0.8235 | 0.8241 | 0.8248 | 0.8254 |
| 0.8261 | 0.8267 | 0.8274 | 0.8280 | 0.8287 | 0.8293 | 0.8299 | 0.8306 | 0.8312 | 0.8319 |
| 0.8325 | 0.8331 | 0.8338 | 0.8344 | 0.8351 | 0.8357 | 0.8363 | 0.8370 | 0.8376 | 0.8382 |
| 0.8388 | 0.8395 | 0.8401 | 0.8407 | 0.8414 | 0.8420 | 0.8426 | 0.8432 | 0.8439 | 0.8445 |
| 0.8451 | 0.8457 | 0.8463 | 0.8470 | 0.8476 | 0.8482 | 0.8488 | 0.8494 | 0.8500 | 0.8506 |
| 0.8513 | 0.8519 | 0.8525 | 0.8531 | 0.8537 | 0.8543 | 0.8549 | 0.8555 | 0.8561 | 0.8567 |
| 0.8573 | 0.8579 | 0.8585 | 0.8591 | 0.8597 | 0.8603 | 0.8609 | 0.8615 | 0.8621 | 0.8627 |
| 0.8633 | 0.8639 | 0.8645 | 0.8651 | 0.8657 | 0.8663 | 0.8669 | 0.8675 | 0.8681 | 0.8686 |
| 0.8692 | 0.8698 | 0.8704 | 0.8710 | 0.8716 | 0.8722 | 0.8727 | 0.8733 | 0.8739 | 0.8745 |
| 0.8751 | 0.8756 | 0.8762 | 0.8768 | 0.8774 | 0.8779 | 0.8785 | 0.8791 | 0.8797 | 0.8802 |
| 0.8808 | 0.8814 | 0.8820 | 0.8825 | 0.8831 | 0.8837 | 0.8842 | 0.8848 | 0.8854 | 0.8859 |
| 0.8865 | 0.8871 | 0.8876 | 0.8882 | 0.8887 | 0.8893 | 0.8899 | 0.8904 | 0.8910 | 0.8915 |
| 0.8921 | 0.8927 | 0.8932 | 0.8938 | 0.8943 | 0.8949 | 0.8954 | 0.8960 | 0.8965 | 0.8971 |
| 0.8976 | 0.8982 | 0.8987 | 0.8993 | 0.8998 | 0.9004 | 0.9009 | 0.9015 | 0.9020 | 0.9025 |
| 0.9031 | 0.9036 | 0.9042 | 0.9047 | 0.9053 | 0.9058 | 0.9063 | 0.9069 | 0.9074 | 0.9079 |
| 0.9085 | 0.9090 | 0.9096 | 0.9101 | 0.9106 | 0.9112 | 0.9117 | 0.9122 | 0.9128 | 0.9133 |
| 0.9138 | 0.9143 | 0.9149 | 0.9154 | 0.9159 | 0.9165 | 0.9170 | 0.9175 | 0.9180 | 0.9186 |
| 0.9191 | 0.9196 | 0.9201 | 0.9206 | 0.9212 | 0.9217 | 0.9222 | 0.9227 | 0.9232 | 0.9238 |
| 0.9243 | 0.9248 | 0.9253 | 0.9258 | 0.9263 | 0.9269 | 0.9274 | 0.9279 | 0.9284 | 0.9289 |
| 0.9294 | 0.9299 | 0.9304 | 0.9309 | 0.9315 | 0.9320 | 0.9325 | 0.9330 | 0.9335 | 0.9340 |
| 0.9345 | 0.9350 | 0.9355 | 0.9360 | 0.9365 | 0.9370 | 0.9375 | 0.9380 | 0.9385 | 0.9390 |
| 0.9395 | 0.9400 | 0.9405 | 0.9410 | 0.9415 | 0.9420 | 0.9425 | 0.9430 | 0.9435 | 0.9440 |
| 0.9445 | 0.9450 | 0.9455 | 0.9460 | 0.9465 | 0.9469 | 0.9474 | 0.9479 | 0.9484 | 0.9489 |
| 0.9494 | 0.9499 | 0.9504 | 0.9509 | 0.9513 | 0.9518 | 0.9523 | 0.9528 | 0.9533 | 0.9538 |
| 0.9542 | 0.9547 | 0.9552 | 0.9557 | 0.9562 | 0.9566 | 0.9571 | 0.9576 | 0.9581 | 0.9586 |
| 0.9590 | 0.9595 | 0.9600 | 0.9605 | 0.9609 | 0.9614 | 0.9619 | 0.9624 | 0.9628 | 0.9633 |
| 0.9638 | 0.9643 | 0.9647 | 0.9652 | 0.9657 | 0.9661 | 0.9666 | 0.9671 | 0.9675 | 0.9680 |
| 0.9685 | 0.9689 | 0.9694 | 0.9699 | 0.9703 | 0.9708 | 0.9713 | 0.9717 | 0.9722 | 0.9727 |

# 使用“对数坐标图”，看到“隐藏的变化”

我们来介绍一下很有用的“对数坐标图”（对数图）。在普通坐标图（线性坐标图）里，每增加1格，数字会像0、1、2……这样等间隔地增加。而在对数坐标图里，**每增加1格，数字会如1、10、100……这样以一定的比率增加**，这被称为“对数坐标”（这里的坐标是以10为底的对数值间隔）。

用普通坐标图展示过去120年间道琼斯工业平均指数（美国代表性的股价指数）的变化（下图1）。只能比较清楚地看到最近30年左右的股价变化，而对于1990年以前的股价变化则看不清楚。这是因为过去的股价数值相比于现在来说非常小，所以以前的变化在曲线里被最近30年的较大数值“淹没”了。

接下来，**我们把图中的纵轴换成对数坐标（每1格表示10倍），使用同样的数据绘制了“半对数坐标图”**（下图2）。在这张图中，就算早期股价数值的变

## 对数坐标图能够更好地展现变化

下图是用普通坐标图和半对数坐标图分别绘制过去120年间道琼斯工业平均指数的变化。右页是用双对数坐标图展示开普勒第三定律的结果。

## 使用半对数图看出世界经济“大萧条”

在普通坐标图里看不清的过去的道琼斯工业平均指数的变化，在半对数坐标图里可以很清楚地看见。在从1929年开始的世界经济危机“大萧条”期间，很明显股价出现了大幅暴跌。

**1. 普通坐标图绘制的道琼斯工业平均指数**

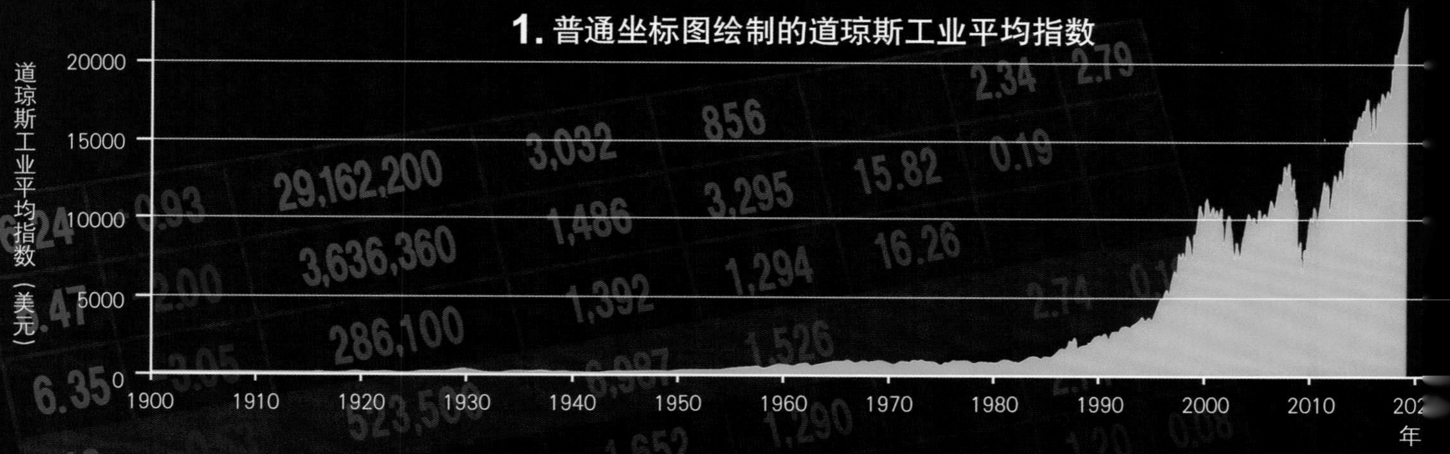


**2. 半对数坐标图绘制的道琼斯工业平均指数**

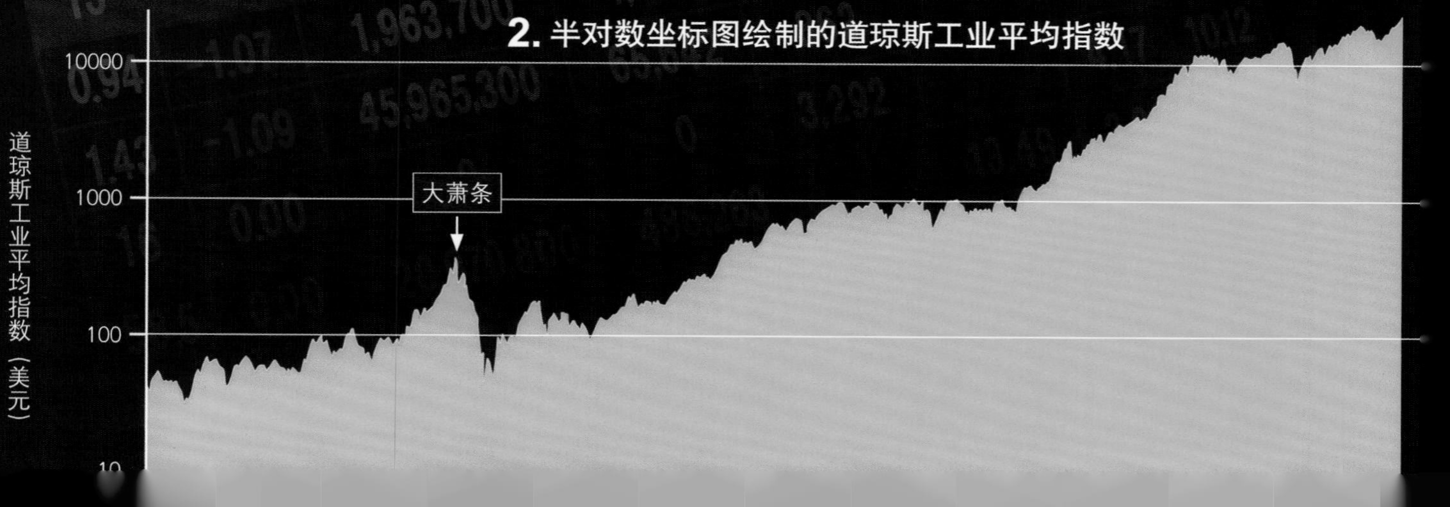

化也显得一目了然。由于在对数坐标图里，无论是从1到10的10倍变化，还是从100到1000的10倍变化，都使用同样的宽度来展示，所以不管绝对值的大小是多少，都能很容易地看清楚相对值的变化。

## 在普通坐标图里看不到的关系显现在对数坐标图中

太阳系里的行星，距离太阳越远，围绕太阳公转1周的时间就越长。德国天文学者约翰内斯·开普勒（Johannes Kepler，1572～1630）发现了“行星的公转周期（$T$）的平方和与太阳的距离（$r$）※的立方成正比”，这就是开普勒第三定律。

如果把这个比例关系在普通坐标图上绘制出来，由于并不是一条直线，很难准确理解。**但如果把横轴和纵轴都取对数后，绘制成“双对数坐标图”**，就会显现出一条很漂亮的直线。这是因为以指数上升的曲线在对数坐标图中必然表现为直线。因此，若能灵活运用对数坐标图，就能够清楚地看到很多在普通坐标图里看不到的变化和关系。

※ 更准确地说，$r$是行星椭圆轨道的长半径（半长轴），即“轨道长半径”。

### 使用双对数坐标图，开普勒第三定律一目了然

从水星到海王星的太阳系八大行星与太阳的距离，以及各自的公转周期通过双对数坐标图展示。因为两者的关系呈一条笔直的线，从中可以很清楚地了解开普勒第三定律（行星的公转周期的平方和与太阳距离的立方成正比）。

**开普勒第三定律**

$$T^2 = r^3$$

$T$：公转周期（年）

$r$：与太阳的距离（天文单位）

注：1天文单位(AU)等于149597870千米，大致与地球到太阳的平均距离相等。

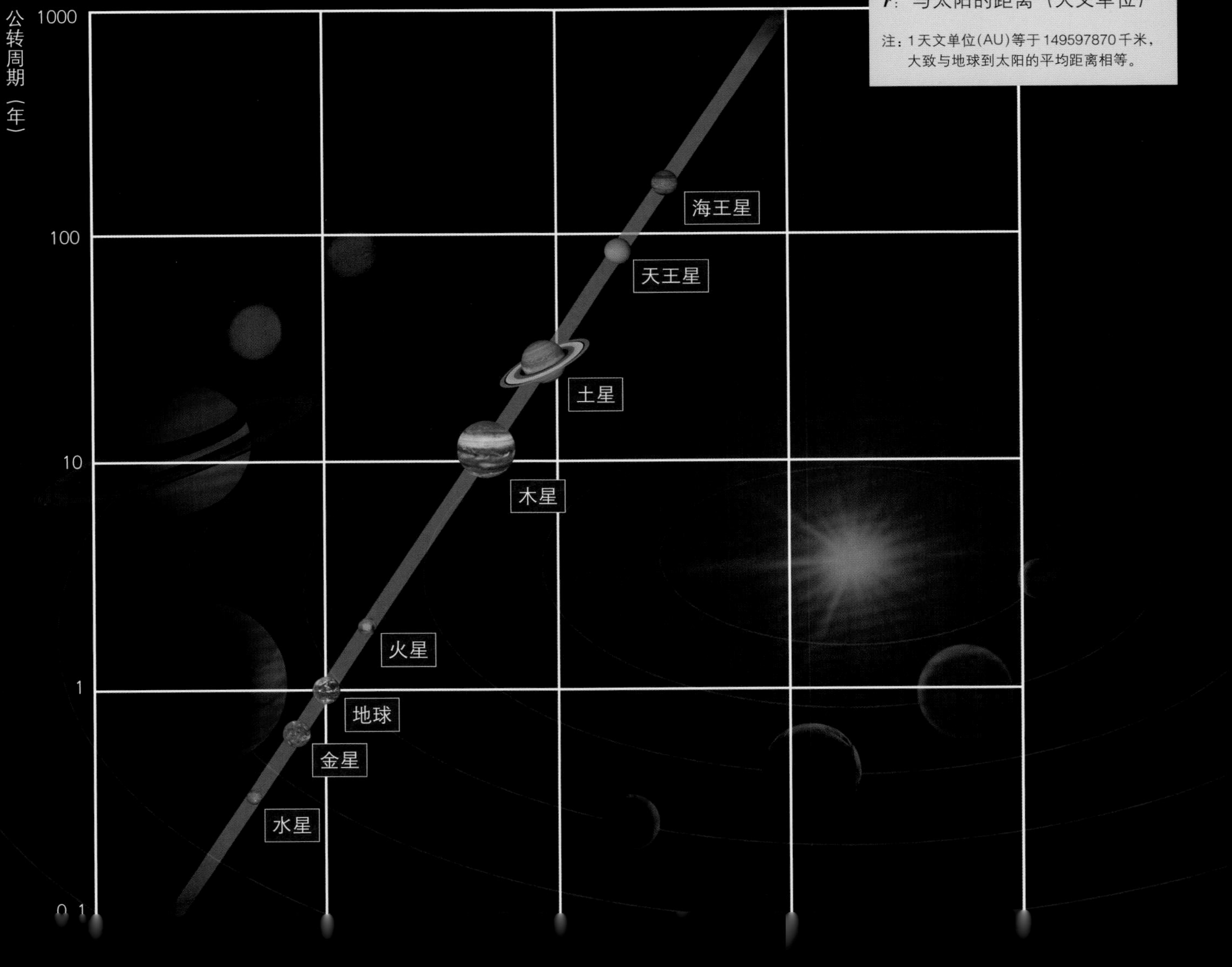

# 指数和对数表里一体，“翻过来”就变得一样了！

在第 2 部分里，介绍了用“$y=a^x$”来表示的指数函数。当 $a$ 比 1 大时，随着 $x$ 的增加，$y$ 会急剧增加。在普通坐标图里绘制就是急剧上升的曲线（右图 **1**）。

而在第 3 部分中介绍的对数函数，可以用“$y=\log_a x$”来表示。在对数函数里，当 $a$ 比 1 大时，虽然随着 $x$ 的增加，$y$ 也会增加，但 $y$ 增加的程度（曲线的斜率）会越来越小（图 **3**）。也就是说，曲线会变得越来越缓。但是，曲线不会完全变成水平的直线，当 $x$ 变得无限大时，$y$ 也会变成无限大。

实际上，**指数函数和对数函数，有着字面意义的“表里一体”的关系。**如果把指数函数的曲线画在透明的平板上，再以“$y=x$”这根直线为旋转轴翻转过来的话（图 **2**），就会瞬间变成对数曲线。也就是说，指数函数曲线里急剧上升的部分，对应着对数函数曲线里缓慢上升的部分。※

## 如果知道指数，就能很自然地看到对数

看到 log 这个符号，可能会让我们感觉对数非常复杂。但是，只要我们把对数和指数综合起来考虑，就能很清晰地看到对数的面貌。如果我们能在日常生活中熟练使用指数和对数，那么掌握数字的能力会变得更强！

※　当 $a$ 大于 0 且小于 1 时，指数函数和对数函数都会显示为随着 $x$ 的增加 $y$ 减少的曲线。但即便如此，以“$y=x$”这根直线为旋转轴翻转过来的话，指数函数和对数函数还是会重叠在一起。

### 翻转过来，指数函数就变成了对数函数

图像示意了在画有指数函数曲线的透明平板上，再沿着“$y=x$”这根直线为轴翻转过来的样子。可以看出，本来是指数函数的曲线变成了对数函数的曲线。

**2. 以“$y=x$”这根直线为旋转轴翻转**

$y=x$ 是通过原点倾斜的直线。以这根直线为轴，试着旋转透明平板。

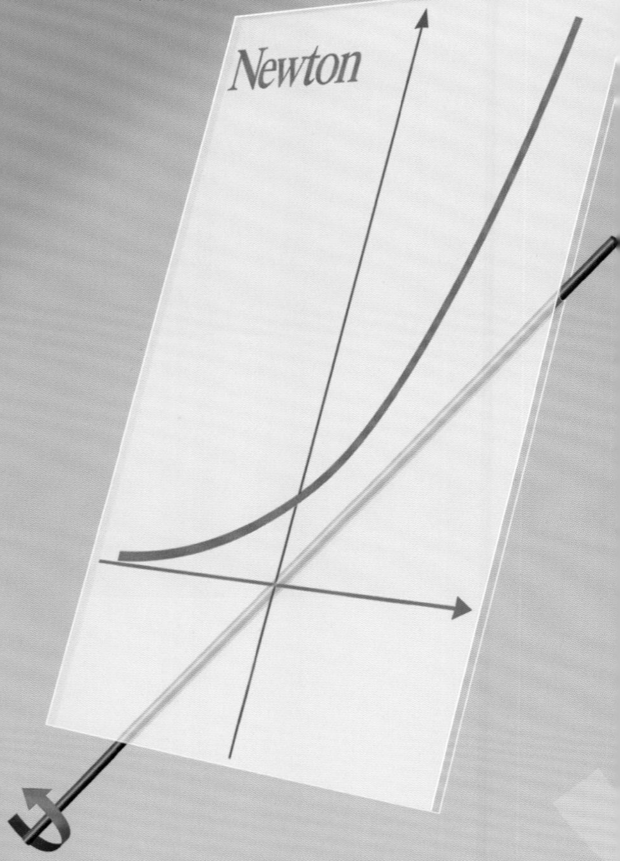


### 为什么会以 $y=x$ 为轴对称？

如果把指数函数“$y=a^x$”中的 $x$ 和 $y$ 互相替换的话，就变成了“$x=a^y$”。再把这个数学式变成“$y=$”的形式，就可以写成“$y=\log_a x$”了，也就是变成了对数函数。指数函数和对数函数就是 $y$ 和 $x$ 互相替换了的关系。

数学上把有着这样关系的函数称为“逆函数”。以 $y=x$ 的直线为轴，把函数的曲线翻转（旋转 180°），$x$ 轴和 $y$ 轴正好互相替换，就变成了逆函数的曲线。在这种情况下，原本函数的曲线和逆函数的曲线有轴对称的关系。

**1. 从正面看是指数函数**

当指数函数 $y=a^x$ 的底 $a$ 大于 1 时，随着 $\boldsymbol{x}$ 的增加，$y$ 会逐渐增加。

$$y=a^x$$

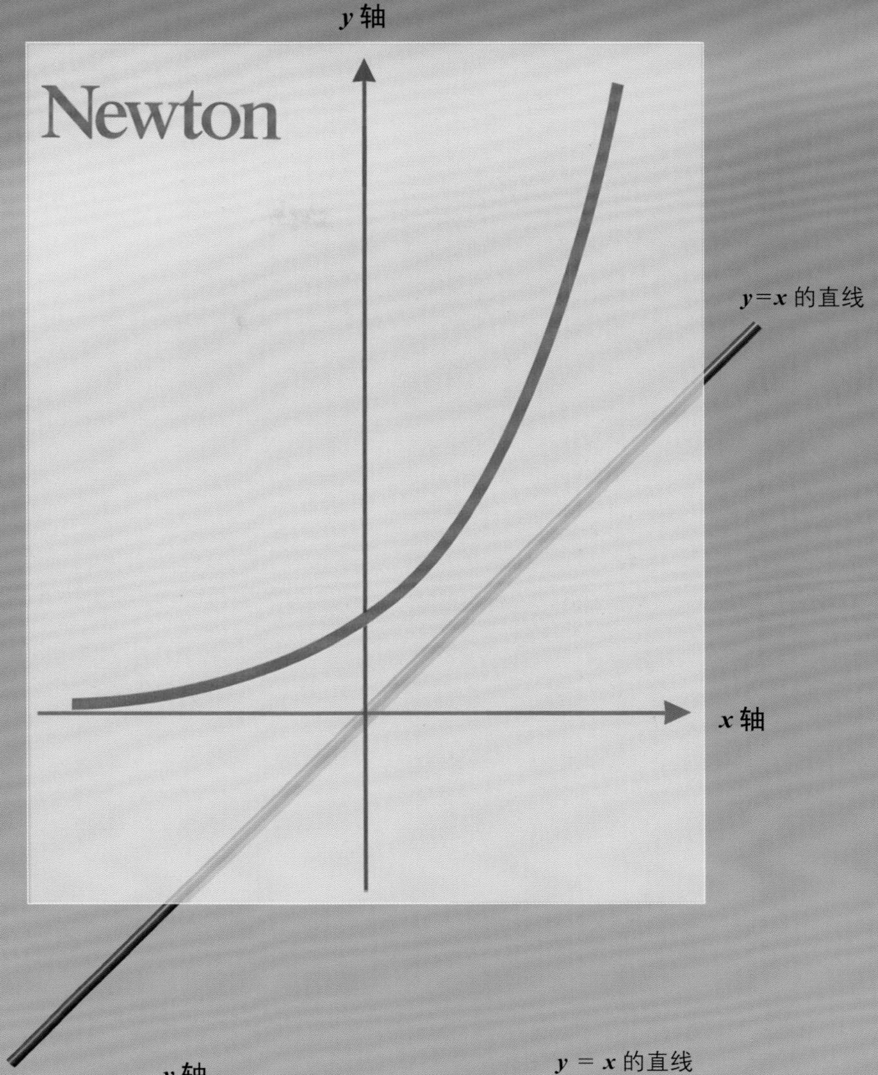


**3. 旋转 180° 就变成对数函数**

旋转 180° 后，原本的 $y$ 轴变成了 $x$ 轴，原本的 $x$ 轴变成了 $y$ 轴，指数函数的曲线也变成了对数函数 $y=\log_a x$ 的曲线。这就是指数函数和对数函数表里一体的关系。

$$y=\log_a x$$

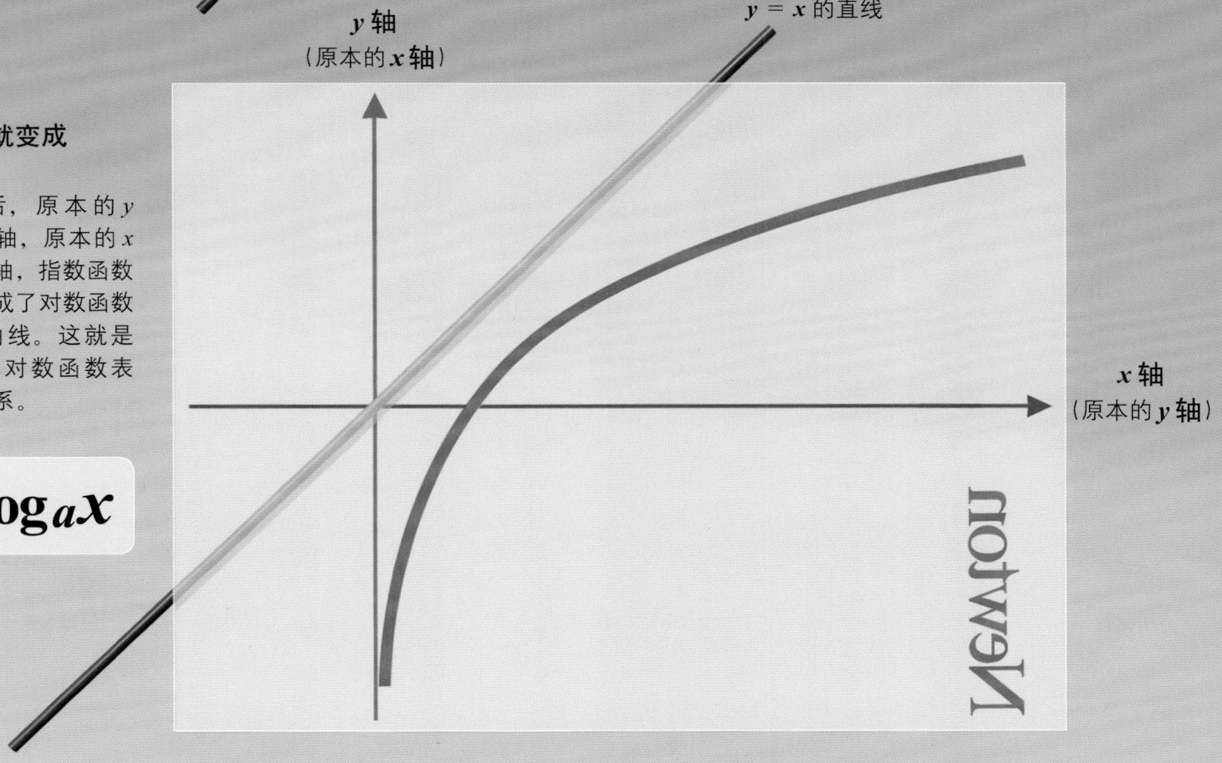

# 指数和对数的运算法则

第三部分最后，我们汇总了指数和对数的运算法则。让我们用数学式来看看每一个重要的性质吧。

**指数函数**　（$a>0$，$a\neq1$ 时）

$$y=a^x$$

底数　指数

**指数运算法则**　[$a>0$，$b>0$，且 $m$ 和 $n$ 是有理数（可以表达为两个整数比的数）时]

1. $a^m\times a^n=a^{m+n}$　　$2^3\times2^4=8\times16=128$　　$2^{3+4}=2^7=128$

2. $(a^m)^n=a^{mn}$　　$(3^3)^2=27^2=729$　　$3^{3\times2}=3^6=729$

3. $(ab)^m=a^m\times b^m$　　$(3\times4)^2=12^2=144$　　$3^2\times4^2=9\times16=144$

4. $a^m\div a^n=a^{m-n}$　　$5^3\div5^2=125\div25=5$　　$5^{3-2}=5^1=5$

5. $\left(\dfrac{b}{a}\right)^m=\dfrac{b^m}{a^m}$　　$\left(\dfrac{9}{3}\right)^3=3^3=27$　　$\dfrac{9^3}{3^3}=\dfrac{729}{27}=27$

**零次方，负次方**

在第 20 页介绍了“$10^3$ 是用 10 进行 3 次相乘得到的数”。那么，$10^0$ 又是多少呢？在实际操作中，我们并不能把 10 相乘 0 次。其实，不管什么数，其 0 次方的答案都是 1。其理由是“将 $a^x$ 乘以$\frac{1}{a}$的话，指数就会减少 1”。只要考虑到这一点就不难作答。例如，将 $10^2$ 乘以$\frac{1}{10}$的话，就变成了 $10^1$，再乘一次$\frac{1}{10}$话，就变成了 $10^0$，值就是 1。接着，如果再乘一次$\frac{1}{10}$就变成 $10^{-1}$，值就是$\frac{1}{10}$。关于零次方和负次方，我们不需要把它们理解成重复相乘的次数，而应该如下方式理解。

$10^2=1\times10\times10$
$\frac{1}{10}$
$10^1=1\times10$
$\frac{1}{10}$
$10^0=1$
$\frac{1}{10}$
$10^{-1}=1\times\frac{1}{10}$
$\frac{1}{10}$
$10^{-2}=1\times\frac{1}{10}\times\frac{1}{10}$
$\frac{1}{10}$
$10^{-3}=1\times\frac{1}{10}\times\frac{1}{10}\times\frac{1}{10}$

$$a^0=1$$

$$a^{-x}=\frac{1}{a^x}$$

（$a\neq0$，且 $x$ 为正整数时）

**小数次方，分数次方**

让我们以 $10^{0.4}$ 为例来考虑。当指数是小数时，可以先把小数变换成分数。把 0.4 变成分数就是$\frac{2}{5}$，所以可以写成 $10^{\frac{2}{5}}$。接着，我们用指数的分母作为指数，计算乘方看看。使用指数运算法则的话，$(10^{\frac{2}{5}})^5=(10^{\frac{2}{5}\times5})=10^2$。这就是说，$10^{0.4}(=10^{\frac{2}{5}})$ 正是乘方 5 次后会得到 $10^2$ 的数。

一般我们把“$q$ 次方后得到 $a^p$ 的数”写成$\sqrt[q]{a^p}$。$\sqrt[q]{\ }$ 是表示“$q$ 次方根”的符号。如下式中，我们可以把指数为分数（或可以表示成分数的小数）的数变换成“方根”的形式。

$$a^{\frac{p}{q}}=\sqrt[q]{a^p}$$

（$a>0$，且 $p$ 和 $q$ 为正整数时）

所以，$10^{0.4}(=10^{\frac{2}{5}})$ 可以写成$\sqrt[5]{10^2}$，也就是$\sqrt[5]{100}$，计算出来的结果约为 2.5119。

**对数函数** （$a>0$，$a\neq 1$ 且 $x>0$ 时）

$$y=\log_a x$$

底数　真数（幂）

$\log_a x$ 读作“以 $a$ 为底 $x$ 的对数”

**对数运算法则** ［$a>0$，$a\neq 1$，$M>0$，$N>0$，且 $r$ 是实数（有理数和无理数的总称）时］

1. $$\log_a MN=\log_a M+\log_a N$$

$\log_2(4\times 32)=\log_2 128=7$

$\log_2 4+\log_2 32=2+5=7$

2. $$\log_a \frac{M}{N}=\log_a M-\log_a N$$

$\log_3\left(\frac{9}{3}\right)=\log_3 3=1$

$\log_3 9-\log_3 3=2-1=1$

3. $$\log_a M^r=r\log_a M$$

$\log_{10}(10)^2=\log_{10}100=2$

$2\log_{10}(10)=2\times 1=2$

**特殊的对数**

当真数为 1 时，不管底数是多少，对数的值肯定都是 0。因为对数是表示“真数是用底数进行了几次相乘”的数，而由于不管什么数的 0 次方总是 1，所以 $\log_a 1$ 得到 0。

另外，当真数和底数相同的时候，对数的值肯定是 1。想想“$a$ 的几次方是 $a$”的话，我们就很容易理解了。

$$\log_a 1=0$$

$$\log_a a=1$$

（$a>0$ 且 $a\neq 1$ 时）

**底数变换公式**

如果使用底数变换公式，不管什么样的对数都可以换成你想要的底数。

$$\log_a b=\frac{\log_c b}{\log_c a}$$

（$a>0$，$b>0$，$c>0$，$a\neq 1$ 且 $c\neq 1$ 时）

$\log_4 64=3$　　$\dfrac{\log_2 64}{\log_2 4}=\dfrac{6}{2}=3$

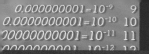

# 为何使用对数能使计算变得简单？——指数法则

从这里到 63 页会把之前介绍的指数法则·对数性质做更加详细地说明。想要理解指数与对数的话，了解它们非常重要，有兴趣的读者可以通读一遍。但是，数学学得很好的读者直接跳过也没有关系。

指数的三个法则不仅对指数的计算有很大帮助，对推导出对数的性质也非常必要，尤其是指数法则①所说的“乘法可以用加法来计算”这个知识点，与对数性质①紧密联系。这也是“利用对数把乘法变成简单的加法来计算”的理由，请大家一定记住。

## 指数法则①

$$a^p \times a^q = a^{(p+q)}$$

我们先拿 $3^4 \times 3^5$ 来看看。

不用指数来表示 $3^4 \times 3^5$ 的话，就是

$(3\times3\times3\times3)\times(3\times3\times3\times3\times3)$。

$\underbrace{(3\times3\times3\times3)}_{4\text{个}3\text{连乘}}\times\underbrace{(3\times3\times3\times3\times3)}_{5\text{个}3\text{连乘}}$

那么用 3 重返连乘的个数就是 4+5=9 个。

所以就有 $3^4 \times 3^5 = 3^{(4+5)}$

用一般代数式来考虑这个问题也是一样的

$a^p \times a^q = \underbrace{(a\times a\times\cdots\cdots\times a)}_{p\text{个}a\text{连乘}}\times\underbrace{(a\times a\times\cdots\cdots\times a)}_{q\text{个}a\text{连乘}}$

这其实就是用 p 个 a 连乘后，再用 q 个 a 连乘，总共连乘的 a 的个数就是 p+q 个，所以就有

$a^p \times a^q = a^{(p+q)}$

## 指数法则②

$$(a^p)^q = a^{(p\times q)}$$

我们先拿 $(5^3)^4$ 来看看。

由于 $(5^3)^4$ 表示的是 4 个 $5^3$ 连乘的意思，所以有

$(5^3)^4 = 5^3 \times 5^3 \times 5^3 \times 5^3$

指数部分的合计就是 4 次 $5^3$ 连乘，也就是说可以用 $(3\times4)$ 来计算，所以就有 $(5^3)^4 = 5^{3\times4}$

用一般代数式来考虑也是同样的

$(a^p)^q = \underbrace{\underbrace{(a\times a\times\cdots\cdots\times a)}_{p\text{个}a\text{连乘}}\times\cdots\cdots\times\underbrace{(a\times a\times\cdots\cdots\times a)}_{p\text{个}a\text{连乘}}}_{(p\text{个}a\text{连乘})\text{再连乘}q\text{次}}$

a 连乘的总次数就是 p 次再连乘 q 次，也即 $p\times q$ 次，所以就有 $(a^p)^q = a^{(p\times q)}$

## 指数法则③

$$(a\times b)^p = a^p \times b^p$$

我们先拿 $(3\times7)^5$ 来看看。

$(3\times7)^5$ 表示的是 5 个 $(3\times7)$ 连乘的意思，所以就有

$(3\times7)^5 = (3\times7)\times(3\times7)\times(3\times7)\times(3\times7)\times(3\times7)$

$= (3\times3\times3\times3\times3)\times(7\times7\times7\times7\times7)$

$= 3^5\times7^5$

也即 $(3\times7)^5 = 3^5\times7^5$

用一般代数式来考虑也是同样的

$(a\times b)^p = \underbrace{(a\times b)\times\cdots\cdots\times(a\times b)}_{p\text{个}(a\times b)\text{连乘}}$

$= \underbrace{(a\times a\times\cdots\cdots\times a)}_{p\text{个}a\text{连乘}}\times\underbrace{(b\times b\times\cdots\cdots\times b)}_{p\text{个}b\text{连乘}}$

由于 a 和 b 都分别进行了 p 个连乘再相乘，所以就有

$(a\times b)^p = a^p\times b^p$

# 把乘法变成加法！——对数的性质①

在这里，我们来看一看对数的性质①，先从单纯的具体例子开始。

我们先看看以 10 为底的对数 $\log_{10}100000$。由于 $100000=10^5$，所以 $\log_{10}100000$ 的值是 5。在这里，我们可以把 100000 看成 $100\times1000$ 来考虑。由于 100000 和 $100\times1000$ 是同一个数，$\log_{10}100000=\log_{10}(100\times1000)$。再提一次，它的值是 5。

对于 $\log_{10}100$ 的值，因为 $100=10^2$，所以 $\log_{10}100=2$。同样，对于 $\log_{10}1000$ 的值，因为 $1000=10^3$，所以 $\log_{10}1000=3$。在这里，我们试着计算一下 $\log_{10}100+\log_{10}1000$ 的值看看。$\log_{10}100+\log_{10}1000=2+3=5$。

而之前我们确认了 $\log_{10}(100\times1000)$ 的值是 5。也就是说，

$\log_{10}(100\times1000)$

$\log_{10}100+\log_{10}1000$

这两个式子的值相同。也就是说 $\log_{10}(100\times1000)=\log_{10}100+\log_{10}1000$。

这并不是偶然现象，其证明请参照本页下方公式。

对数的性质①的一般形式是 $\log_a(M\times N)=\log_aM+\log_aN$。这里引人注意的是，$M\times N$ 这样的乘法被变换成了 $\log_aM+\log_aN$ 这样的加法。所以，可以通过活用对数把乘法变换成简单的加法来计算。

## 对数的性质①

$$\log_a(M\times N)=\log_aM+\log_aN$$

乘法　　　　加法

**前提条件**

设 $M=a^p$，$N=a^q$，用对数来表示的话就是 $\log_aM=p$，$\log_aN=q$。

**证明**

先来看看 $M\times N$。

$M\times N=a^p\times a^q$

$=a^{p+q}$　← 根据指数法则①得到

在这个式子两边分别取以 a 为底的对数，即得到

$\log_a(M\times N)=\log_aa^{p+q}=p+q$　← 因为 $\log_aa^{p+q}$ 表示的是“a 的多少次方等于 $a^{p+q}$”的意思

另外，根据前面 $\log_aM=p$，$\log_aN=q$ 的定义，把它们代入 $\log_a(M\times N)=p+q$ 的话，就有

$\log_a(M\times N)=p+q$

$=\log_aM+\log_aN$（证明完毕）

# 把除法变成减法！——对数的性质②

接着来看看对数的性质②，这次我们考察一个以 10 为底的对数 $\log_{10}1000$。由于 $1000=10^3$，所以这个对数的值为 3。

我们再把这个对数的 1000 的部分看成是 100000÷100 来考虑。由于 1000 和 100000÷100 是同一个数，所以 $\log_{10}1000=\log_{10}(100000\div100)$。它的值还是等于 3，这一点没有变化。

另一方面，关于 $\log_{10}100000$ 的值，由于 $100000=10^5$，所以 $\log_{10}100000=5$。另外，关于 $\log_{10}100$ 的值，由于 $100=10^2$，所以 $\log_{10}100=2$。

在这里，我们试着计算一下 $\log_{10}100000-\log_{10}100$ 的值，由于 $\log_{10}100000$ 和 $\log_{10}100$ 的值分别是 5 和 2，所以 $\log_{10}100000-\log_{10}100=5-2=3$。

而之前我们已经确认了 $\log_{10}(100000\div100)$ 的值是 3，也就是说

$\log_{10}(100000\div100)$

$\log_{10}100000-\log_{10}100$

这两个式子的值是一样的，即 $\log_{10}(100000\div100)=\log_{10}100000-\log_{10}100$。

这也不是偶然出现的情况，其实是根据对数的性质②得到的结果。其证明请参见本页下方。

用一般式子来表示对数性质②的话，就有 $\log_a(M\div N)=\log_aM-\log_aN$。这里除法变成了减法。利用对数把除法变换成减法来计算的过程正是因为利用对数的性质②。

## 对数的性质②

$$\log_a(M\div N)=\log_aM-\log_aN$$

除法　　　减法

**前提条件**

设 $M=a^p$，$N=a^q$，用对数来表示的话就是 $\log_aM=p$，$\log_aN=q$。

**证明**

先来看看 M÷N。

$$M\div N=\frac{M}{N}=\frac{a^p}{a^q}$$

$$=a^p\times a^{-q}\quad \leftarrow 因为\left(\frac{1}{a}\right)^q=a^{-q}$$

$$=a^{p-q}\quad \leftarrow 根据指数法则①得到$$

在这个式子两边分别取以 a 为底的对数，即得到

$\log_a(M\div N)=\log_aa^{p-q}=p-q$　← 因为 $\log_aa^{p-q}$ 表示的是“a 的多少次方等于 $a^{p-q}$”的意思

另外，根据前面 $\log_aM=p$，$\log_aN=q$ 的定义，把它们代入 $\log_a(M\div N)=p-q$ 的话，就有

$\log_a(M\div N)=p-q=\log_aM-\log_aN$　（证明完毕）

## 把“累乘”变成简单的乘法！——对数的性质③

再进一步，我们来看一看对数的性质③。这次我们来看看以 10 为底的对数 $\log_{10}100$。由于 $100=10^2$，所以这个对数的值是 2。

那么，我们对 $\log_{10}100^2$ 的值来计算一下看看。

$$\log_{10}100^2=\log_{10}(100\times100)=\log_{10}10000$$

另外，由于 $10000=10^4$，所以 $\log_{10}10000=4$。把这个代入上面的式子就有 $\log_{10}100^2=4$。

另一方面，我们来计算看看 $2\times\log_{10}100$。由于 $\log_{10}100=2$，所以 $2\times\log_{10}100=2\times2=4$。也就是说，$\log_{10}100^2$ 与 $2\times\log_{10}100$ 的值一致，即

$$\log_{10}100^2=2\times\log_{10}100$$

这也不是偶然出现的一致情况，其实是根据对数的性质③得到的结果。其证明请参见本页下方公式。

用一般式子来表示对数的性质③的话，就有 $\log_a M^k=k\times\log_a M$。这里请大家注意看，本来是 k 次幂的计算变成了 k 倍的简单乘法计算。在求“幂”（○的△次累乘）和“方根”（即像 2 次方后得到 2 的数、3 次方后得到 5 的数这样△次累乘后得到□的数）时，利用对数的这个性质可以发挥很大的“威力”。

### 对数的性质③

$$\log_a M^k = k\times\log_a M$$

幂　　　简单的乘法

**前提条件**

设 $M=a^p$，用对数来表示的话就是 $\log_a M=p$，$\log_a N=q$。

**证明**

先来看看 $M^k$。

由于定义了 $M=a^p$，所以 $M^k=(a^p)^k=a^{p\times k}$　← 根据指数法则②得到

在这个式子两边分别取以 a 为底的对数，即得到

$\log_a M^k=\log_a a^{p\times k}=p\times k$　← 因为 $\log_a a^{p\times k}$ 表示的是“a 的多少次方等于 $a^{p\times k}$”的意思

在这里把 $\log_a M=p$ 代入上式的话，就有

$\log_a M^k=(\log_a M)\times k=k\times\log_a M$　（证明完毕）

# 进阶篇

对数在没有电子计算机的时代作为“使计算简略化”的工具，是自然科学发展的基础。在 PART 4，我们将对在使用对数进行计算简略化中实际用到的“计算尺”和“对数表”这些工具进行详细介绍。另外，我们还会对由对数研究诞生的特殊的数“e”进行考察。



### 被带进宇宙飞船里的计算尺

直到电子计算机、电子计算器开始普及的年代（20 世纪 60 年代左右），计算尺一直是科学家和工程人员的必需品。右图是于 1966 年拍摄的绕着地球运行的宇宙飞船“双子座 12 号”内部的照片。在照片中可以看到处于无重力状态漂浮着的计算尺。即使是到了“飞到宇宙”的年代，人类还享受着计算尺带来的便利。另外，图中的人是之后于 1969 年人类历史上第一次成功登上月球表面的“阿波罗 11 号”的宇航员之一的巴兹·奥尔德林（原名是 Edwin Aldrin，但他在 1988 年正式改名为 Buzz Aldrin，登月时是 Edwin）。计算尺也被带入“阿波罗 11 号”里。

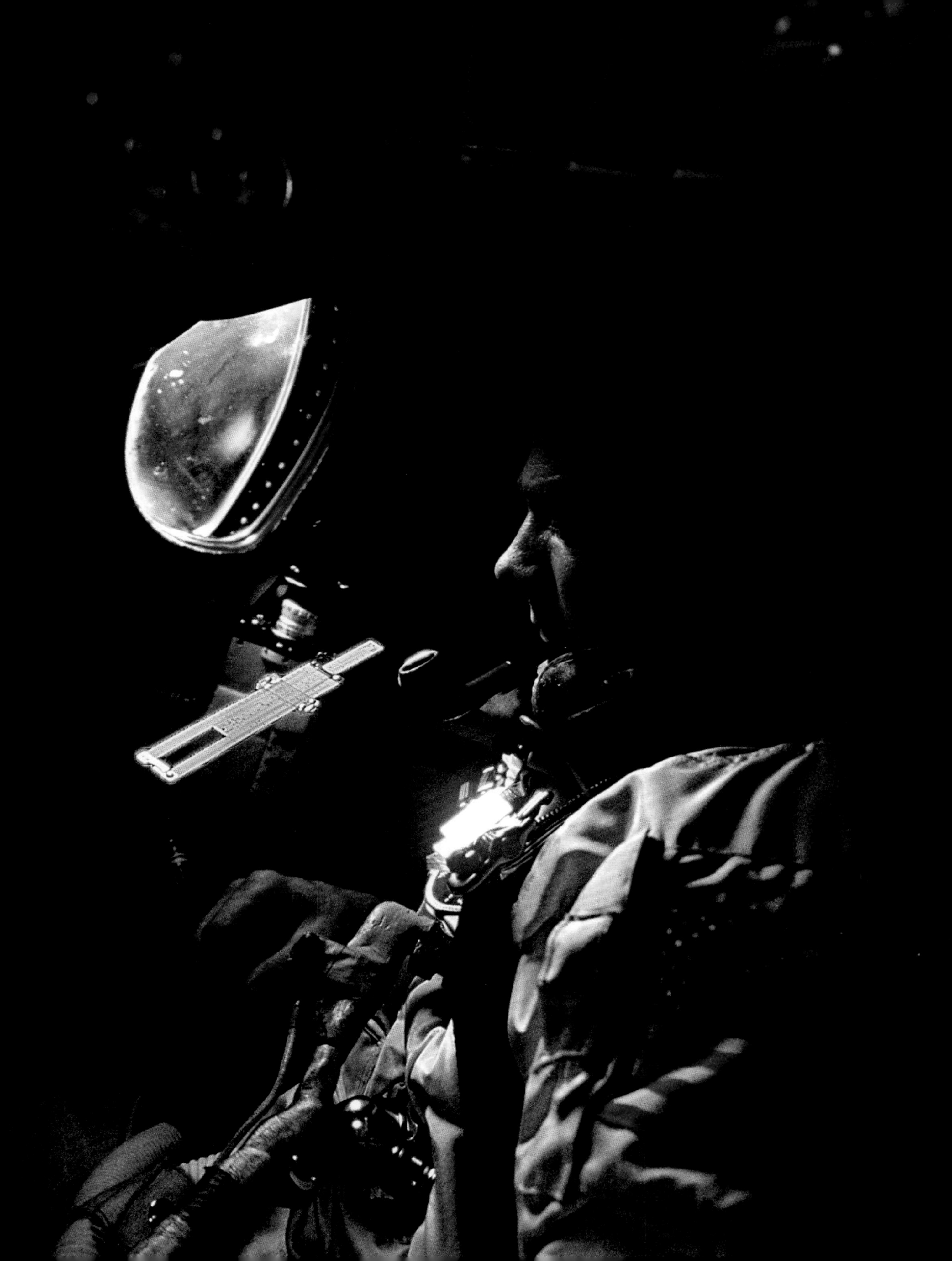

# 利用对数的“计算尺”是简易实用的计算机

从本页到 71 页将对“计算尺”进行介绍。**计算尺是利用对数的模拟式计算机，仿佛魔法一样可以给出计算的答案，是一种非常便利的工具。**实际上，一直到最近几十年之前，计算尺还是活跃在一线的计算机，美国纽约的帝国大厦和法国巴黎的埃菲尔铁塔及日本东京塔都是使用计算尺来进行设计的。

计算尺上刻有好几种刻度，形状看起来像尺子一样。大部分计算尺一般由 3 把尺子从上到下并列排放形成（参见右上示意图）。

3 把尺子当中，上面和下面的尺子是固定不动的，被称为“固定尺”；中间的尺子可以左右滑动，被称为“滑尺”。

## 原点为 1 的“对数刻度”

计算尺的刻度是非等间隔的“对数刻度”。**它把以 10 为底的对数（常用对数）的值作为从原点开始的距离进行刻度的标识。**

**对数刻度原点的刻度是 1（参见右页下方的示意图）。**刻度 1 到刻度 2 之间的距离是 $\log_{10}2$，刻度 1 到刻度 3 之间的距离是 $\log_{10}3$，刻度 1 到刻度 4 之间的距离是 $\log_{10}4$，依此类推确定刻度。对数刻度对位数达到很大范围的数用起来很方便，在很多情况下会被用到。

## 计算尺的基本构造

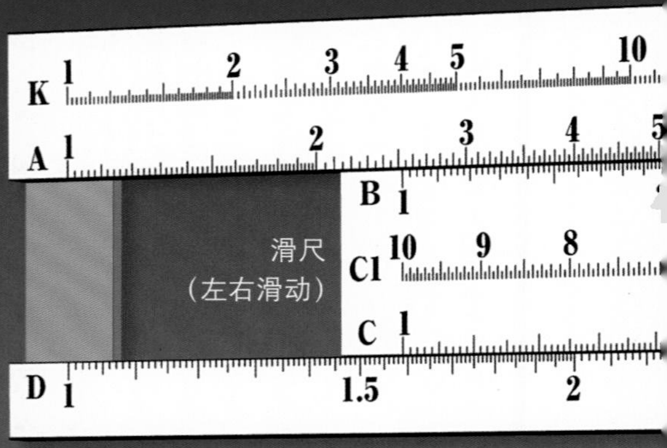


计算尺是利用对数性质的模拟式计算机。一般来说，它的构造包含两根固定尺和夹在其间的滑尺，滑尺可以左右滑动。只需通过滑动滑尺来读取刻度和调整进位（用来匹配位数），就能进行乘法、除法、平方、立方等计算（但为近似计算）。

## 对数刻度是什么？

所谓对数刻度，就是对于各自的真数考察其以 10 为底的对数，再把这个对数值作为与原点“1”的距离的刻度标记。具体来说，当真数为 2 时，以 10 为底的对数（$\log_{10}2$）的值大约是 0.3010，所以在离原点“1”距离大约为 0.3010 的地方刻印，作为 2 的刻度位置。同样的，把离原点距离为 $\log_{10}3$（即大约 0.4771）的位置作为 3 的刻度。像这样做成的刻度就称为对数刻度。在右边的示意图里，橙色线条就是对数刻度。另外，求算 $\log_{10}2$ 和 $\log_{10}3$ 等的值的方法，将会在 74～77 页介绍。

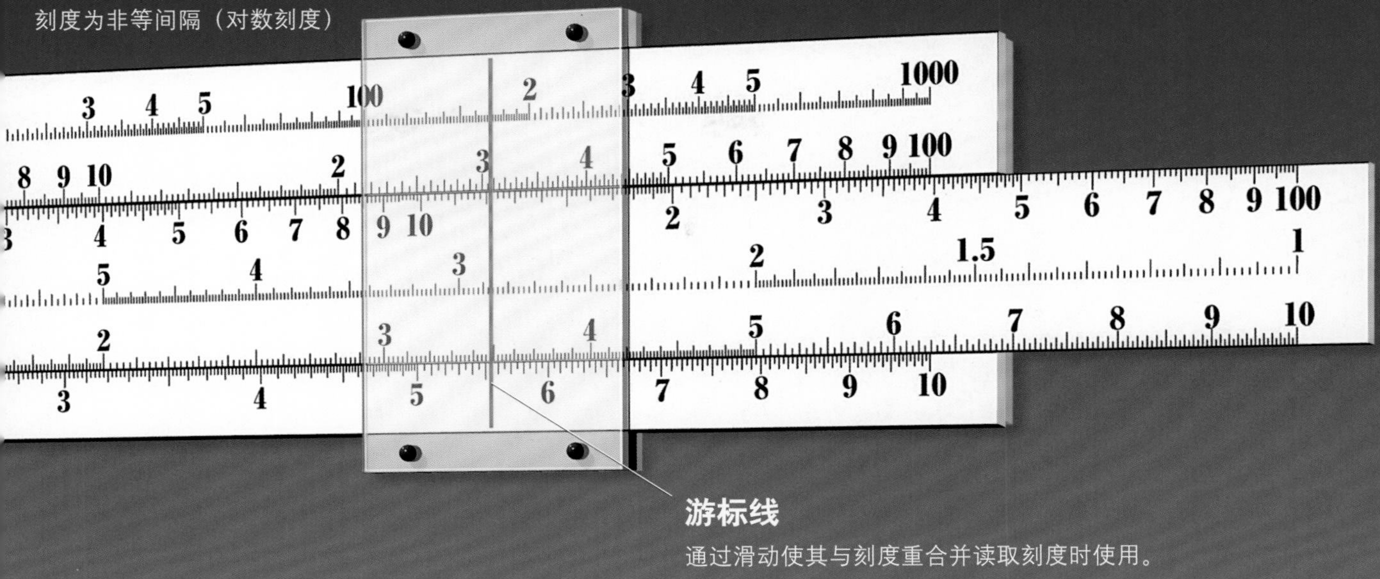


## “小数次方”也没问题

左边列出了如“$\log_{10}2=0.3010$”等这样的很多对数值。$\log_{10}2=0.3010$ 其实意味着 $10^{0.3010}=2$。乍一看也许会觉得有点奇怪，但这里的“小数次方”的部分其实把它想成是分数次方即可。比如 $2^{0.5}=2^{\frac{1}{2}}$。把 $2^{\frac{1}{2}}$ 平方即可得到 $\left(2^{\frac{1}{2}}\right)^2=2^{\frac{1}{2}\times 2}=2^1=2$，所以 $2^{\frac{1}{2}}=\sqrt{2}$，即等于 2 的平方根。同样的 $10^{0.33\cdots}=\frac{1}{3}=\sqrt[3]{10}$，即等于 10 的立方根。另外，$2^{0.4}=2^{\frac{2}{5}}=(\sqrt[5]{2})^2$，也即等于 2 的 5 次方根的平方（亦可参照第 58 页右下方内容）。

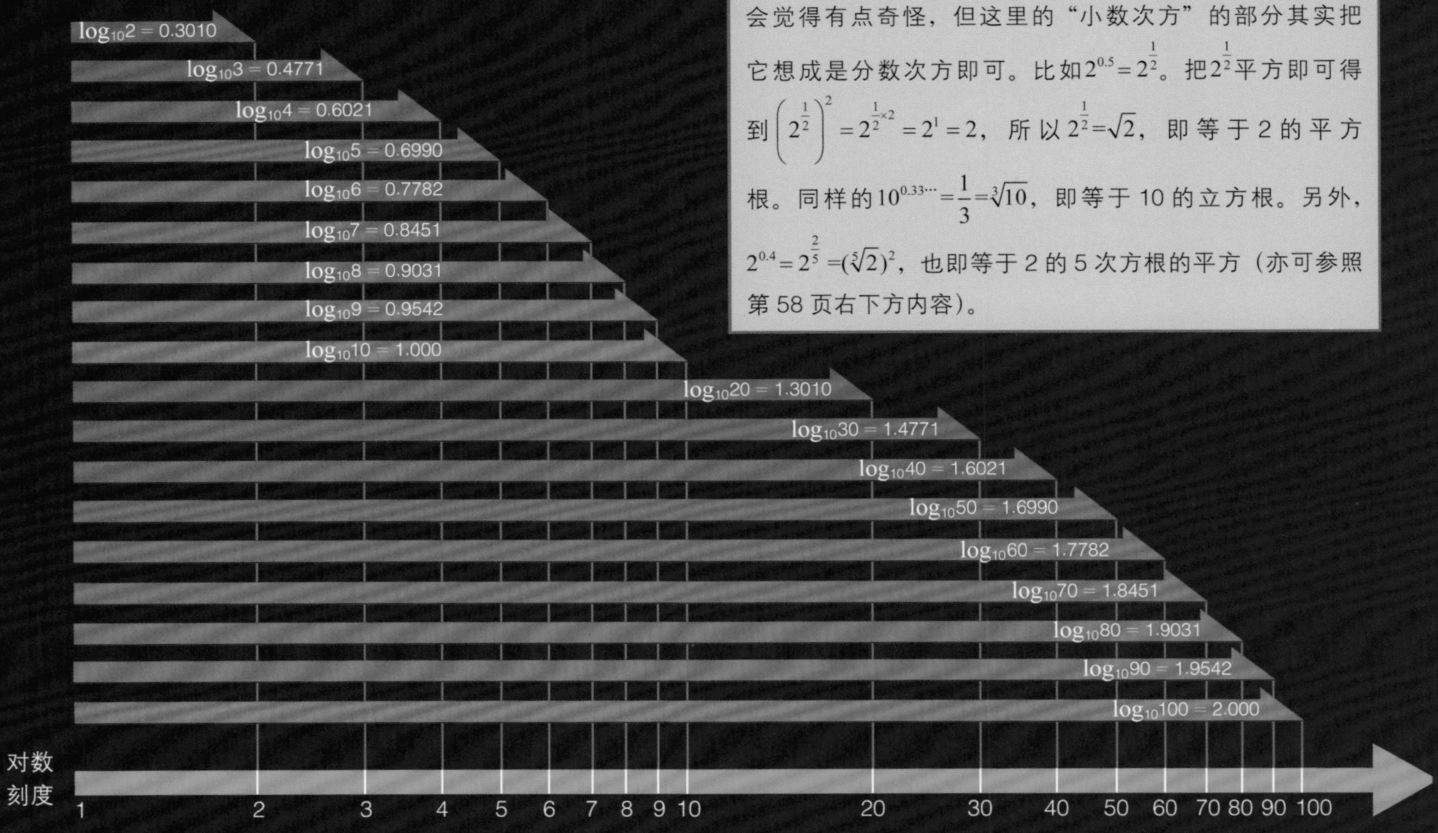

# 只需滑动尺子，答案就出来了

在这里，我们实际来用计算尺计算一下。为了简单易懂，我们以2×3的乘法为例。对于2×3的计算，我们只需要固定尺“D尺”和滑尺“C尺”两者即可。首先，我们在D尺中去寻找在算式中出现的“2”的刻度位置，再滑动C尺使其左端（“1”的刻度位置）与D尺的“2”的刻度位置对齐（见示意图例1里的❶）。然后再在C尺中寻找在算式中出现的另一个数字“3”此时的位置，再读取它的正下方对应的D尺的刻度（例1里的❷）。此时，刻度的读数为“6”，这就是计算式的答案。

## （例1）“2×3”的求法

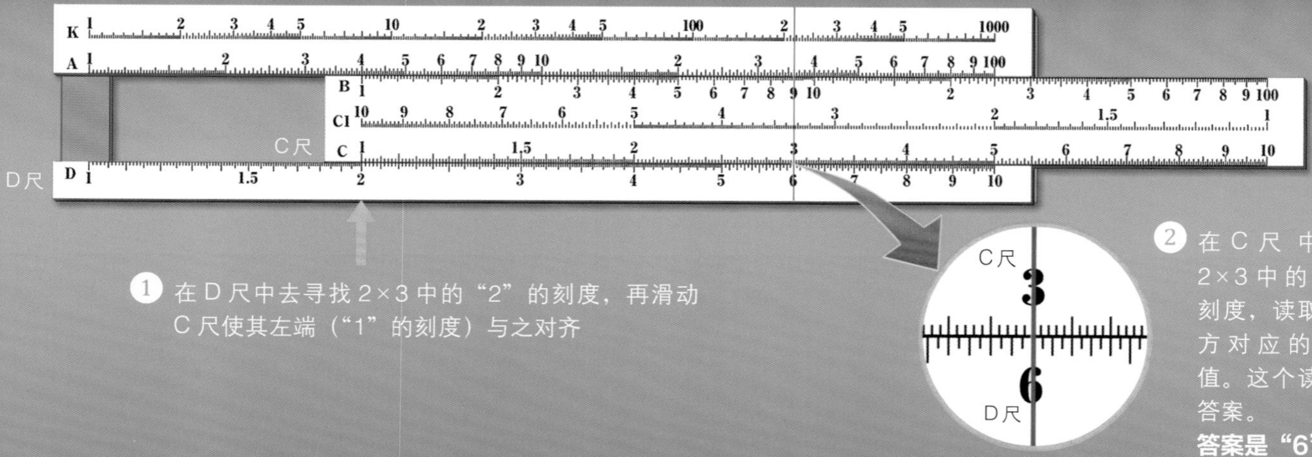


① 在D尺中去寻找2×3中的“2”的刻度，再滑动C尺使其左端（“1”的刻度）与之对齐

② 在C尺中寻找2×3中的“3”的刻度，读取其正下方对应的D尺的值。这个读数就是答案。
**答案是“6”。**

虽然 2×3 可以很快地用心算来完成，但当参与计算的数字的位数增加时，使用计算尺就能非常快地计算出结果。另外，如果使用了在此还没有介绍到的计算尺中的其他尺，就能很顺畅地得到像平方根这样复杂的计算结果。不管哪种计算，**基本上只需要在计算尺上左右滑动滑尺就能得到计算结果（近似值）。**

这么不可思议的计算尺是什么原理让它导算出结果的呢？请接着看下一页吧。

## （例 2）“36×42”的求法

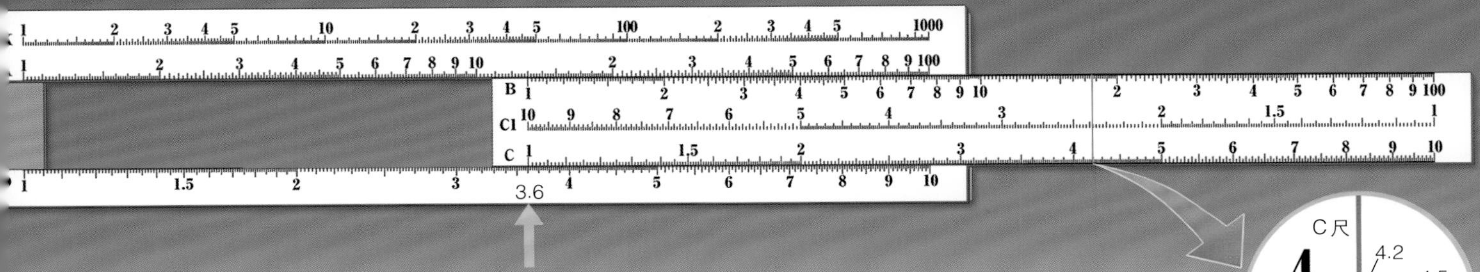


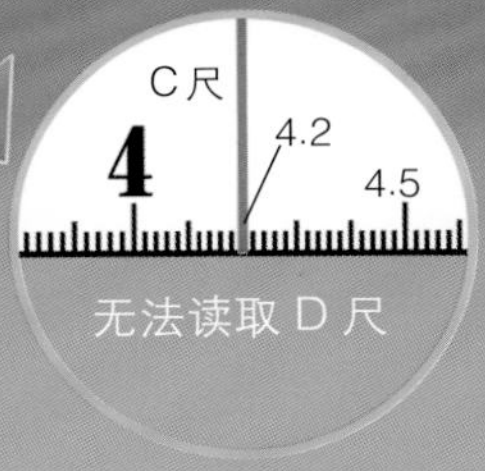

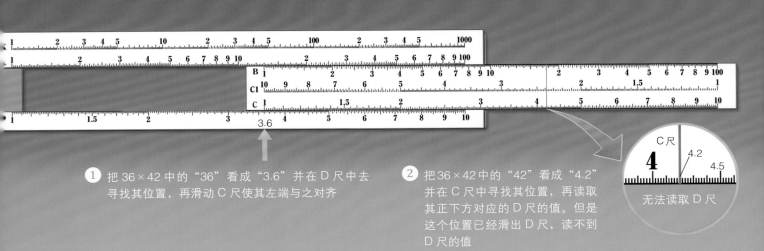

① 把 36×42 中的“36”看成“3.6”并在 D 尺中去寻找其位置，再滑动 C 尺使其左端与之对齐

② 把 36×42 中的“42”看成“4.2”并在 C 尺中寻找其位置，再读取其正下方对应的 D 尺的值。但是这个位置已经滑出 D 尺，读不到 D 尺的值

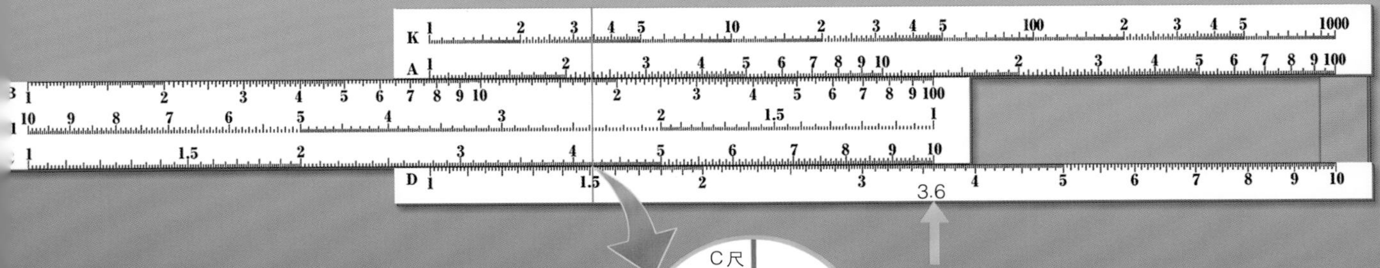


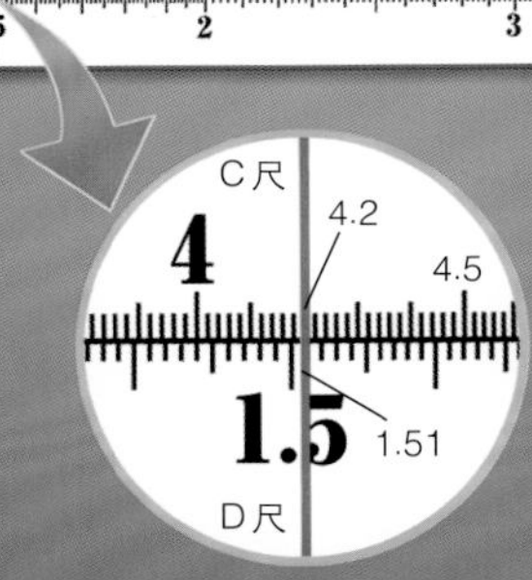


③ 由于 ❷ 没有顺利进行，因此回到最开始处。这次滑动 C 尺使其右端（“10”的刻度）对齐 D 尺的“3.6”

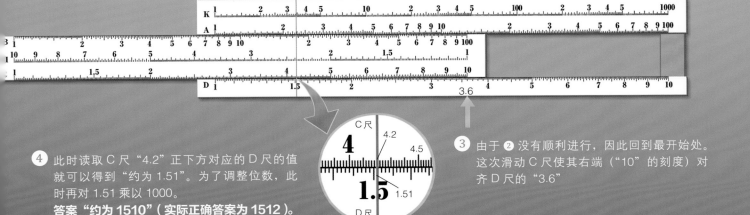

④ 此时读取 C 尺“4.2”正下方对应的 D 尺的值就可以得到“约为 1.51”。为了调整位数，此时再对 1.51 乘以 1000。
**答案“约为 1510”（实际正确答案为 1512）。**

# 通过对数刻度的加法来计算乘法

我们来揭示关于前页介绍的用计算尺对“2×3”进行计算的方法的秘密吧！根据对数性质①（第59页），

$\log_{10}(2\times3)=\log_{10}2+\log_{10}3$

“2×3”的乘法运算就变成了加法运算。在这里我们设

$\log_{10}(2\times3)=\log_{10}2+\log_{10}3=\log_{10}\square$

这时，通过对比 $\log_{10}(2\times3)=\log_{10}\square$ 的两边，我们就知道 2×3=□。计算尺就是把□求出来，而给出答案的。

## 用对数刻度的加法对乘法进行计算

注：此处省略画出计算尺上方的固定尺。

这里对通过标有对数刻度的计算尺把乘法运算变换成加法运算来计算的理由进行解说。

### （例 1）如何对“2×3”进行计算？

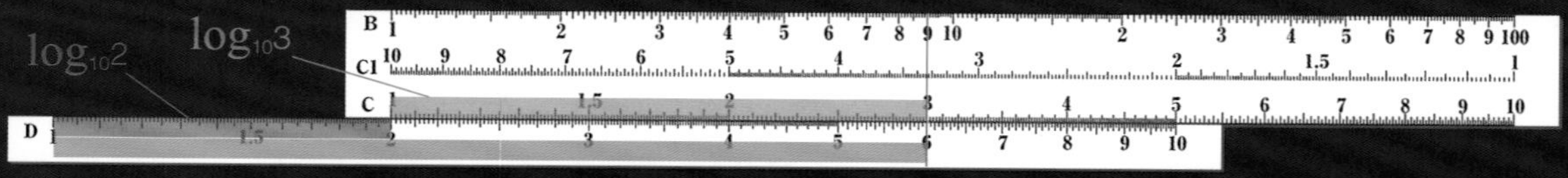


【计算顺序】
把C尺左端的“1”对齐到D尺“2”，再读取C尺“3”正下方对应的D尺的值。这就是答案。但是，由于刻度本身存在误差，以及读取刻度时也可能产生误差，答案可能会是一个近似值。

我们用两种表示方法来考察绿色线条的长度。

首先，绿色线条的长度是红色线条的长度（$\log_{10}2$）和橙色线条的长度（$\log_{10}3$）的总和，

$\log_{10}2+\log_{10}3$ …… ①

另外，从D尺的读数可求出绿色线条的长度为

$\log_{10}6$ …… ②

由于①与②的值（长度）相等，所以有

$\log_{10}2+\log_{10}3=\log_{10}6$ …… ③

③左边的 $\log_{10}2+\log_{10}3$ 可以由对数性质①转换成

$\log_{10}2+\log_{10}3=\log_{10}(2\times3)$ …… ④

由④和③可以得到

$\log_{10}(2\times3)=\log_{10}6$

比较此公式两边，就得到了 2×3=6。

再具体一些，我们来看一看计算的顺序（下面示意图的例 1）。首先在“D 尺”中寻找乘数之一“2”的刻度的位置。由于刻度是对数刻度，因此离原点“1”的距离为 $\log_{10}2$。接着把“C 尺”的原点“1”的位置与刚找到的 D 尺的“2”的位置对齐，再在 C 尺中寻找另一个乘数“3”的刻度位置。**这个过程，相当于对 D 尺的 $\log_{10}2$ 和 C 尺的 $\log_{10}3$ 进行了相加的操作，也就是说这一连串的操作，**是对 $\log_{10}2+\log_{10}3$ 进行的计算。

此时读取 C 尺“3”的位置正下方对应的 D 尺的刻度。这个操作相当于读取了 $\log_{10}(2\times3)=\log_{10}\square$ 里面的 $\square$ 的数字。在这个例子中，我们可以读出 $\square=6$，所以“6”就是计算式的答案。

只需通过滑动标有对数刻度的尺子就能对乘法运算进行计算的奥秘正源于此。

## （例 2）如何对“36×42”进行计算？

为了把乘数都变成在 C 尺和 D 尺刻度范围之内的数，对 36 和 42 都乘以 $\frac{1}{10}$，把它们看成“3.6”和“4.2”。和（例 1）一样，我们用两种表示方法来考察绿色线条的长度。

**【计算顺序】**
把 C 尺左端的“1”对齐到 D 尺的“3.6”，再读取 C 尺“4.2”正下方对应的 D 尺的值（失败）。

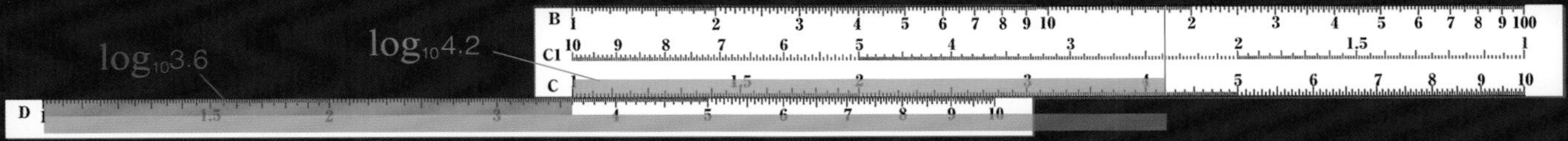


由于 $\log_{10}3.6+\log_{10}4.2$ 的长度超出了 D 尺的刻度范围，因此无法读取对应的 D 尺的值（绿色线条的长度，这是因“超出范围”引起的失败）。

注：也有不会发生“超出范围”的圆形计算尺

为了避免“超出范围”，我们把 C 尺右端的“10”对齐 D 尺的“3.6”。

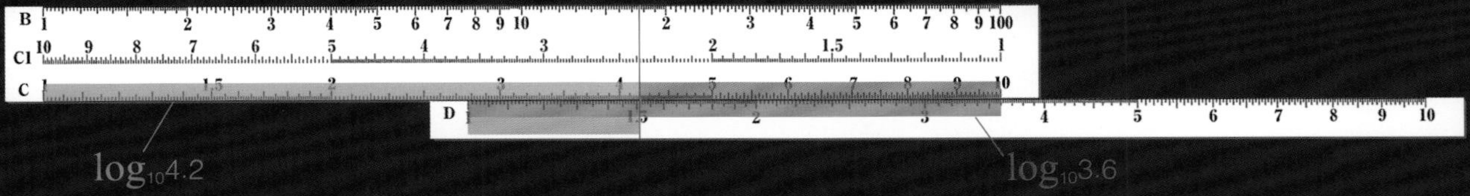


绿色线条的长度是红色线条的长度（$\log_{10}3.6$）减去紫色线条长度的值。另外，紫色线条的长度等于 C 尺总长的值（$\log_{10}10$）减去橙色线条的长度（$\log_{10}4.2$）得到的值。所以

绿色线条的长度 $=\log_{10}3.6-(\log_{10}10-\log_{10}4.2)=\log_{10}3.6-\log_{10}10+\log_{10}4.2$ ……❶

另外，根据对数的性质③

$-\log_{10}10=(-1)\times\log_{10}10=\log_{10}10^{-1}=\log_{10}0.1$

再结合对数性质①就可把 ❶ 式写成

绿色线条的长度 $=\log_{10}3.6+\log_{10}4.2+\log_{10}0.1=\log_{10}(3.6\times4.2\times0.1)$ ……❷

而我们通过读取 D 尺得到绿色线条长度的值

大约是 $\log_{10}1.51$ ……❸

由 ❷ 和 ❸ 可以得到

$\log_{10}(3.6\times4.2\times0.1)\fallingdotseq\log_{10}1.51$

比较此公式两边，就得到了 $3.6\times4.2\times0.1\fallingdotseq1.51$。

所以，再注意调整回原本的位数（两边同时乘以 1000），就可以得到 $36\times42\fallingdotseq1510$ 了（实际答案为 1512）。

**【计算顺序】**
把 C 尺右端的“10”对齐到 D 尺的“3.6”，再读取 C 尺“4.2”正下方对应的 D 尺的值得到“约为 1.51”。再调整回原本的位数，即得到答案“约为 1510”。

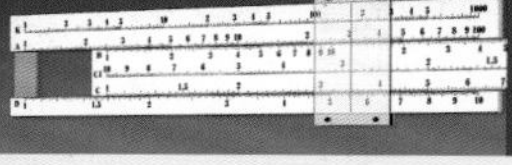



# 使用便利的对数表就能进行更加精确地计算

虽然使用计算尺进行计算很方便，但容易产生一定误差是其弱点。不仅在制作计算尺的过程中会产生误差，使用过程中读取刻度时也会产生误差，这些误差无法彻底消除。但即便如此，计算尺还是能进行约 3～4 位有效数字的计算，有了这个程度的计算精度，在实际运用中其实也不会有太多困扰。

但是，**通过使用常用对数表也可以利用对数使计算简略化。**常用对数表是以 10 为底的对数的一览表。表的最左列是想要知道其对数值的真数的整数部分和小数点后第一位，表的最上一行表示的是该真数的小数点后第二位。两者交叉处的数值就是这个真数的常用对数值（请也参照在第 53 页列出的真数从 1.00 到 9.99 的常用对数表）。

那么，我们用常用对数表来试着计算像 131×219×563×608 这样的乘法计算。它的基本原理和计算尺一样，**都是利用把乘法运算变换成加法运算的对数性质①（第 59 页）。**具体说来就是下面这个变换重点（详见右页的解说）

$$\log_{10}(131\times219\times563\times608)$$
$$=\log_{10}131+\log_{10}219+\log_{10}563+\log_{10}608$$

这个方法把 131×219×563×608 的计算在事实上变成从常用对数表读取数值后对 0.1173+0.3404+0.7505+0.7839 这样的加法计算。原本的乘法运算越复杂就越能感受到利用对数对计算简略化发挥的“威力”。

接着，我们来看看用常用对数表对 $2^{29}$ 的计算。这时发挥重要作用的就是对数的性质③了。根据对数性质③，我们可以把 $\log_{10}2^{29}$ 变换成 $29\times\log_{10}2$，所以省去直接计算 $2^{29}$ 的麻烦。详细过程请参照右页。另外，在 26～27 页的音阶介绍里出现的要求 2 的 12 次方根的计算也可以通过使用常用对数表来计算。这时发挥重要作用的是对数的性质③（详见右页下方）。**对于这些累乘和求方根的计算，最大的魅力就是可以把它们变成简单的乘法运算。**

除此之外，虽然在此不进行详细介绍，利用对数还可以把除法简化为减法，**这多亏了可以把除法简化变换为减法的对数性质②。**如果你有兴趣，可以用此方法尝试挑战一些除法计算。

通过把常用对数的位数尽量写多，从而可以使利用常用对数表的计算结果的误差变得更小。但这就需要精度非常高的对数表。

## 常用对数表

常用对数表的最左列和最上一行的数值表示的是关系式 $\log_{10}\square=\triangle$ 中 □ 的部分（真数）。例如，要求 $\log_{10}1.31$ 这个对数的值的话，首先需要在表的最左列里找到真数 1.31 的整数部分和小数点后第一位的“1.3”（红色框处），接着在表的最上一行找到“1.31”的小数点后第二位的“1”。找到的“1.3”所在的行与“1”所在的列所交叉的位置（橙色框处）显示的“0.1173”就是我们要求的对数的值。

| 数 | 0 | 1 | 2 | 3 | 4 | 5 | 6 | 7 | 8 | 9 |
|---|---|---|---|---|---|---|---|---|---|---|
| 1.0 | 0.0000 | 0.0043 | 0.0086 | 0.0128 | 0.0170 | 0.0212 | 0.0253 | 0.0294 | 0.0334 | 0.0374 |
| 1.1 | 0.0414 | 0.0453 | 0.0492 | 0.0531 | 0.0569 | 0.0607 | 0.0645 | 0.0682 | 0.0719 | 0.0755 |
| 1.2 | 0.0792 | 0.0828 | 0.0864 | 0.0899 | 0.0934 | 0.0969 | 0.1004 | 0.1038 | 0.1072 | 0.1106 |
| 1.3 | 0.1139 | 0.1173 | 0.1206 | 0.1239 | 0.1271 | 0.1303 | 0.1335 | 0.1367 | 0.1399 | 0.1430 |
| 1.4 | 0.1461 | 0.1492 | 0.1523 | 0.1553 | 0.1584 | 0.1614 | 0.1644 | 0.1673 | 0.1703 | 0.1732 |

## $131\times219\times563\times608$ 的计算

用以 10 为底的对数来表示 $131\times219\times563\times608$ 的话，就是 $\log_{10}(131\times219\times563\times608)$。

由于此次我们使用的常用对数表的真数值范围只有 1.00～9.99，所以首先需要把各个真数的位数都调整到此范围内。

$$\log_{10}(131\times219\times563\times608)$$

$$=\log_{10}\{(1.31\times10^2)\times(2.19\times10^2)\times(5.63\times10^2)\times(6.08\times10^2)\}$$ ←位数的调整

$$=\log_{10}\{(1.31\times2.19\times5.63\times6.08)\times10^8\}$$ ←根据指数法则①（见 58 页）

$$=\log_{10}1.31+\log_{10}2.19+\log_{10}5.63+\log_{10}6.08+\log_{10}10^8$$ ←根据对数性质①（见 59 页）

$$=\log_{10}1.31+\log_{10}2.19+\log_{10}5.63+\log_{10}6.08+8 \quad\cdots\cdots式❶$$ ←根据对数性质③（见 59 页），$\log_{10}10^8=8\times\log_{10}10$，另外，由于 $\log_{10}10=1$，所以 $\log_{10}10^8=8$

在这里，我们从常用对数表中读取 $\log_{10}1.31$, $\log_{10}2.19$, $\log_{10}5.63$ 和 $\log_{10}6.08$ 的值，再带入式❶，即有

$$\log_{10}(131\times219\times563\times608)\fallingdotseq0.1173+0.3404+0.7505+0.7839+8$$ ←从常用对数表中读取的值的加法计算。需要真正进行计算的实际上就是这一步而已

$$=1.9921+8$$

$$=0.9921+9 \quad\cdots\cdots式❷$$ ←由于常用对数表中的值都比 1 小，所以这里把小数部分和整数部分分开写

我们从表中读取常用对数值最接近 0.9921 的值对应的真数，即可知道 $0.9921\fallingdotseq\log_{10}9.82$。再把 $0.9921\fallingdotseq\log_{10}9.82$ 带入式❷，即有

$$\log_{10}(131\times219\times563\times608)\fallingdotseq\log_{10}9.82+9$$

$$=\log_{10}9.82+\log_{10}10^9$$ ←因为 $\log_{10}10=1$，所以可以把 9 变形为 $9\times\log_{10}10$，再利用对数性质③，可得到 $9\times\log_{10}10=\log_{10}10^9$，所以 $9=\log_{10}10^9$

$$=\log_{10}(9.82\times10^9)$$ ←根据对数性质①

如此得到 $\log_{10}(131\times219\times563\times608)\fallingdotseq\log_{10}(9.82\times10^9)$，对比此式两边，即有

$$131\times219\times563\times608\fallingdotseq9.82\times10^9$$

$$=9820000000$$（实际正确答案为 9820359456）

## $2^{29}$ 的计算

把 $2^{29}$ 用 10 为底的对数来表示的话，就是 $\log_{10}2^{29}$。

另外 $\log_{10}2^{29}=29\times\log_{10}2$ ←根据对数性质③

$\log_{10}2$ 的值从常用对数表中可以查得 0.3010，所以

$$\log_{10}2^{29}\fallingdotseq29\times0.3010$$ ←需要真正进行计算的实际上就是这一步而已

$$=8.7290$$

$$=0.7290+8$$ ←由于常用对数表中的值都比 1 小，所以这里把小数部分和整数部分分开写

从表中读取常用对数值最接近 0.7290 的值对应的真数，即可知道 $0.7290\fallingdotseq\log_{10}5.36$，把它代入公式。

$$\log_{10}2^{29}\fallingdotseq\log_{10}5.36+8\times\log_{10}10$$ ←因为 $\log_{10}10=1$

$$=\log_{10}5.36+\log_{10}10^8$$ ←根据对数性质③

$$=\log_{10}(5.36\times10^8)$$ ←根据对数性质①

所以，$2^{29}$ 就可以用 $5.36\times10^8=536000000$ 来近似计算（实际正确答案为 536870912）。

## 2 的 12 次方根的计算

即要求满足 $r^{12}=2$ 的 $r$，在公式两边同时取以 10 为底的对数。

$$\log_{10}r^{12}=\log_{10}2$$

$$12\times\log_{10}r=\log_{10}2$$ ←根据对数性质③

$$\log_{10}r=(\log_{10}2)\div12$$ ←两边同时除以 12

从常用对数表中查得 $\log_{10}2$ 的值为 0.3010，把它代入。

$$\log_{10}r\fallingdotseq0.3010\div12$$ ←需要真正进行计算的实际上就是这一步而已

$$\fallingdotseq0.0251$$

从表中读取常用对数值最接近 0.0251 的值对应的真数，即可知道 $0.0251\fallingdotseq\log_{10}1.06$。

由于 $\log_{10}r\fallingdotseq\log_{10}1.06$，所以 $r$ 约等于 1.06。

（实际正确答案为 1.059……）

# 对数表里的数值是基于庞大的计算求得的

要通过对数简化计算，就必须有常用对数表。如果没有常用对数表，其实也无法画出计算尺的对数刻度。但在刚发明对数时，世界上并不存在对数表。

也就是说，**对数的发明者纳皮尔只有通过手算对数表的值从零构建对数表。在纳皮尔通过庞大计算完成对数表，于 1614 年以《*Mirifici Logarithmorum Canonis Descriptio*（奇妙的对数表的描述）》为题发表拉丁文论文之前，他对对数的研究已花费 20 年。**

另外，纳皮尔最初研究的对数并不是以 10 为底的。从简化计算的观点来看，底数为 10 的对数可以很方便地进行位数调整从而更加方便。研究底数为 10 的对数（常用对数）的是英国数学家、天文学家亨利 · 布里格斯（1563～1630）。布里格斯阅读了纳皮尔发表的论文后受到启发，并拜访纳皮尔，与他交换关于对数的一些意见，并提议了以 10 为底的对数。

布里格斯完成了把从 1 到 1000 的正整数作为真数的常用对数值的计算，并于 1617 年出版。随后他又对从 1 到 20000，以及从 90000 到 100000 的正整数计算出它们到小数点后 14 位的对数，并于 1624 年出版此对数表。

其实，对于求从 2 到 9 的正整数的对数，如果只要求精确到小数点后 1～2 位，求解相对容易。首先，我们知道 $2^{10}=1024$，而 1024 与 1000 接近，在这里粗略地把二者近似相等来考虑，即 $1024≒1000$。两边同时取对数的话，即 $\log_{10}2^{10}≒\log_{10}10^3$。再根据对数性质③及 $\log_{10}10=1$，就会得到 $10\times\log_{10}2≒3$，即 $\log_{10}2≒3\div10=0.3$。而 $\log_{10}2$ 实际的值为 0.3010…，所以 0.3 是一个还不错的近似值。

详细求解可以参见右页。76～77 页将介绍布里格斯进行计算的一部分，如果有兴趣可以自己也挑战计算。

## 尝试制作简单的常用对数表

**⑧ $\log_{10}7$**

由于 $7^2=49$，可以考虑 $7^2≒50$，两边同时取常用对数，

即 $\log_{10}7^2≒\log_{10}50$

把它变形即得到

$2\times\log_{10}7≒\log_{10}(5\times10)$

$=\log_{10}5+\log_{10}10$

由于 $\log_{10}5≒0.7$，$\log_{10}10=1$，

把它们代入计算，

即 $\log_{10}7≒1.7\div2=0.85$

**⑥ $\log_{10}6$**

因为 $\log_{10}6=\log_{10}(2\times3)=\log_{10}2+\log_{10}3$，

而 $\log_{10}2≒0.3$，$\log_{10}3≒0.475$

所以 $\log_{10}6≒0.3+0.475=0.775$

**⑦ $\log_{10}5$**

因为 $\log_{10}5=\log_{10}(10\div2)$，

根据对数性质②，

即 $\log_{10}(10\div2)=\log_{10}10-\log_{10}2$。

而 $\log_{10}10=1$，$\log_{10}2≒0.3$，

所以 $\log_{10}5=\log_{10}(10\div2)≒1-0.3=0.7$

## 常用对数表的制作过程

使用对数简化计算就需要用到常用对数表，计算尺也是基于常用对数表进行刻度标记的。在此，我们先介绍如何制作简单的常用对数表的方法。请按照下面 ❶～❽ 的顺序阅读下面的说明。

示意图内侧的圆周标记的是通常的刻度（等间隔刻度）。而外侧的圆周标记的是对数刻度。另外，由于 10 的 0 次方为 1，即有 $\log_{10}1=0$，因此对数刻度的起点（原点）标记的是 1。

### ❸ $\log_{10}8$

和 ❷ 一样有

$\log_{10}8=\log_{10}2^3=3\times\log_{10}2$，

而 $\log_{10}2\fallingdotseq0.3$，

所以 $\log_{10}8\fallingdotseq3\times0.3=0.9$

### ❺ $\log_{10}9$

因为 $\log_{10}9=\log_{10}3^2=2\times\log_{10}3$，

而 $\log_{10}3\fallingdotseq0.475$，

所以 $\log_{10}9\fallingdotseq2\times0.475=0.95$

### ❶ $\log_{10}2$

由于 $2^{10}=1024$，我们对

$2^{10}\fallingdotseq1000=10^3$ 进行考虑，

两边同时取常用对数，

即 $\log_{10}2^{10}\fallingdotseq\log_{10}10^3$。

根据对数性质③可得到

$10\times\log_{10}2\fallingdotseq3\times\log_{10}10$。

另外，由于 $\log_{10}10=1$，

即 $10\times\log_{10}2\fallingdotseq3\times1$，

也就是 $\log_{10}2\fallingdotseq3\div10=0.3$

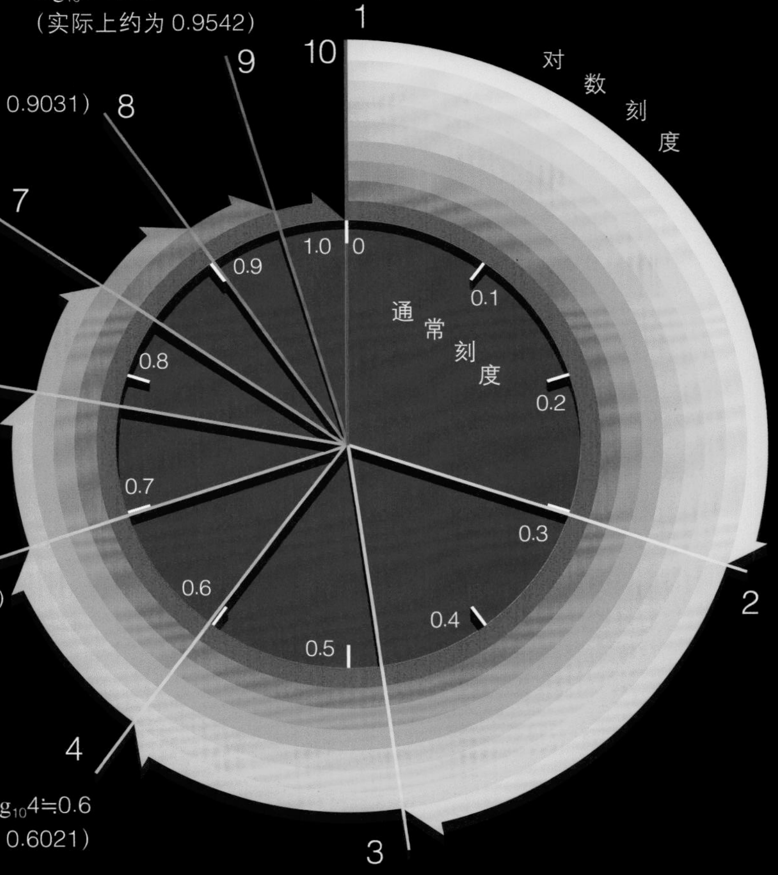


### ❷ $\log_{10}4$

根据对数性质③可得到

$\log_{10}4=\log_{10}2^2=2\times\log_{10}2$。

而 $\log_{10}2\fallingdotseq0.3$，

所以 $\log_{10}4\fallingdotseq2\times0.3=0.6$

$\log_{10}4\fallingdotseq0.6$

（实际上约为 0.6021）

### ❹ $\log_{10}3$

由于 $3^4=81$，可以考虑 $3^4\fallingdotseq80$，两边同时取常用对数即有

$\log_{10}3^4\fallingdotseq\log_{10}80$

把它变形即得到 $4\times\log_{10}3\fallingdotseq\log_{10}(8\times10)=\log_{10}8+\log_{10}10=\log_{10}8+1$

在这里把 $\log_{10}8\fallingdotseq0.9$ 代入计算，即 $\log_{10}3\fallingdotseq1.9\div4=0.475$

# 布里格斯是如何求常用对数值的？

关于布里格斯为制作常用对数表而使用的计算方法，在这里我们以求 $\log_{10}2$ 的值为例，加入一些现代风格的说明进行介绍。

首先，对“10 的平方根再开平方根（10 的平方根的平方根，也就是 10 的 $2^2$ 次方根 =10 的 4 次方根）”“再接着开平方根（10 的平方根的平方根的平方根，也就是 10 的 $2^3$ 次方根 =10 的 8 次方根）”这样的情形，即不断重复开平方根进行庞大的手动计算。在当时已经知道如何求平方根的计算方法，布里格斯反复一直求得了 10 的 $2^{54}$ 次方根在小数点后 32 位的值。

把本页下面的图中最下面一行的关系用数学式表示出来即为

$$10^{\frac{1}{2^{54}}} \fallingdotseq 1.0000\ 00000\ 00000\ 01278\ 19149\ 32003\ 235$$

这里设 $10^{\frac{1}{2^{54}}}=c$，就可以换算成

$$10^{c} \fallingdotseq 1.0000\ 00000\ 00000\ 01278\ 19149\ 32003\ 235$$

另外，把 10 的 $2^{54}$ 次方根的小数部分（下图中红线标出的部分）用 a 来代替，即可表示为

$$10^{c} \fallingdotseq 1+a \quad \cdots\cdots\cdots ①$$

在这里，为了求 $\log_{10}2$ 的值，从 2 开始不断重复求平方根。在连续求平方根的次数达到 54 次时的值（2 的 $2^{54}$ 次方根的值）为

$$2^{\frac{1}{2^{54}}} \fallingdotseq 1.0000\ 00000\ 00000\ 00384\ 77397\ 96558\ 310$$

把它的小数部分（绿线标出的部分）用 $b$ 来代替，即可表示为

$$2^{c}=1+b \cdots\cdots ②$$

假设我们要求的值为 $x$，即 $x=\log_{10}2$，那么就可变形为

$$2=10^{x} \cdots\cdots ③$$

把公式③代入公式②里，即

$$(10^{x})^{c}=1+b$$

根据指数法则②（第 58 页）则有

| 连续反复求平方根的次数 | 通过计算求得的数 |
|---|---|
| 1 | 10 的 2 次方根 = 3.1622 77660 16387 93319 98893 54 |
| 2 | 10 的 $2^2$ 次方根 = 1.7782 79410 03892 28011 97304 13 |
| ⋮ | ⋮ |
| 54 | 10 的 $2^{54}$ 次方根 = 1.0000 00000 00000 01278 19149 32003 235 |

注：10 的 2 次方根 = $\sqrt{10}=10^{\frac{1}{2}}$

10 的 $2^2$ 次方根 = $\sqrt{\sqrt{10}}=10^{\frac{1}{2^2}}$

10 的 $2^{54}$ 次方根 = $\sqrt{\cdots\cdots\sqrt{10}}=10^{\frac{1}{2^{54}}}$（$\sqrt{\ }$ 有 54 次）

（摘自亨利 · 布里格斯《对数算术》，1624 年，第 10 页）

$(10^x)^c = 10^{x \times c} = (10^c)^x = 1 + b$ ……④

另外，公式①两边同时进行 $x$ 次累乘的话，就有

$(10^c)^x \fallingdotseq (1+a)^x$……⑤

另外，关于公式⑤的右边，在 $a$ 的值十分小的情况下可以近似看成

$(1+a)^x \fallingdotseq 1+ax$ ……⑥

这是因为在多次连续求平方根后，$a$ 的值小到进行这样的近似值也不会产生较大影响。

根据公式⑥和公式⑤则有

$(10^c)^x \fallingdotseq (1+a)^x \fallingdotseq 1+ax$ ……⑦

这里，我们比较公式⑦和公式④就有

$(10^c)^x = 1+b \fallingdotseq 1+ax$ ……⑧

在公式⑧里，$1+b \fallingdotseq 1+ax$ 的部分两边同时减去 1，即有

$b \fallingdotseq ax$，也可变形为

$x \fallingdotseq b \div a$ ……⑨

往公式⑨里代入 $b$ 和 $a$ 具体的数值，则有

$x \fallingdotseq$(0.0000 00000 00000 00384 77397 96558 310) ÷ (0.0000 00000 00000 01278 19149 32003 235)

计算这个除法即可得到

$x \fallingdotseq$ **0.30102999566398117**

而它实际的值为 **0.30102999566398119…**，所以可以说求到了精度非常高的 $\log_{10}2$ 的值。

大家已经体会到求常用对数值的辛苦了吧。而实际上，布里格斯的计算过程还要更加复杂一些。

另外，若要求 $\log_{10}3$ 的值，只要从 3 开始连续重复地开平方根进行类似计算即可。除了这里介绍的“连续重复开平方根进行计算”的方法，布里格斯和纳皮尔等人还研究了其他计算方法。他们依照不同数字采取适合情况的方法对对数值进行计算。

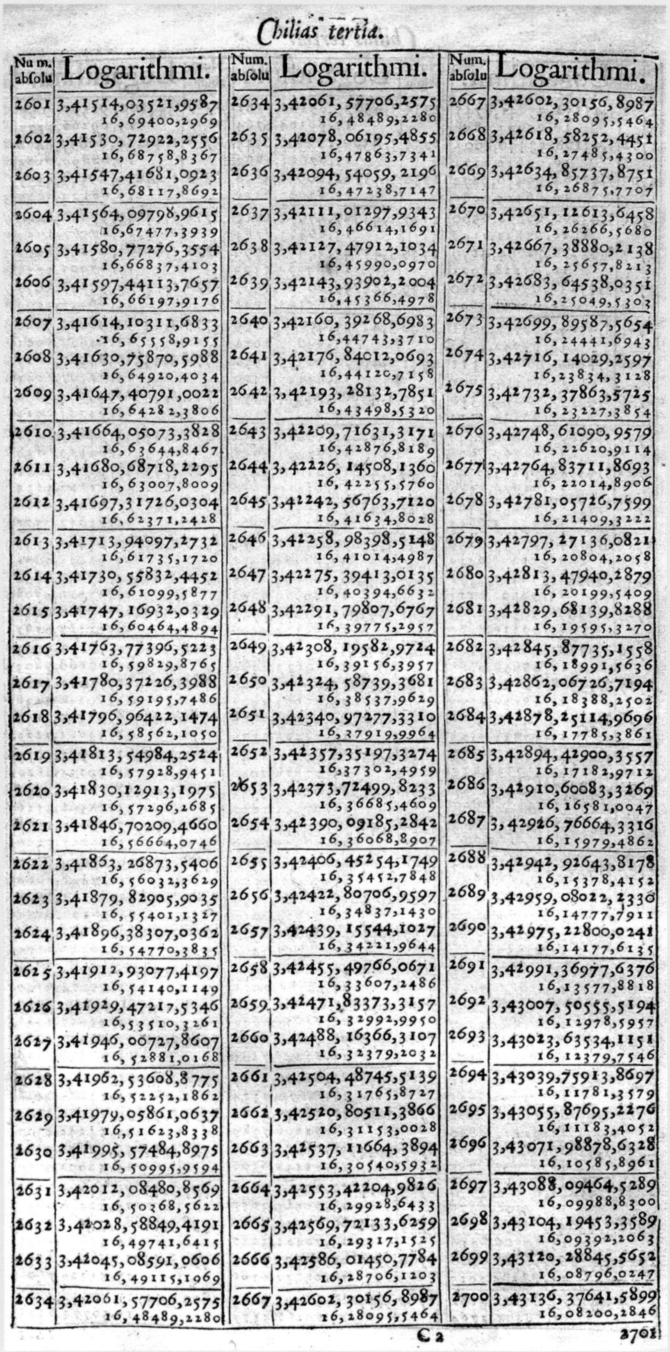

Chilias tertia.

| Num. abſolu | Logarithmi. | Num. abſolu | Logarithmi. | Num. abſolu | Logarithmi. |
|---|---|---|---|---|---|
| 2601 | 3,41514,03521,9587<br>16,69400,2969 | 2634 | 3,42061,57706,2575<br>16,48489,2280 | 2667 | 3,42602,30156,8987<br>16,28095,5464 |
| 2602 | 3,41530,72922,2556<br>16,68758,8367 | 2635 | 3,42078,06195,4855<br>16,47863,7341 | 2668 | 3,42618,58252,4451<br>16,27485,4300 |
| 2603 | 3,41547,41681,0923<br>16,68117,8692 | 2636 | 3,42094,54059,2196<br>16,47238,7147 | 2669 | 3,42634,85737,8751<br>16,26875,7707 |
| 2604 | 3,41564,09798,9615<br>16,67477,3939 | 2637 | 3,42111,01297,9343<br>16,46614,1691 | 2670 | 3,42651,12613,6458<br>16,26266,5680 |
| 2605 | 3,41580,77276,3554<br>16,66837,4103 | 2638 | 3,42127,47912,1034<br>16,45990,0970 | 2671 | 3,42667,38880,2138<br>16,25657,8213 |
| 2606 | 3,41597,44113,7657<br>16,66197,9176 | 2639 | 3,42143,93902,2004<br>16,45366,4978 | 2672 | 3,42683,64538,0351<br>16,25049,5303 |
| 2607 | 3,41614,10311,6833<br>16,65558,9155 | 2640 | 3,42160,39268,6983<br>16,44743,3710 | 2673 | 3,42699,89587,5654<br>16,24441,6943 |
| 2608 | 3,41630,75870,5988<br>16,64920,4034 | 2641 | 3,42176,84012,0693<br>16,44120,7158 | 2674 | 3,42716,14029,2597<br>16,23834,3128 |
| 2609 | 3,41647,40791,0022<br>16,64282,3806 | 2642 | 3,42193,28132,7851<br>16,43498,5320 | 2675 | 3,42732,37863,5725<br>16,23227,3854 |
| 2610 | 3,41664,05073,3828<br>16,63644,8467 | 2643 | 3,42209,71631,3171<br>16,42876,8189 | 2676 | 3,42748,61090,9579<br>16,22620,9114 |
| 2611 | 3,41680,68718,2295<br>16,63007,8009 | 2644 | 3,42226,14508,1360<br>16,42255,5760 | 2677 | 3,42764,83711,8693<br>16,22014,8906 |
| 2612 | 3,41697,31726,0304<br>16,62371,2428 | 2645 | 3,42242,56763,7120<br>16,41634,8028 | 2678 | 3,42781,05726,7599<br>16,21409,3222 |
| 2613 | 3,41713,94097,2732<br>16,61735,1720 | 2646 | 3,42258,98398,5148<br>16,41014,4987 | 2679 | 3,42797,27136,0821<br>16,20804,2058 |
| 2614 | 3,41730,55832,4452<br>16,61099,5877 | 2647 | 3,42275,39413,0135<br>16,40394,6632 | 2680 | 3,42813,47940,2879<br>16,20199,5409 |
| 2615 | 3,41747,16932,0329<br>16,60464,4894 | 2648 | 3,42291,79807,6767<br>16,39775,2957 | 2681 | 3,42829,68139,8288<br>16,19595,3270 |
| 2616 | 3,41763,77396,5223<br>16,59829,8765 | 2649 | 3,42308,19582,9724<br>16,39156,3957 | 2682 | 3,42845,87735,1558<br>16,18991,5636 |
| 2617 | 3,41780,37226,3988<br>16,59195,7486 | 2650 | 3,42324,58739,3681<br>16,38537,9629 | 2683 | 3,42862,06726,7194<br>16,18388,2502 |
| 2618 | 3,41796,96422,1474<br>16,58562,1050 | 2651 | 3,42340,97277,3310<br>16,37919,9964 | 2684 | 3,42878,25114,9696<br>16,17785,3861 |
| 2619 | 3,41813,54984,2524<br>16,57928,9451 | 2652 | 3,42357,35197,3274<br>16,37302,4959 | 2685 | 3,42894,42900,3557<br>16,17182,9712 |
| 2620 | 3,41830,12913,1975<br>16,57296,2685 | 2653 | 3,42373,72499,8233<br>16,36685,4609 | 2686 | 3,42910,60083,3269<br>16,16581,0047 |
| 2621 | 3,41846,70209,4660<br>16,56664,0746 | 2654 | 3,42390,09185,2842<br>16,36068,8907 | 2687 | 3,42926,76664,3316<br>16,15979,4862 |
| 2622 | 3,41863,26873,5406<br>16,56032,3629 | 2655 | 3,42406,45254,1749<br>16,35452,7848 | 2688 | 3,42942,92643,8178<br>16,15378,4152 |
| 2623 | 3,41879,82905,9035<br>16,55401,1327 | 2656 | 3,42422,80706,9597<br>16,34837,1430 | 2689 | 3,42959,08022,2330<br>16,14777,7911 |
| 2624 | 3,41896,38307,0362<br>16,54770,3835 | 2657 | 3,42439,15544,1027<br>16,34221,9644 | 2690 | 3,42975,22800,0241<br>16,14177,6135 |
| 2625 | 3,41912,93077,4197<br>16,54140,1149 | 2658 | 3,42455,49766,0671<br>16,33607,2486 | 2691 | 3,42991,36977,6376<br>16,13577,8818 |
| 2626 | 3,41929,47217,5346<br>16,53510,3261 | 2659 | 3,42471,83373,3157<br>16,32992,9950 | 2692 | 3,43007,50555,5194<br>16,12978,5957 |
| 2627 | 3,41946,00727,8607<br>16,52881,0168 | 2660 | 3,42488,16366,3107<br>16,32379,2032 | 2693 | 3,43023,63534,1151<br>16,12379,7546 |
| 2628 | 3,41962,53608,8775<br>16,52252,1862 | 2661 | 3,42504,48745,5139<br>16,31765,8727 | 2694 | 3,43039,75913,8697<br>16,11781,3579 |
| 2629 | 3,41979,05861,0637<br>16,51623,8338 | 2662 | 3,42520,80511,3866<br>16,31153,0028 | 2695 | 3,43055,87695,2276<br>16,11183,4052 |
| 2630 | 3,41995,57484,8975<br>16,50995,9594 | 2663 | 3,42537,11664,3894<br>16,30540,5932 | 2696 | 3,43071,98878,6328<br>16,10585,8961 |
| 2631 | 3,42012,08480,8569<br>16,50368,5622 | 2664 | 3,42553,42204,9826<br>16,29928,6433 | 2697 | 3,43088,09464,5289<br>16,09988,8300 |
| 2632 | 3,42028,58849,4191<br>16,49741,6415 | 2665 | 3,42569,72133,6259<br>16,29317,1525 | 2698 | 3,43104,19453,3589<br>16,09392,2063 |
| 2633 | 3,42045,08591,0606<br>16,49115,1969 | 2666 | 3,42586,01450,7784<br>16,28706,1203 | 2699 | 3,43120,28845,5652<br>16,08796,0247 |
| 2634 | 3,42061,57706,2575<br>16,48489,2280 | 2667 | 3,42602,30156,8987<br>16,28095,5464 | 2700 | 3,43136,37641,5899<br>16,08200,2846 |

C 2 2701

布里格斯于 1624 年发表的对数表的一部分。

# 对数使得“e”诞生，并把数学和物理学关联起来

到此为止，我们看到的对数都是作为便利的计算工具的对数。事实上，对数被发明出来的目的的确是为了简化计算，关于这一点，对数已经发挥了巨大的“威力”，成为科学技术发展的计算基础。

那么，从现在开始，我们来看看对数“后面的命运”。**实际上，对数的研究使人们感觉到某个非常特别的数的存在。目前，这个数在数学和物理学中都是一种“主角级别”的存在。**

这个数就是“e”。为了纪念对数的发明者纳皮尔，也会把e称为“纳皮尔常数”。如果要真正深入说起e的故事，这本书估计也说不完。因此，我们只是对e，也就是对数的“深渊”，从它的入口试着稍稍探索一下。

e本身就是一个单纯的数。用数字来具体表示的话，就是2.71828……。它和著名的圆周率π（3.14159…）一样，都是无法用分数来表示的“无理数”。

发现e的是瑞士数学家莱昂哈德·欧拉（1707～1783）。**欧拉在对“对数函数”进行“求微分”的过程中发现了e这个特别的数。**那么，首先我们对“对数函数”和“微分”进行说明。

## 什么是对数函数？

首先，我们对前文解说的“对数函数”再次进行

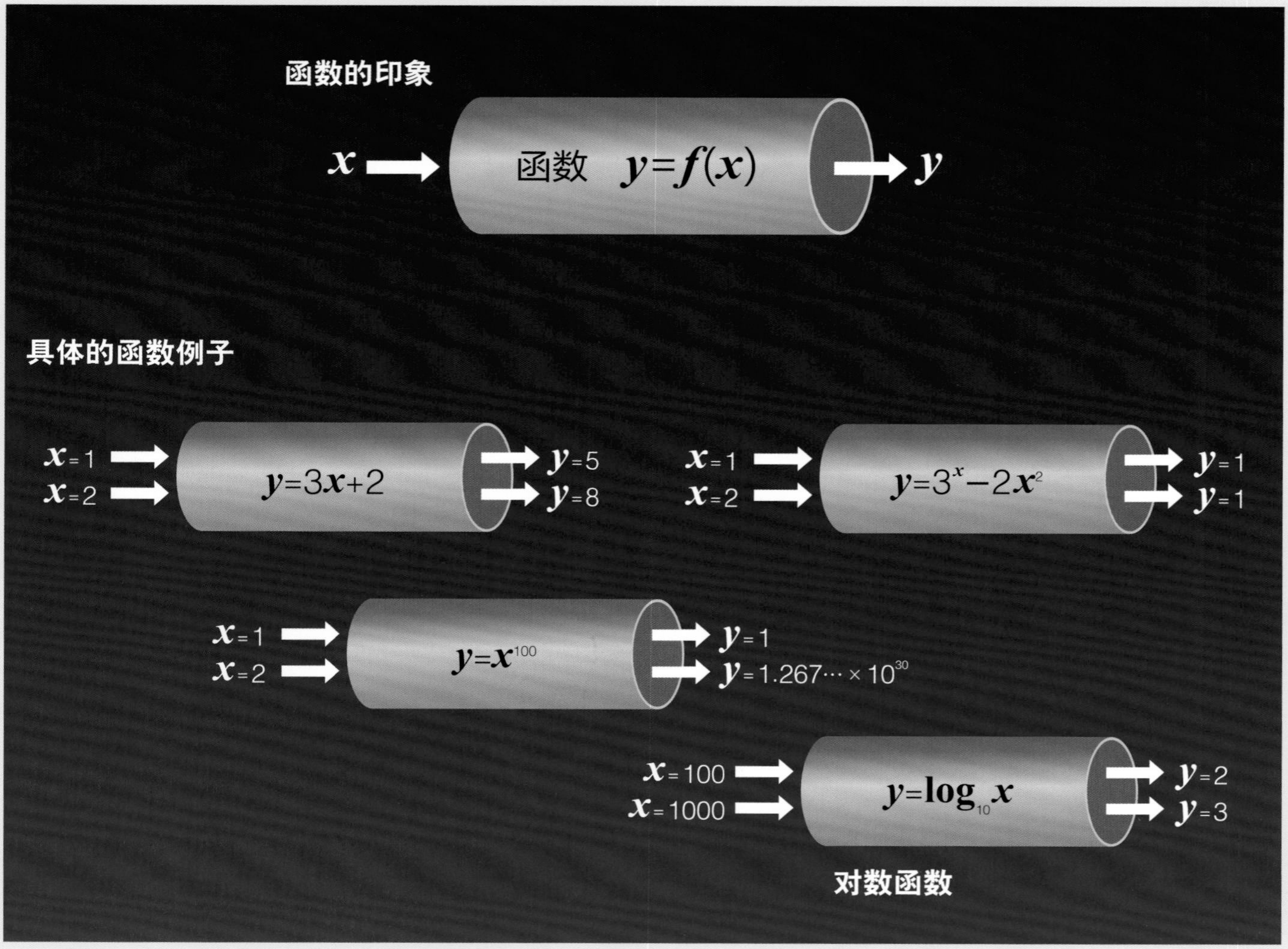

## 什么是微分

我们以 $y=\log_{10}x$ 为例来看看微分吧。红色曲线就是函数 $y=\log_{10}x$ 的曲线。微分就是“去求其变化的比例”，在这里就相当于去求函数曲线的“切线的斜率”。切线的斜率是由切点附近的（$y$ 的变化量）/（$x$ 的变化量）来求得。由于切线的斜率在不同的切点都不一样，对于函数微分后得到的新的函数，就表示的是原函数的切线斜率的变化关系。

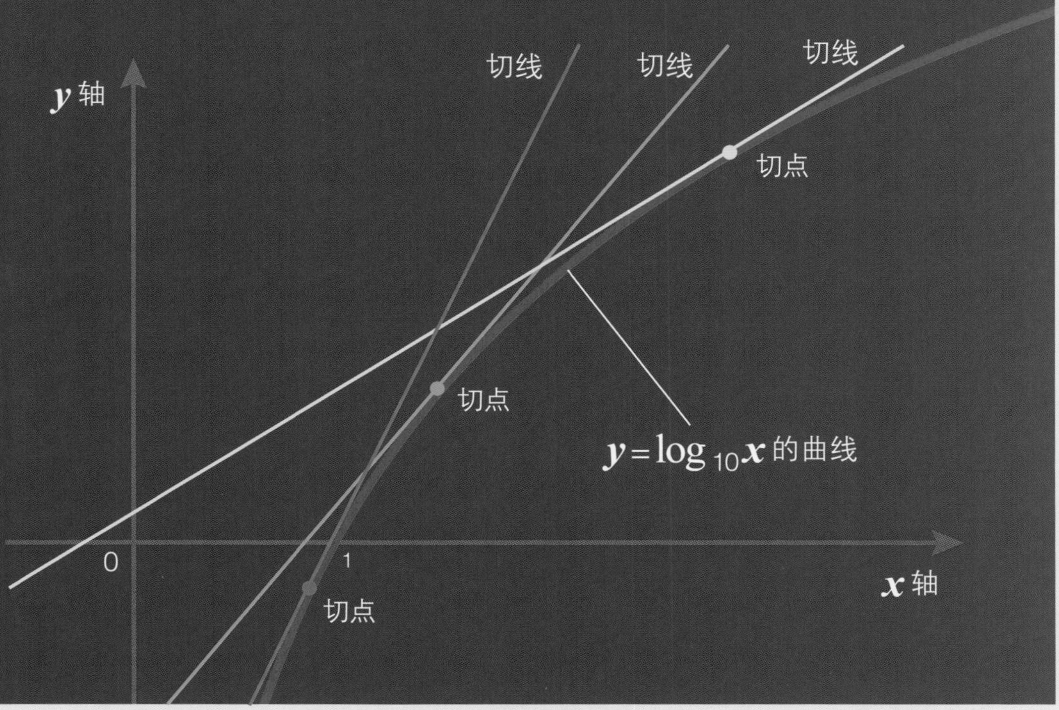

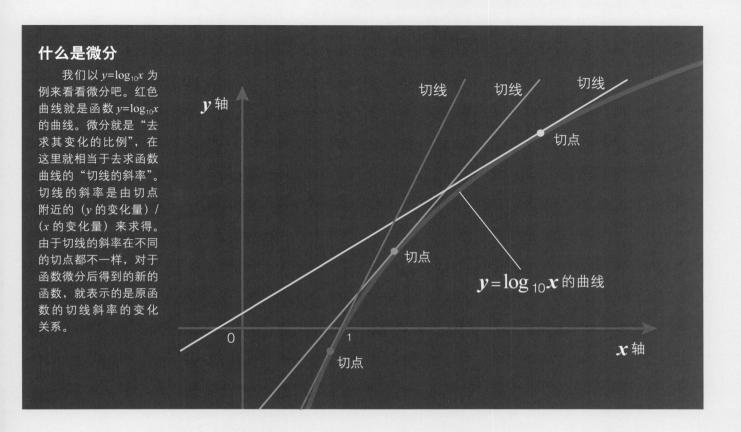

说明。对数函数，就是关于对数的函数。那么函数又为何物呢？打一个很直接的比方，函数就好像饮料的自动贩卖机一样。我们只要按自动贩卖机的某一个按钮，它就会“吐”出按钮对应的饮料。同样的，在函数（仿佛自动贩卖机）里，如果确定了某个数值（按下某个按钮），遵循这个函数关系的另外的数值（按钮对应的饮料）就被确定了。把这两个数值关联在一起的性质（公式）就被称为函数。

我们来看看对数函数具体的例子吧，如对于 $y=\log_{10}x$ 这个式子，在 $\log_{10}x$ 的真数部分 $x$ 里代入 100 这个数值的话，$y=\log_{10}100$，也就是 $y=2$ 被确定了；再或者把 $x$ 代入 1000 这个数值的话，$y=3$ 就被确定了。

像这样，**数 $x$ 和数 $y$ 的关系能用对数关联在一起的情况下，这个关系式就被称为对数函数。**

## 什么是微分？

接下来我们来看看微分。“求微分”就是“去求变化的比例”。我们以汽车的行驶为例，假设汽车行驶了 1 小时，表示 1 小时的时间走了多远距离的是速度。而速度是距离随着时间而变化，所以求距离的微分就是速度。这里说的速度是 1 个小时行驶的平均速度，而在实际开车时，如果知道每个瞬间“行驶距离的变化比例”，那么就能知道某个瞬间的速度。也就是说，如果有行驶距离的数据，可以通过对它求微分来再现各个瞬间的速度。

另外，也可以反过来考虑。可以从速度的数据再现行驶距离。与“距离→速度”的微分对应的是被称为积分的“速度→距离”。这里用距离和速度为例简单说明，但微分和积分对于世界中很多的“变化过程”都适用，是非常重要的数学方法。

也许有人觉得用函数的曲线作为微分思想的例子会更容易理解。**对函数微分的话，就相当于求一个新的函数去表示原函数曲线的“切线的斜率”的变化**（见上面示意图）。

# 世界上最美的公式

我们再回到 e。e 是在对对数函数进行求微分的过程中被发现的。我们来考虑一下对 $y=\log_a x$ 求微分的过程吧！对函数进行微分，就是把在 $x$ 的值只增加非常小的微量（无限趋近于 0 的增量）的情况下求得 $y$ 的值，再去求它的变化比例的计算过程，在原函数式下进行（详细说明请参照下面的内容）。

欧拉对 $y=\log_a x$ 求微分后得到下面这样的一个公式。

【对 $y=\log_a x$ 求微分的公式】

$$=\frac{1}{x}\times\log_a(1+h)^{\frac{1}{h}}$$

但 $h$ 是一个无限趋近于 0 的数。关于这个 $(1+h)^{\frac{1}{h}}$，当 $h$ 无限趋近于 0 时，$(1+h)^{\frac{1}{h}}$ 的值就会无限趋近于 2.71828……这个数就是 e。

把这个数用 e 来表示，那之前的微分公式就变成

【对 $y=\log_a x$ 求微分的公式】$=\frac{1}{x}\times\log_a e$

这里 $\log_a e$ 的底数（也就是 a）如果是 e 的话，就有 $\log_a e=\log_e e=1$。所以，当 $a$ 等于 e 时，就变成如下非常简单的公式了。

【对 $y=\log_e x$ 求微分的公式】$=\frac{1}{x}$

如果对某个函数进行微分得到的函数非常简单的话，对于求微分的计算是非常重要的。**其特殊情况就是对 $y=e^x$ 进行微分，**能得到下面的关系式。

【对 $y=e^x$ 求微分的式子】$=e^x$

也就是说，$e^x$ 是一个微分之后不会发生变化的

## “e”的发现与对数函数的微分

考察对 $y=\log_a x$ 这个对数函数进行微分。所谓微分，就是“求其变化的比例”，也就是说，求当 $x$ 有微小变化量时对应的 $y$ 的变化比例。

在这里把 $x$ 的微小变化量记为 $\Delta x$（注意 $\Delta x$ 是无限趋近于 0 的数），就有

【对 $y=\log_a x$ 求微分的式子】$=\frac{\log_a(x+\Delta x)-\log_a x}{\Delta x}$

$$=\frac{1}{\Delta x}\times\log_a\frac{(x+\Delta x)}{x}$$ ← 根据对数性质②把除法变成减法

$$=\frac{1}{\Delta x}\times\log_a\left(1+\frac{\Delta x}{x}\right)\cdots\text{式①}$$

在这里设 $\frac{\Delta x}{x}=h$ 的话，$\Delta x=hx$。当 $\Delta x$ 无限趋近于 0 时，h 也无限趋近于 0。

由于 $\frac{1}{\Delta x}=\frac{1}{x}\times\frac{1}{h}$，把它代入上面式 ① 即得

【对 $y=\log_a x$ 求微分的公式】$=\frac{1}{x}=\frac{1}{h}\times\log_a(1+h)$

$$=\frac{1}{x}\times\log_a(1+h)^{\frac{1}{h}}$$ ← 根据对数性质③

在这里关于 $(1+h)^{\frac{1}{h}}$，当 h 无限趋近于 0 时，就会计算得出 2.71828……，把它记为 e。当对数函数的底为 e 时就得到一个非常简单的公式，

【对 $y=\log_e x$ 求微分的式子】$=\frac{1}{x}$，像这样 e 带来了很多便利之处。

莱昂哈德·欧拉
（1707～1783）

函数。顺带说一下，对它积分 $e^x$ 的部分也不会发生变化。

发现 e 的欧拉还留下其他的贡献。例如，下面这个被称为**“欧拉公式”**的关系式。

【欧拉公式】$e^{ix}=\cos x+i\sin x$

这个公式出现了欧拉由对数导出的 e、平方后等于 −1 的“虚数”的单位“i”，以及 $\cos x$、$\sin x$ 这些“三角函数”。**在欧拉公式中，当 $x$ 的值为 $\pi$ 时，就变成了 $e^{i\pi}=-1$ 这样一个公式**。这也被称为**“世界上最美的公式”**。

由于篇幅有限，在这里我们省去详细的解说，需要指出的是，**欧拉公式的本质是它通过“虚数”的世界把指数函数和三角函数联系到一起**。而且它的指数函数还与微分、积分都很容易与 $e^x$ 形式相近。乍一看这些仿佛毫无关联的部分却由一个很简单的式子联系到一起，说明把指数函数变换为三角函数，以及把三角函数变换成指数函数都能通过虚数进行。

在物理学里经常会对圆周运动和波动等进行研究，对它们考察时，虽然用三角函数很方便，但物理学里时常需要用到的微分和积分对三角函数来说比较繁杂。欧拉公式为圆周运动和波动的运算带来极大的发展，这些优势不仅体现在对我们身边用肉眼能够看见的物理现象进行解释，还延伸到研究微观世界法则的“量子论”中。

作为单纯计算工具出现的对数，不仅告知人类 e 这个特殊数的存在，还对人类知识的扩展起到飞跃式的促进作用。

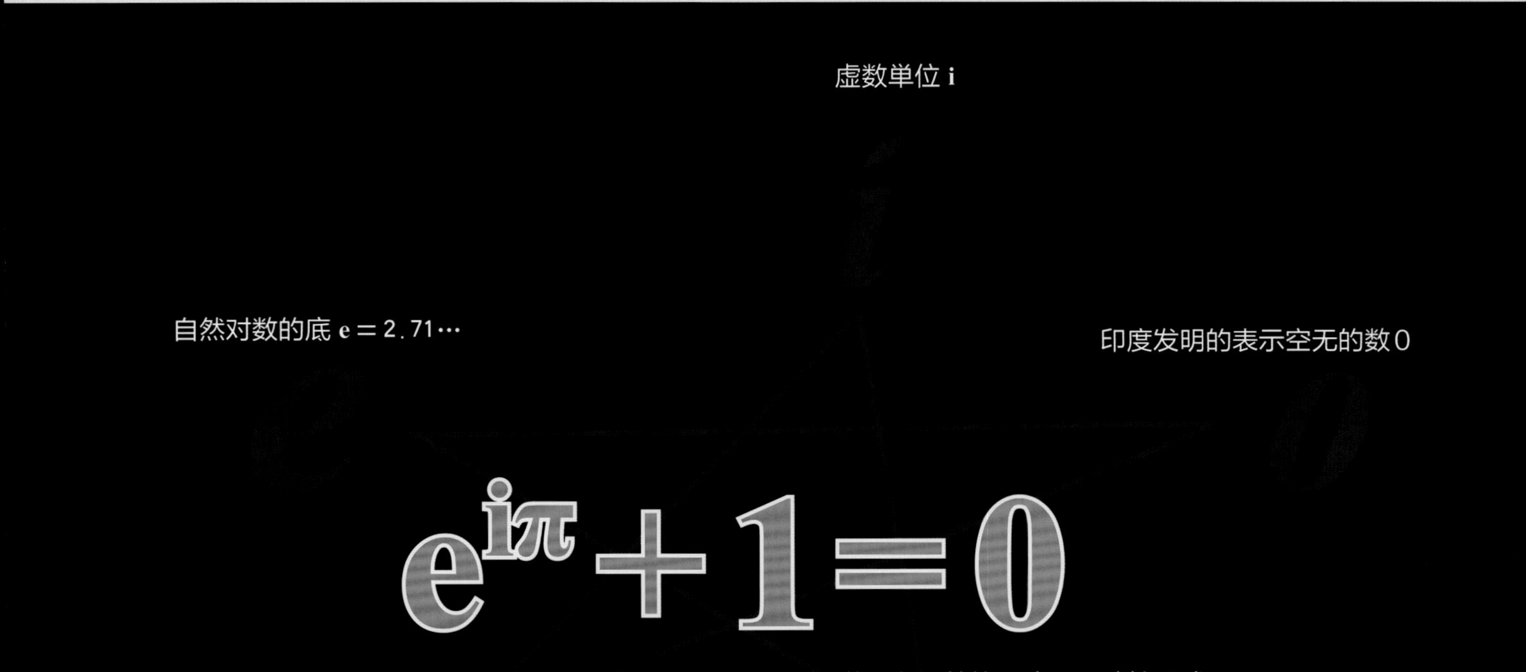

世界上最美的公式——欧拉公式

# 安岛直圆制作的对数表

## 日本江户时代的数学家用独特方法制作对数表

常用对数指的是以 10 为底的对数。日本江户时代的数学家安岛直圆（1732～1798）在常用对数表制作过程中引入了独特的方法。他对常用对数为 0.1 的数（即真数）是 $10^{0.1}=\sqrt[10]{10}$ 这件事进行关注。为了推导简化，先设 $a=\sqrt[10]{10}$，则常用对数为 0.9 的真数 $x$ 会使得下式成立

$$
\begin{aligned}
\log_{10}x &= 0.9\\
&= 1-0.1\\
&= \log_{10}10-\log_{10}a\\
&= \log_{10}\frac{10}{a}
\end{aligned}
$$

从而可以得到

$$x=\frac{10}{a}=\frac{10}{\sqrt[10]{10}}$$

同样的，常用对数为 0.8 的真数 $x$ 则会使得下式成立

$$
\begin{aligned}
\log_{10}x &= 0.8\\
&= 1-0.2\\
&= \log_{10}10-2\log_{10}a\\
&= \log_{10}\frac{10}{a^2}
\end{aligned}
$$

同样对于 0.7、0.6 … 0.2 也是，只要知道 $a$，它们各自对应的真数都可以用 $\frac{10}{a^k}$ 这个式子计算得出，所以重要的是求出 $a$ 的数值。

安岛用算盘对 10 的 10 次方根计算到其小数点后第 13 位，得到

$$
\begin{aligned}
a &= \sqrt[10]{10}\\
&= 1.2589254117942
\end{aligned}
$$

实际上，由于他又进一步开 10 次方根，所以，研究者认为安岛应该不止算了这些位数，然后对常用对数为 0.$k$（$k$=2 … 9）的真数，只需通过 $\frac{10}{a^{10-k}}$ 这个式子进行计算即可。安岛进行这些计算并得出了右页的表 1 数据。

虽然 10 次方根的计算很繁杂，但这里只需计算一个 10 的 10 次方根，之后都只需利用乘法运算和除法运算就可以计算出来。由于安岛还使用算盘，比起同时期欧洲的对数表制作过程来说，他的计算相对更加简单。

接着安岛对常用对数为 0.01、0.02 … 0.09 的真数进行求解。因此他需要计算 $\sqrt[10]{10}$ 的 10 次方根，也就是 $b=\sqrt[10]{\sqrt[10]{10}}$。如果使用表 1 的数值，就只要计算 $b=\sqrt[10]{1.2589254117942}$ 即可。虽然这个计算用笔算的话会非常繁杂，但使用算盘就相对简单一些。接着和刚才一样，对于对数是 0.0$k$ 的真数就可以通过 $\frac{a}{b^{10-k}}$ 来计算得出。令 $k'=10-k$ 的话，则得出

$$
\begin{aligned}
0.0k &= 0.1-0.0k'\\
&= \log_{10}\sqrt[10]{10}-k'\log_{10}b\\
&= \log_{10}\frac{\sqrt[10]{10}}{b^{k'}}
\end{aligned}
$$

再对 $b$ 取 10 次方根，再接着又取 10 次方根，一直持续下去，就可以计算出常用对数为 0.00…$k$ 的真数了。右页表 2 就展示了安岛进行这些计算得到的数据的一部分。

那么，使用这个对数表如何计算一般数的常用对数呢？我们来看看简单的 $\log_{10}2$。先看表 1，

$$\log_{10}1.9952623149698=0.3$$

$$\log_{10}2.5118864315096=0.4$$

**表 1**

| 真数 | 对数 |
| --- | --- |
| 7.9428234724280 | 0.9 |
| 6.3095734448019 | 0.8 |
| 5.0118723362727 | 0.7 |
| 3.9810717055350 | 0.6 |
| 3.1622776601684 | 0.5 |
| 2.5118864315096 | 0.4 |
| 1.9952623149698 | 0.3 |
| 1.5848931924611 | 0.2 |
| 1.2589254117942 | 0.1 |

**表 2**

| 真数 | 对数 |
| --- | --- |
| 1.0471285480509 | 0.02 |
| 1.0232939922808 | 0.01 |
| 1.0209394837077 | 0.009 |
| 1.0185911880541 | 0.008 |
| ⋮ | |
| 1.0046157902784 | 0.002 |
| 1.0023052380779 | 0.001 |
| ⋮ | |
| 1.0000460527623 | 0.00002 |
| 1.0000230261160 | 0.00001 |
| 1.0000207234806 | 0.000009 |
| ⋮ | |

所以我们知道，

$\log_{10}2=0.3\cdots$

接着，由于

$$\frac{2}{1.9952623149698}=1.00237467254529\cdots$$

在这个公式两边同时取对数变形的话就得到

$$\log_{10}2-0.3=\log_{10}(1.00237467254529\cdots)$$

根据表 2，我们知道

$$\log_{10}1.0023052380779=0.001$$

再接着，由于

$$\frac{1.00237467254529}{1.0023052380779}=1.00006906995394\cdots$$

在这个公式两边同时取对数变形的话就有

$$\log_{10}2-0.3-0.001=\log_{10}(1.00006906995394\cdots)$$

根据表 2，我们知道

$\log_{10}2=0.30102\cdots$

再往下循环继续这个顺序的话，我们只要不断地计算 $\sqrt[10]{10}=10^{\frac{1}{10}}$，$\sqrt[10]{\sqrt[10]{10}}=10^{\frac{1}{100}}$，$10^{\frac{1}{1000}}$，$10^{\frac{1}{10000}}$ … 这些循环的 10 次方根，之后就只需要利用乘法和除法来计算。

由于算盘可以很简单地处理多位数的加减乘除，因此只要预先计算好这些 10 次方根，那么对数的计算就会变得比我们想象的简单。

话说回来，虽然对数是为了简化乘法、除法这些运算而发明的，但要制作对数表也需要庞大的计算量。

传统算学由于能够使用算盘，所以比起笔算乘法、除法要更简单一些。虽然当时人们应该是没有那么强烈感受到对数的必要性，但我们认为安岛直圆开辟了一条新的道路去发现另一种制作常用对数表的方法。

到 19 世纪欧洲才出现和安岛直圆同样原理而制作的对数表。

# 纳皮尔常数 e 是什么样的数?

## 会出现在银行存款利率里的不可思议的常数

纳皮尔常数 e 到底是什么样的数呢？作为自然对数的底，e 的值为 2.718281828459045… 是一个小数点后有无限多个数字并且不循环的无限小数。像 e 和表示圆周率的 π 这样，无法用含有整数分子和整数分母的分数来表示的数，被称为“无理数”。

很难简单地说清楚 e 的重要性，那我们先来看看 $y=2^x$ 和 $y=3^x$ 的曲线吧（见下图）！

两者都在 $x=0$ 时，$y=1$。也就是说，两条曲线都通过（0,1）这一点。若在此点处分别画它们的切线，可以看出 $y=2^x$ 的切线斜率约为 0.7，而 $y=3^x$ 的切线斜率约为 1.1。

在 2 和 3 之间其实存在着一个奇妙的数 e，$y=e^x$ 在（0,1）这一点的切线的斜率正好是 1。这个 e 正是 2.718281828459045…。

自然对数的底 e 是对各种自然现象的解释里不可欠缺的数，它也会意外地出现在存款的实例中。

**$y=2^x$ 的曲线及其切线**

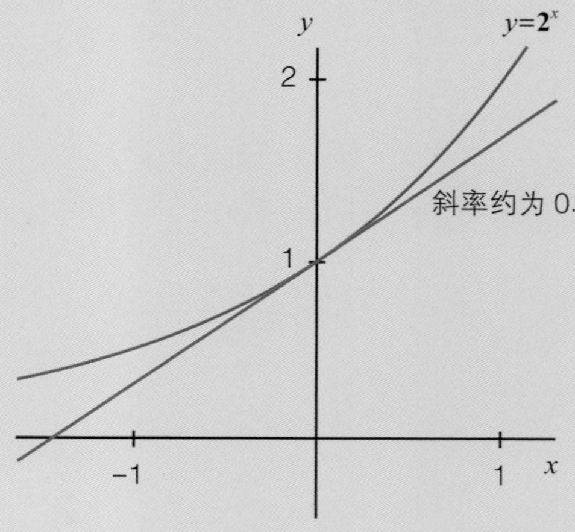


**$y=3^x$ 的曲线及其切线**

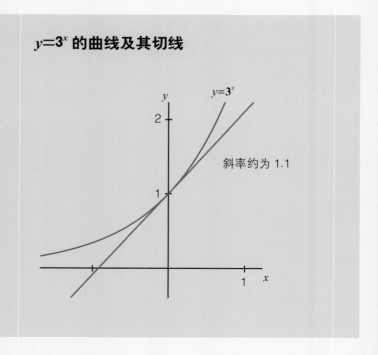

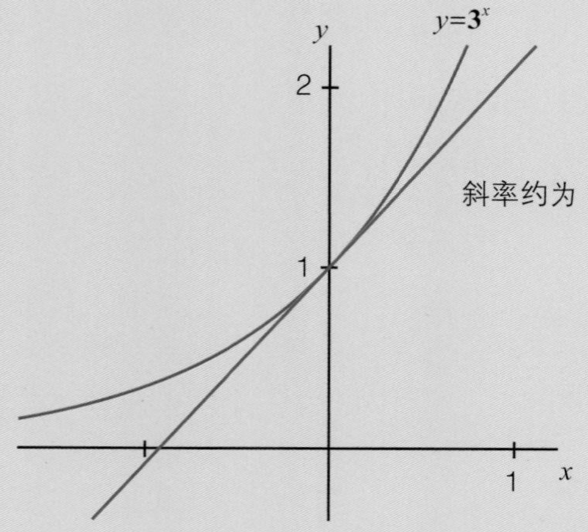

我们来看看下面这个例子。

A 银行和 B 银行的 1 年利率都设为 100%。但二者的利率计算有微妙的差别。那把钱存到哪家银行会更加得利呢？

存到 A 银行的存款在一年后的总额包含了本金和与本金相同金额的利息，即总额会达到 2 倍。

存到 B 银行的存款在半年后的总额包含了本金和本金一半的利息，即总额会达到 1.5 倍。此时做一次结算，以此时的总额作为本金重新存入，再过半年后又会得到新本金一半的利息。

由于 B 银行每隔半年就变为原本的 1.5 倍，一年后会变成 1.5×1.5=2.25 倍，所以存到 B 银行会获得更多的利润。

这时出现了一个新的竞争对手——C 银行，承诺 3 个月进行一次结算。

存到 C 银行的存款，每 3 个月（$\frac{1}{4}$ 年）后的总金额包含本金和本金 $\frac{1}{4}$ 的利息，合起来就是 1.25 倍。之后，每 3 个月结算一次，每次都涨到之前的 1.25 倍，这样一年下来重复 4 次之后就变成 2.44140625 倍，这比存到 B 银行更加划算。

这时 D 银行出现了，号称每天结算一次。每天的利率为 $\frac{1}{365}$，每过一天就变成了之前的 $\frac{366}{365}$ 倍。

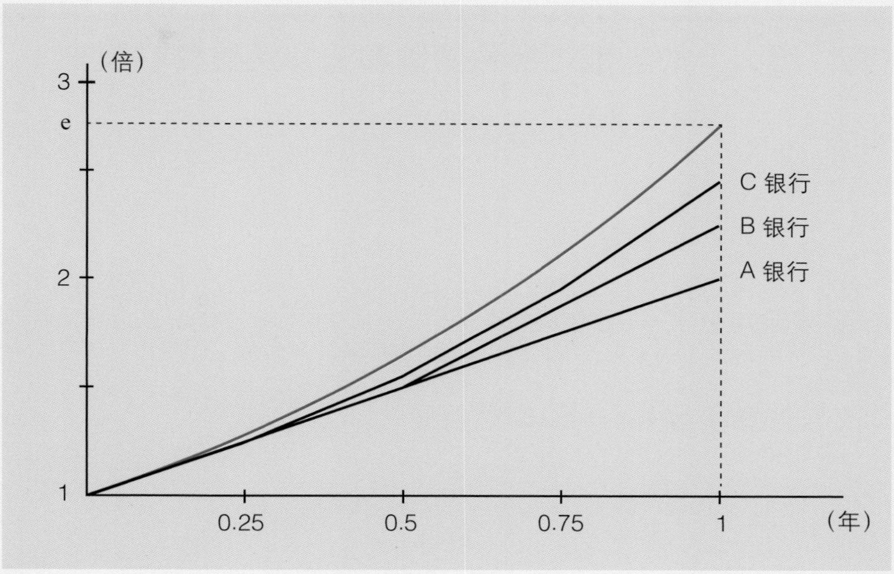


看起来好像持续一年下来会暴增，但仔细一算也就是 2.714567…倍。可以看出利息也没有增加太多。

随后 E 银行说每秒结算一次，这样计算下来一年的利息也只涨到了 2.71828 倍。这个数字看起来很眼熟？对，如果把结算区间无限细分，一年下来的增长倍数就会无限趋近于 e=2.71828… 这个数。

实际上，$y=e^x$ 的曲线表示的就是每瞬间就结算一次的情况下金额的增长趋势曲线。A 银行存款的曲线就是 $y=e^x$ 在（0,1）这一点的切线本身；B 银行的存款曲线从（0,1）点出发，前半年沿着切线上升后，斜率变为 1.25 继续上升增加利息；而 C 银行的存款曲线则是每 3 个月斜率都变化一次的曲线。如果把结算的区间不断地缩小，曲线就会越来越接近 $y=e^x$ 的曲线。

另外，e 的“自然对数”指的是把某个数置换成“e 的多少次方后会得到那个数”。要正确理解 e 这个数的重要性，需要知道函数和微分、积分等知识。本书虽然未详细解说，但再次强调，当用数学手段去分析在自然现象、实验结果和经济活动中看到的“变化”时，e 这个数会起到非常重要的作用。

# 为什么欧拉公式很重要？

## 有“魔力”的虚数把指数函数和三角函数关联起来

### 展望欧拉公式

三角函数 $\sin x$、$\cos x$ 的值是周期性增减（振动）的（1）。指数函数 $e^x$ 的值是鼠算式（注：鼠算是日本传统算术（和算）的一个专用词，表示等比数列增长之意）增长的（2）。虚数的指数函数 $e^{ix}$ 的值是复数，在复数平面上旋转。实部的变动与 $\cos x$ 一致，虚部的变动与 $i\sin x$ 一致（3）。“使用欧拉公式”与把三角函数的周期振动放到“复数平面上旋转”是一回事。

#### 1. 三角函数 $\sin x$、$\cos x$ 的曲线

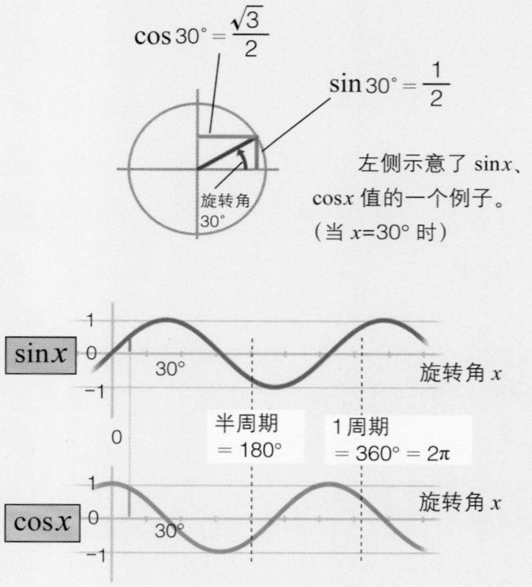


#### 2. 指数函数 $e^x$ 的曲线

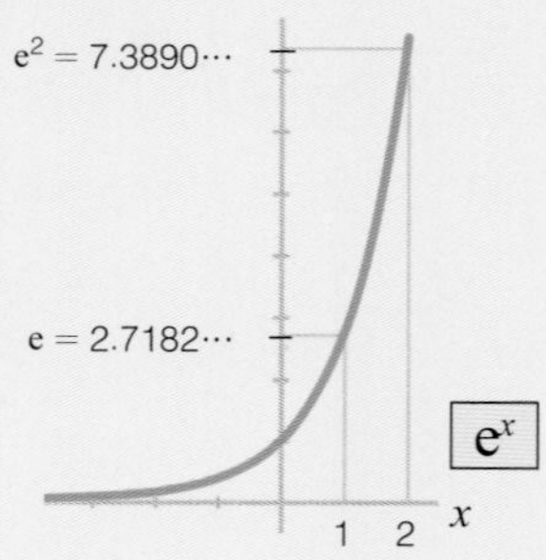


#### 3. 虚数的指数函数 $e^{ix}$ 的曲线

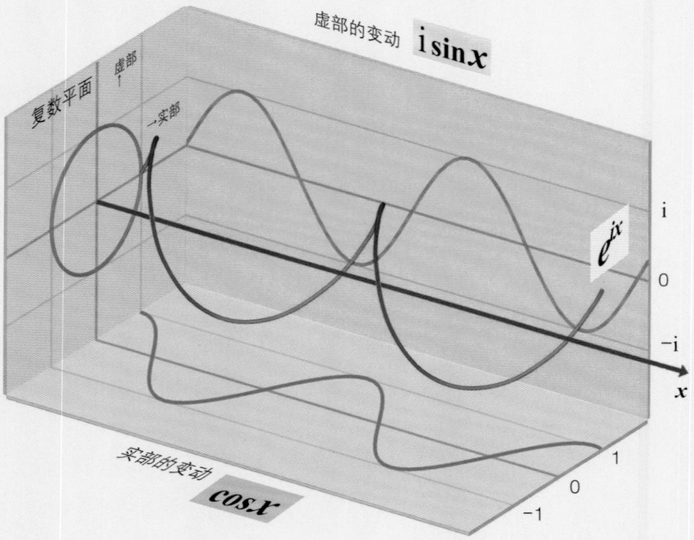

指数函数和三角函数都是非常重要的“数学工具”。从代数演变而来的“不停反复累乘”的指数函数与从几何由来的“三角形的边长的比”的三角函数之间，好像看不出有什么直接联系。

不可思议的是，在含有虚数和实数的“复数”世界里，这个情况就发生了变化。前文介绍的“欧拉公式”，则通过含有虚数 i 的“$e^{ix}=\cos x+i\sin x$”等式就把指数函数（$e^x$）和三角函数（$\sin x$，$\cos x$）关联起来了。

欧拉用他天才般的计算能力把虚数含有的重要性质解明于世。在他长期研究后，发现了被称为“世界上最美的公式”，即“欧拉恒等式”：$e^{i\pi}+1=0$。

最基本的自然数“1”、印度发明的“0”、圆周率“π=3.14…”，自然对数的底“e=2.71…”这四个重要的数通过“虚数单位 i”为媒介，就能用一个简洁的数学公式关联起来。

这个神秘的数学公式是由欧拉发现的重要公式“$e^{ix}=\cos x+i\sin x$”导出来的。诺贝尔物理学奖获得者理查德·费曼（1918～1988）曾称欧拉公式为“人类的至宝”。

年轻的欧拉对“无穷级数”的研究非常具有热情，这也是他能够导出成为之后科学家“必备品”的“欧拉公式”的出发点。

## 展望欧拉恒等式 $e^{i\pi}+1=0$

$$e^{i\pi}=1+\underset{①}{\frac{i\pi}{1!}}-\underset{②}{\frac{\pi^2}{2!}}-\underset{③}{\frac{i\pi^3}{3!}}+\underset{④}{\frac{\pi^4}{4!}}+\underset{⑤}{\frac{i\pi^5}{5!}}+\cdots=-1$$

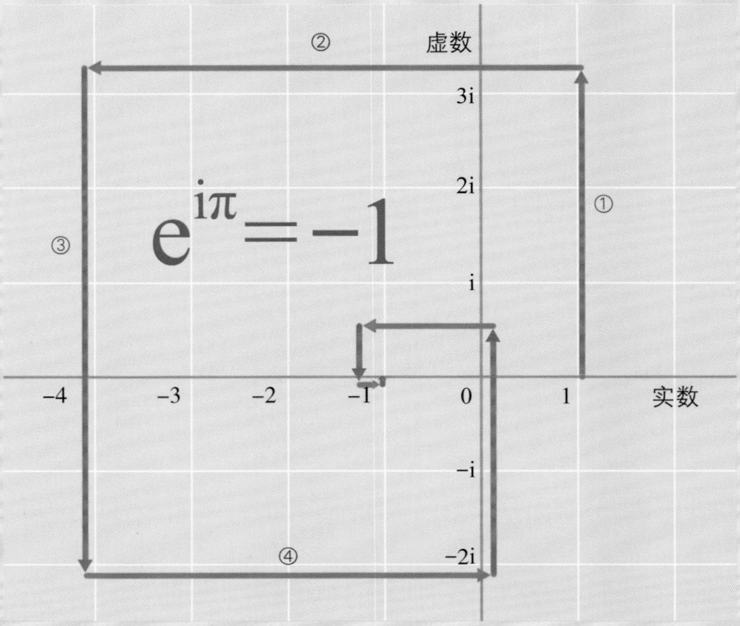


用无穷级数来表示 $e^{i\pi}$ 的话，就变为上面的式子。这个式子从实数 1 出发，之后就是“虚数的加减法”和“实数的加减法”规律交互反复出现，最终其值无限趋近于 -1。右图把式子的含义画出来，表示式子的值随着每一次加减不停地翻转，最终趋近于 -1。

所谓无穷级数，就是指把像“1，2，3，4，5…”或“12，22，32，42，52…”这样存在某种规则的无限继续出现的数列全部加起来的结果。例如，欧拉发现下面这个无穷级数则可以用π（圆周率）来表示。

$$1+\frac{1}{4}+\frac{1}{9}+\frac{1}{16}+\cdots+\frac{1}{n^2}+\cdots=\frac{\pi^2}{6}$$

接着欧拉还发现，指数函数（$e^x$）、三角函数（sin$x$、cos$x$）等也可以用如下的无穷级数的形式表示出来。

指数函数　$e^x=1+\frac{x}{1!}+\frac{x^2}{2!}+\frac{x^3}{3!}+\frac{x^4}{4!}+\cdots$

三角函数　$\sin x=\frac{x}{1!}-\frac{i\pi^3}{3!}+\frac{i\pi^5}{5!}-\frac{i\pi^7}{7!}\cdots$

三角函数　$\cos x=1-\frac{x^2}{2!}+\frac{x^4}{4!}-\frac{x^6}{6!}+\frac{x^8}{8!}\cdots$

这些式子里出现的“$n!$”称为“$n$ 的阶乘”，意思是从 1 到 $n$ 的所有自然数全部连乘起来的结果，例如 5!=5×4×3×2×1=120。

如果只是单纯比较这些函数仍看不出它们之间的关联，但欧拉使用了仿佛带有魔力的方法把这些函数简洁明了地关联到一起。由于他使用的方法比较复杂，在这里，我们具体解析一番。

把指数函数 $e^x$ 的 $x$“乘以虚数倍”，也就是说用 i$x$ 代入 $x$ 的位置。这就意味着把 e 进行“虚数次累乘”。把某个数进行虚数次累乘到底又是怎么一回事呢？

$$\begin{aligned}e^{ix}&=1+\frac{ix}{1!}+\frac{(ix)^2}{2!}+\frac{(ix)^3}{3!}+\frac{(ix)^4}{4!}+\frac{(ix)^5}{5!}+\cdots\\&=1+\frac{ix}{1!}-\frac{x^2}{2!}-\frac{ix^3}{3!}+\frac{ix^4}{4!}+\frac{ix^5}{5!}+\cdots\\&=\left(1-\frac{x^2}{2!}+\frac{ix^4}{4!}+\cdots\right)\\&\quad+i\left(\frac{x}{1!}-\frac{ix^3}{3!}+\frac{ix^5}{5!}+\cdots\right)\end{aligned}$$

可以看到这里的实部（蓝字）与 cos$x$ 相等，虚部（红字）则与 sin$x$ 相等。像这样就有了后面这个公式。

欧拉公式　$e^{ix}=\cos x+i\sin x$

这个公式把含有虚数的指数函数 $e^{ix}$ 换成了用三角函数 cos$x$ 和 sin$x$ 来表示。在实数世界里没有关联的指数函数和三角函数在含有虚数的复数世界里被紧密地联系到一起。

另外，在这个公式里令 $x=\pi$ 的话，就有

$$e^{i\pi}=\cos\pi+i\sin\pi=\cos 180°+i\sin 180°=-1$$

把 $e^{i\pi}=-1$ 两边同时加上 1，即变成 $e^{i\pi}+1=0$ 的形式。

欧拉公式对于现代科学家已经是不可缺少的“数学工具”。为了让大家感受到它带来的便利，我们来看看下面的例题。

**例题：求复数的 $\sqrt{3}+i$ 5 次方。**

如果用普通的方法求解，就是去计算 $(\sqrt{3}+i)\times(\sqrt{3}+i)\times(\sqrt{3}+i)\times(\sqrt{3}+i)\times(\sqrt{3}+i)$ 这个公式，看起来非常麻烦。

在我们搬出欧拉公式之前，如果先把 $\sqrt{3}+i$ 用“极坐标形式”表示的话就会一目了然。所谓极坐标形式，就是用 $r$（连接复数平面上某点和原点的直线长度）和 $\theta$（连线与实数轴之间逆时针方向的夹角）把复数表示成 $r(\cos\theta+i\sin\theta)$ 的形式。其中 $r$ 称为复数的“模”，$\theta$ 为复数的“辐角”。

参见 86 页的图我们知道，$\cos30°=\frac{\sqrt{3}}{2}$，$\sin30°=\frac{1}{2}$。利用这些值，我们就可以把复数 $\sqrt{3}+i$ 表示成如下的极坐标形式。

$$\sqrt{3}+i=2\left(\frac{\sqrt{3}}{2}+i\times\frac{1}{2}\right)=2(\cos 30°+i\sin 30°)$$

这里的 $(\cos30°+i\sin30°)$ 和欧拉公式的右边是一样的形状。所以使用欧拉公式的话，就能把这个复数写成指数的形式 $r(e^{i\theta})$，即

$$\sqrt{3}+i=2(\cos 30°+i\sin 30°)=2\times e^{i\times\frac{\pi}{2}}$$

费力气把它写成指数的形式是有理由的。因为这是可以把复杂的多次累乘用指数的加法来简单计算的方式。例如，这个复数的 5 次方就变成下面这样的运算。

$$(\sqrt{3}+\mathrm{i})^5=(2\times e^{\mathrm{i}\times\frac{\pi}{6}})^5=2^5\times(e^{\mathrm{i}\times\frac{\pi}{6}})^5$$

$$=2^5\times e^{(\mathrm{i}\times\frac{\pi}{6}+\mathrm{i}\times\frac{\pi}{6}+\mathrm{i}\times\frac{\pi}{6}+\mathrm{i}\times\frac{\pi}{6}+\mathrm{i}\times\frac{\pi}{6})}$$

$$=32\times e^{\mathrm{i}\times\frac{5\pi}{6}}$$

我们再一次运用欧拉公式的话，就可以把 $e^{\mathrm{i}\times\frac{5\pi}{6}}$ 变成普通的复数表现形式。

$$e^{\mathrm{i}\times\frac{5\pi}{6}}=\cos150^\circ+\mathrm{i}\sin150^\circ=-\frac{\sqrt{3}}{2}+\frac{1}{2}\mathrm{i}$$

再把它乘以 32，就得出了例题所求的答案，即 $-16\sqrt{3}+16\mathrm{i}$。像这样利用欧拉公式，就能把很复杂的复数计算变成非常简便的方式了。

## 虚数是现代科学家的必需品

对于 sin 和 cos 等三角函数，从 86 页的曲线图可以想象得到，它们对了解研究“波”和“振动”的性质是不可或缺的。在自然界里到处都有波和振动现象，我们感受到的光和声音也都是波，从发电厂输送到家里的交流电、打电话时用到的电波，以及构成人类本身的电子等基本粒子也都拥有波和振动的性质。可以说，波和振动支配了整个自然界也不为过。

科学家和技术人员在研究波和振动现象时需要频繁地使用三角函数进行计算。现在大家可以很自然地运用欧拉公式通过虚数来轻松得到答案。

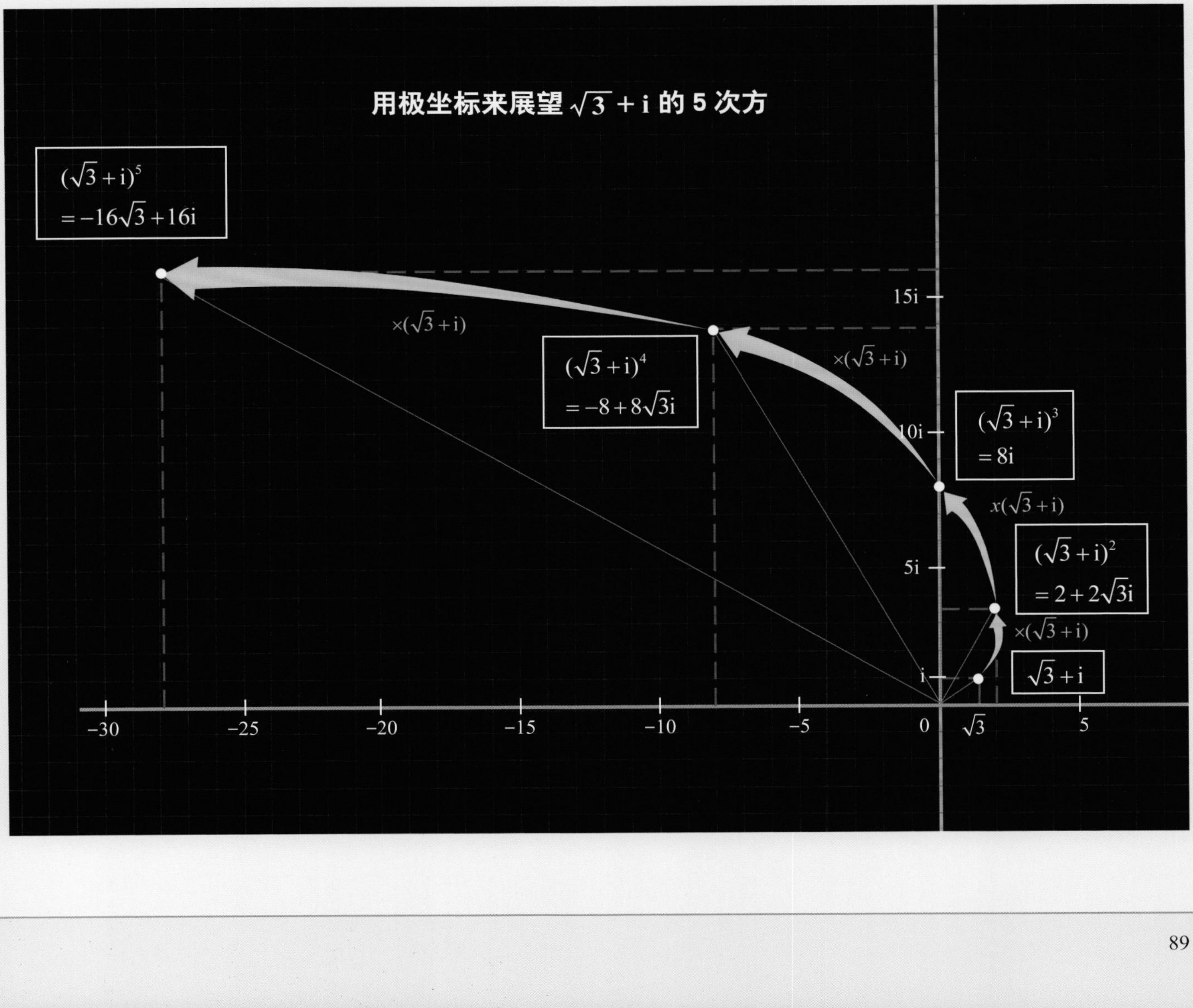

2

# 向量

## 风·速度·力·光
## ——通过实例详细理解

在数学和物理学中，向量这个词被用来表示“同时具有大小和方向的量”。由于很多现象中都存在向量，所以它对科学的贡献非常之大。在第 2 章里，我们通过风、物体运动的速度、力、电流等自然界中出现的实例，来说明什么是向量，以及向量是如何对科学做出贡献的。

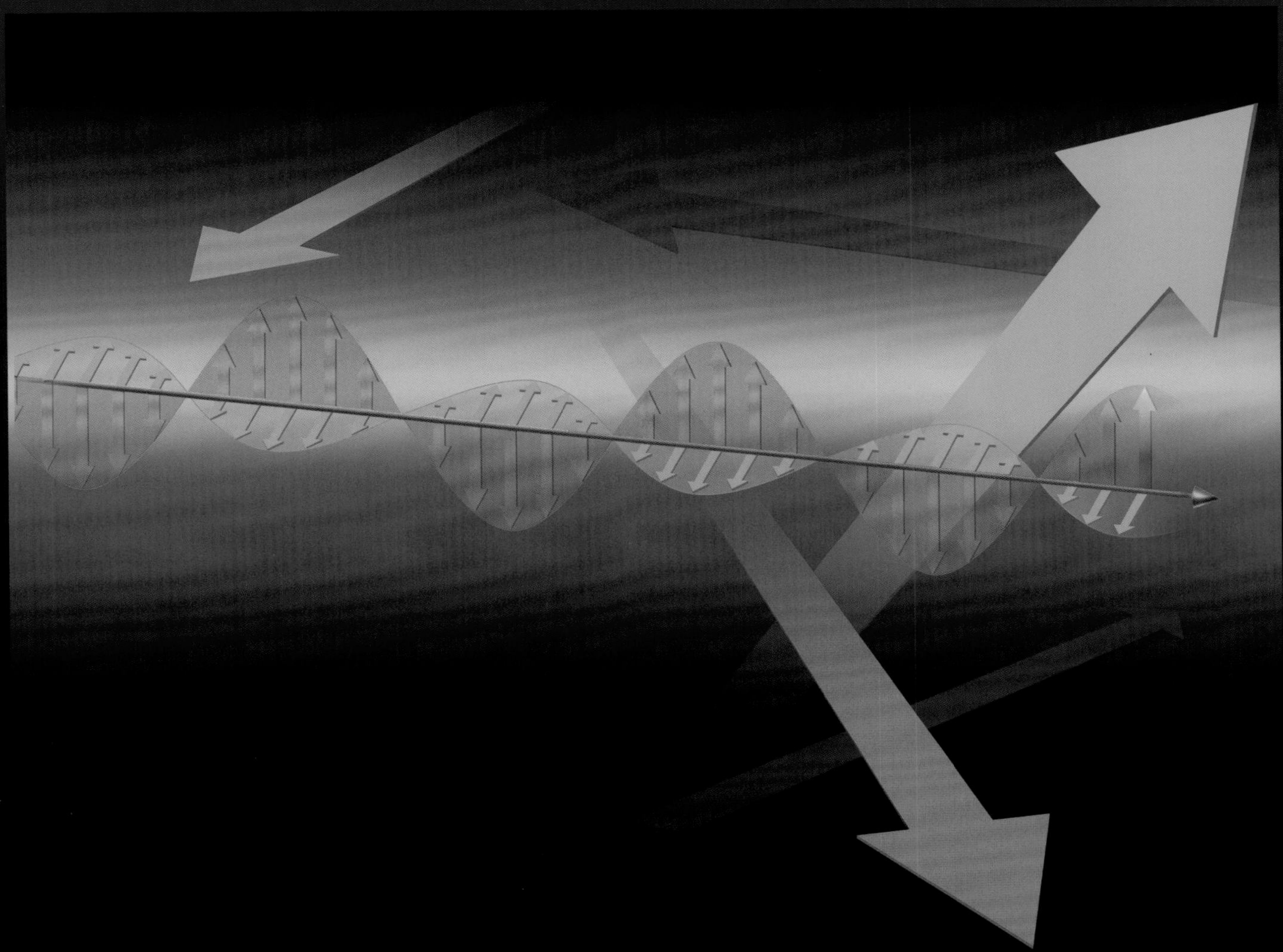

# 向量的基础

向量指的是“同时具有大小和方向的量”，也可以把它看成是“用箭头来表示的量”。如果用向量来表示的话，如河里行进的船的速度、受到各种力的影响下的物体的运动等，就可以通过简单的操作而更好地理解。在本部分内容里，我们以物体的运动为例来介绍向量的基本使用方法。

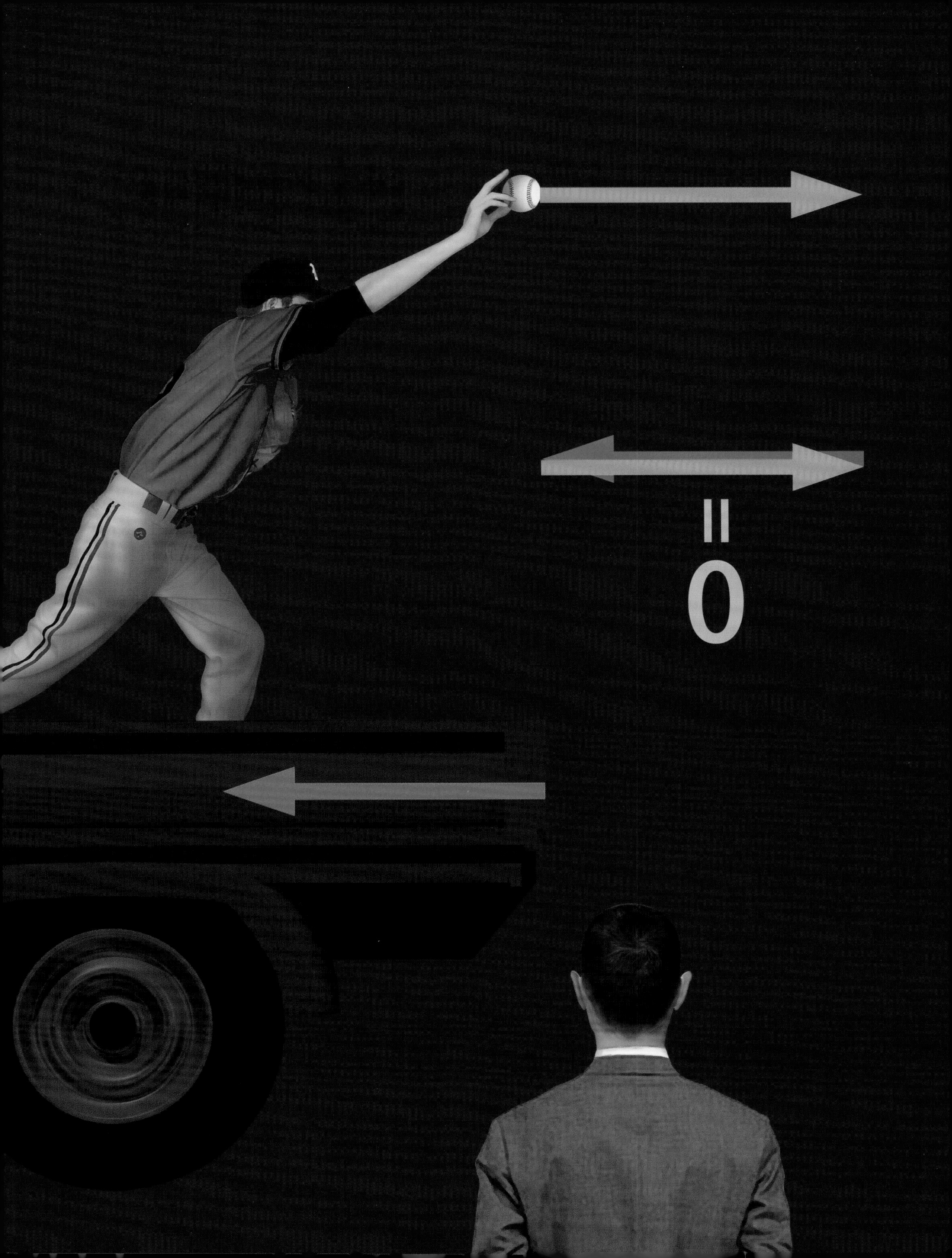

= 0

# “向量” 是什么？“标量” 是什么？

在日常生活中有很多可以用数值来表示的量。温度、气压、体重（质量）、身高（长度）等，只要用一个数的大小来表示它们即可。

比如，温度是 25℃、标准大气压是 1013 百帕、体重是 65 千克、身高是 170 厘米……像这样，**只需要用一个数的大小就能表示的量被称为“标量”。**

那么，风又如何呢？谈到风的时候，我们不仅会说“风速为 5 米 / 秒”这样的大小，同时还会说“朝东吹（西风）”这样的方向。也就是说，仅用一个数的大小是不能完全表示风的，它还拥有方向。像这样拥有“大小和方向”的量被称为“向量”。

**向量可以用箭头表示，如对于风来说，可以用箭头的长度（注意不是粗细）来表示风速，而用箭头的朝向来表示风前进的方向。**

### 标量的例子

图中描绘了日常生活中常出现的标量的例子（方框里的文字）。可以说，标量是只需要用一个数值就能表示的量。

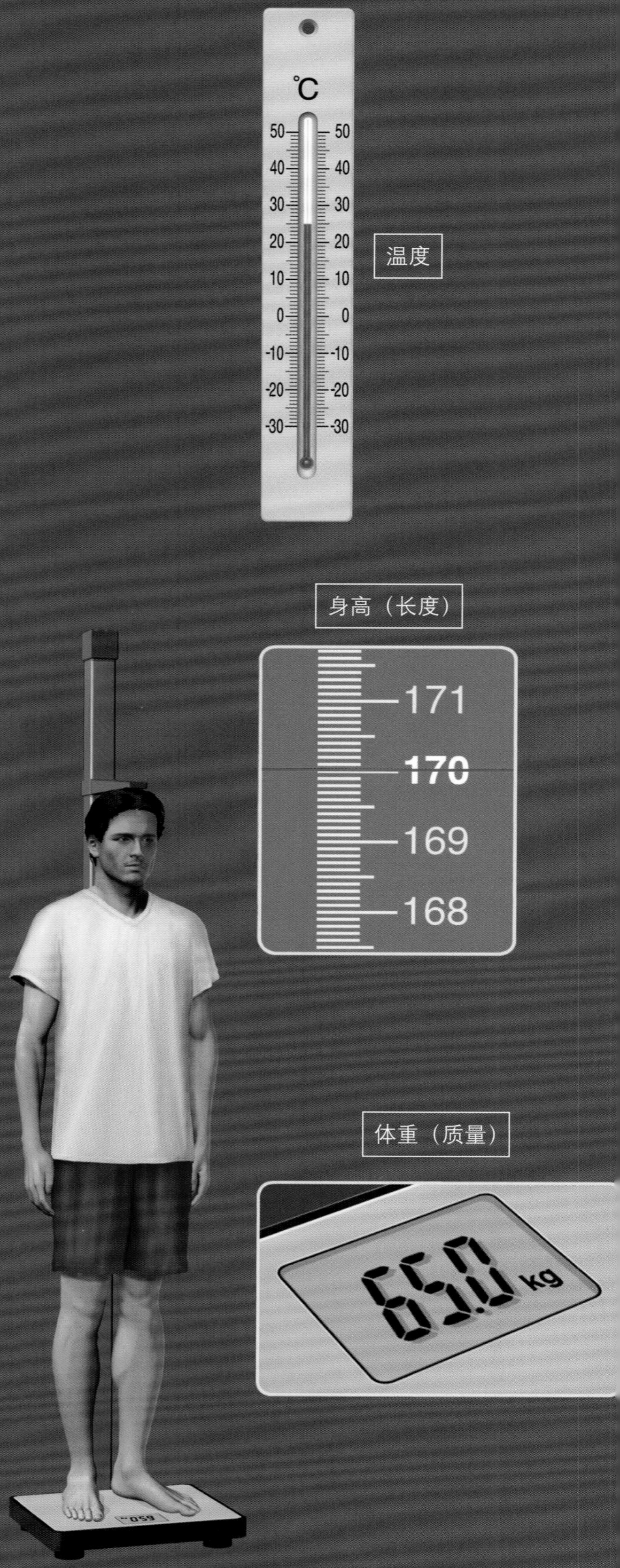

## 向量的例子

日常生活中常见的例子就是风。可以说，向量是同时拥有大小和方向的量。风的大小用箭头的长度表示，其方向用箭头的方向来表示。

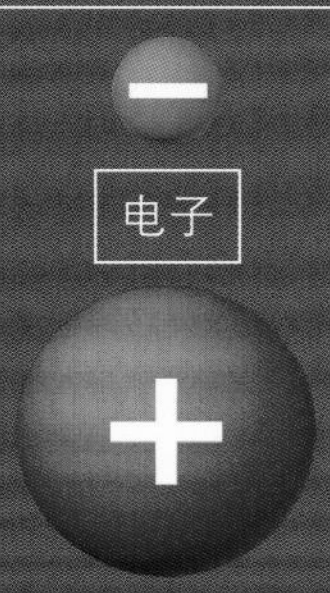


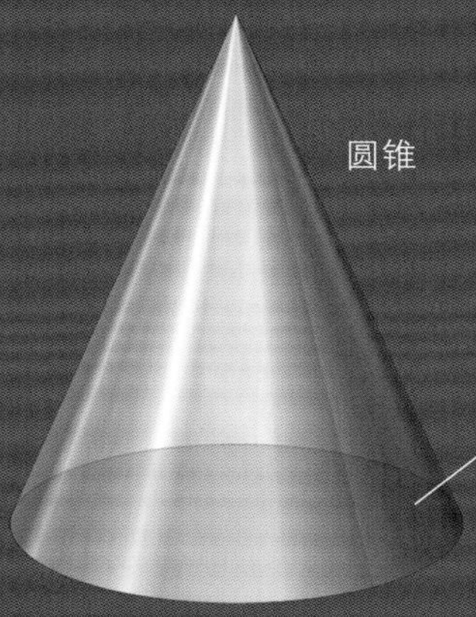

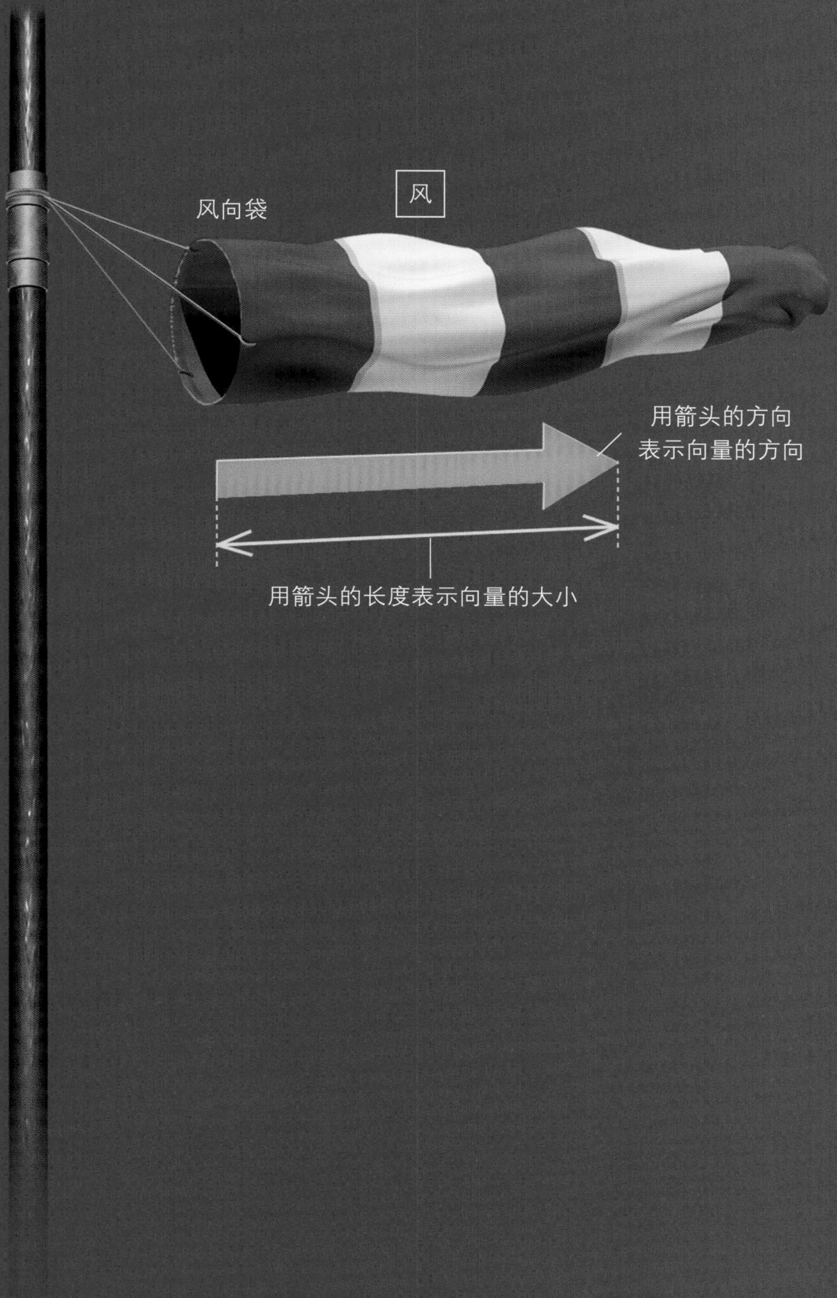

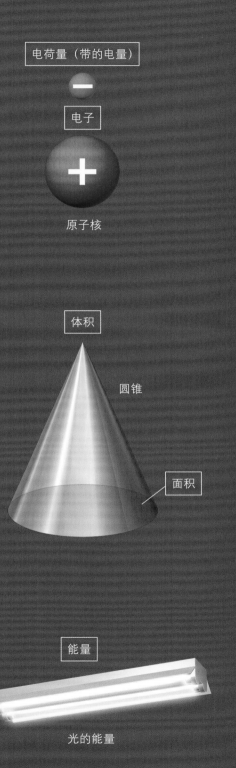

# 理解物体的运动向量是不可或缺的

日常生活中还有很多可以用向量来表示的量的例子。例如，物体的速度、重力和摩擦力等影响物体的“力”等也都拥有大小和方向。从投出的球的运动到地球的公转运动，理解世间万物的运动向量的思想都是不可或缺的。

另外，要理解电动机的原理、电和磁等，向量也是不可或缺的。再进一步说，光的本质也与向量有着密切的关系。

## 向量的例子

下面描绘了日常生活中常出现的向量的例子（方框里的文字）。可以说，向量是同时拥有大小和方向的量，其大小用箭头的长度表示，方向用箭头的方向来表示。

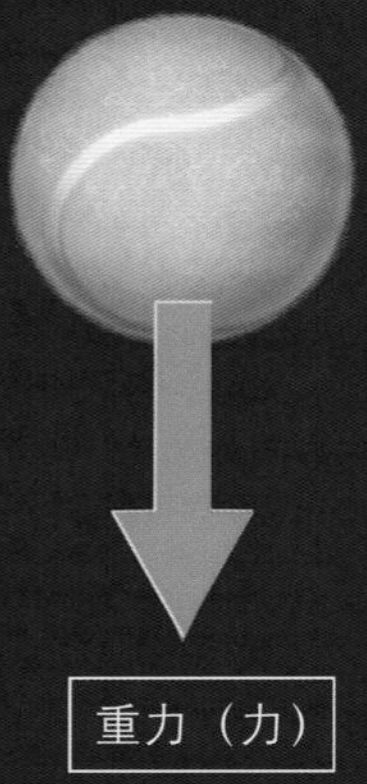

注：物理学中在只指速度的大小（标量）时常用“速率”一词，在包含方向的情况下（指向量的情况）常用“速度”来区分。

# 船在水中如何行进？

我们以小船渡河为例来介绍向量的“用法”（**1-a**）。

在下图中，船相对于水以每秒 1 米的速度向上行驶，河水以每秒 1 米的速度向右流动。从现在开始，向量这个词就会频繁出现啦！**通常，在字母顶上加一个小箭头（→）来表示向量**※。在这里，我们用$\vec{a}$（向量 $a$）表示船速，用$\vec{b}$（向量 $b$）表示水的流速。

那么，站在岸上的人看到船是如何行进的呢？在船前进了$\vec{a}$的箭头长度这一段时间内，河水也向右流动了$\vec{b}$的箭头长度那么远。也就是说，**船行驶到$\vec{a}$的箭头与$\vec{b}$的箭头“接长的地方”（1-b）。这就是向量**

## 向量的加法

以船在河中的行驶速度为例，图示向量加法的计算方法。

### 1-a. 小船渡河

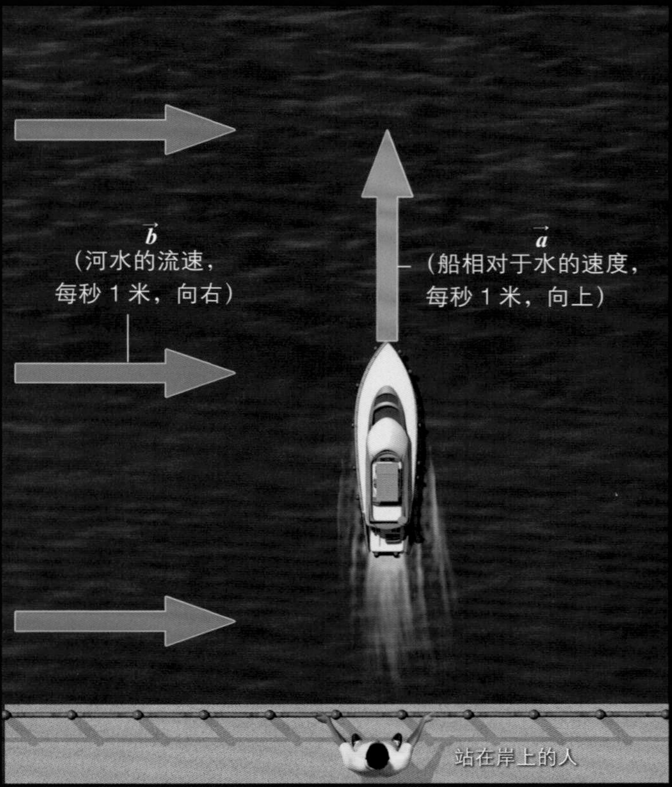


### 1-b. 速度的向量加法

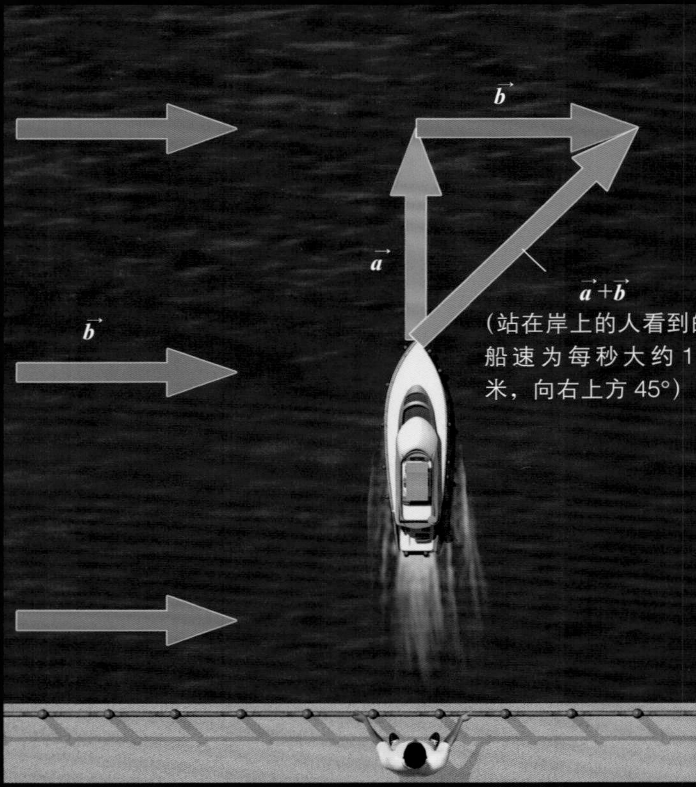

的加法，表示为 $\vec{a}+\vec{b}$。

## 向量加法并非“1+1=2”

在这里，船相对于水的速度 $\vec{a}$ 与水的流速 $\vec{b}$ 相同，都是每秒 1 米。但是，$\vec{a}+\vec{b}$ 并不等于每秒 2 米 (1+1)。根据勾股定理（毕达哥拉斯定理），这时，船的速度大约为每秒 1.4 米（每秒 $\sqrt{2}$，**1-c**）。也就是说，在通常情况下，$\vec{a}+\vec{b}$ 的长度并不等于“$\vec{a}$ 的长度 +$\vec{b}$ 的长度”（后文将介绍特例）。

※ 向量也有多种记法，有时不在字母上边加箭头，而是用黑体表示。

**1-c. 进行加法计算后，速度的向量长度是多少？**

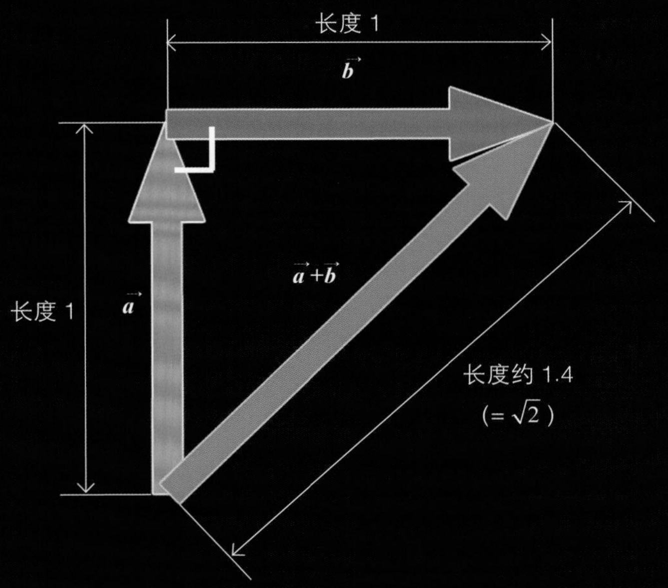


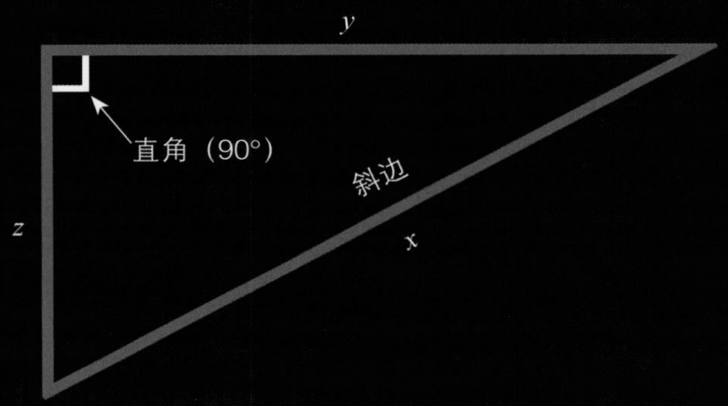


**勾股定理：**

在直角三角形中，斜边（与直角相对的边）的平方等于两直角边的平方和，公式为

$$x^2=y^2+z^2$$

# 在特殊情况下，向量可直接相加

在前页的例子中，船相对于水的速度 $\vec{a}$ 与水的流速 $\vec{b}$ 垂直（$\vec{a}$ 与 $\vec{b}$ 的方向相差 90°），长度（速率）相同，是一个特例。但是，向量加法在任何时候都遵从“箭头接长”的原则。当船向右上方斜向行驶时（**2**），当船向左上方逆向行驶时（**3**），以及行进方向与河水流动方向相同时（**4**），都可以按照同样的方法计算。

如 **4** 所示，**当 $\vec{a}$ 与 $\vec{b}$ 的方向相同时，$\vec{a}+\vec{b}$ 的长度等于“$\vec{a}$ 的长度 +$\vec{b}$ 的长度”。**

**2. 船向右上方行驶时**

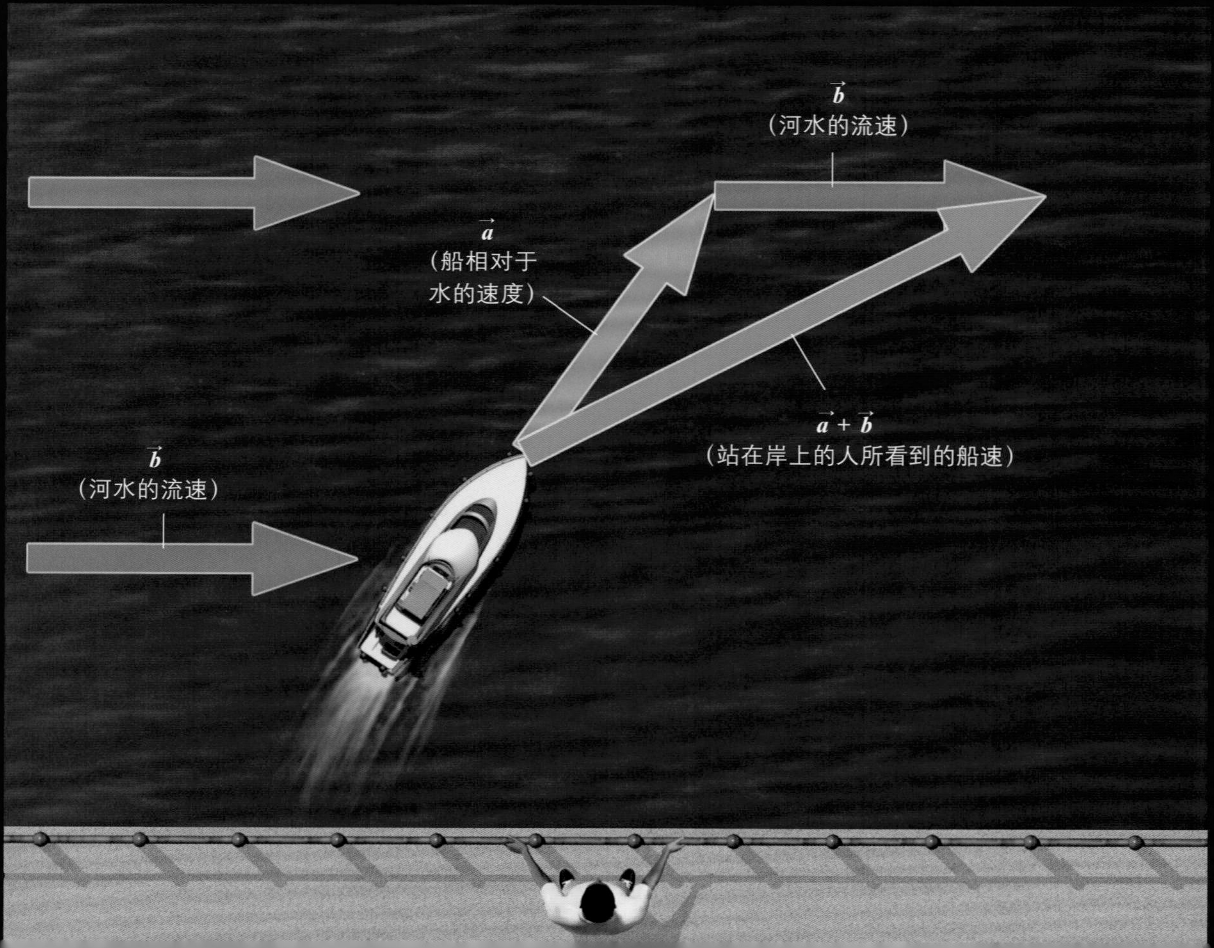

## 3. 船向左上方行驶时

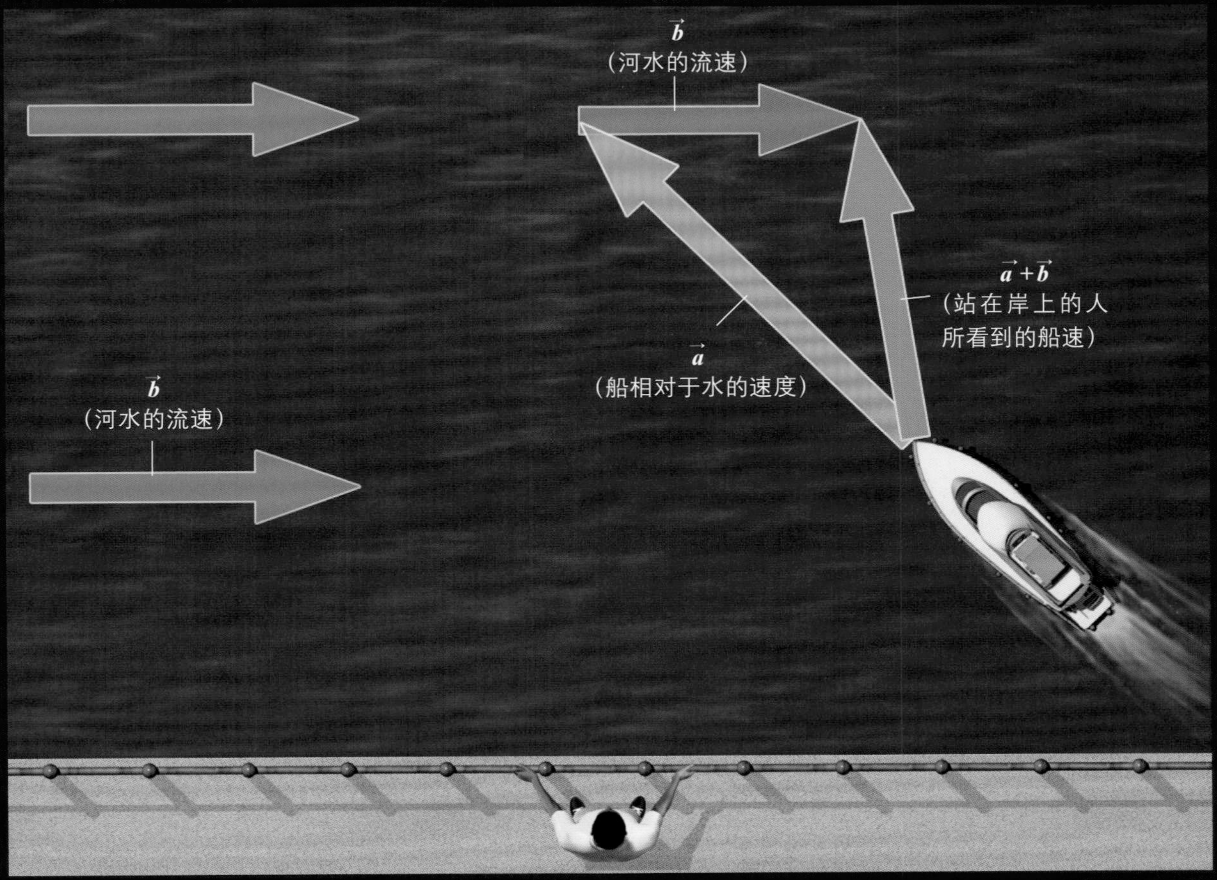


## 4. 船向右行驶时

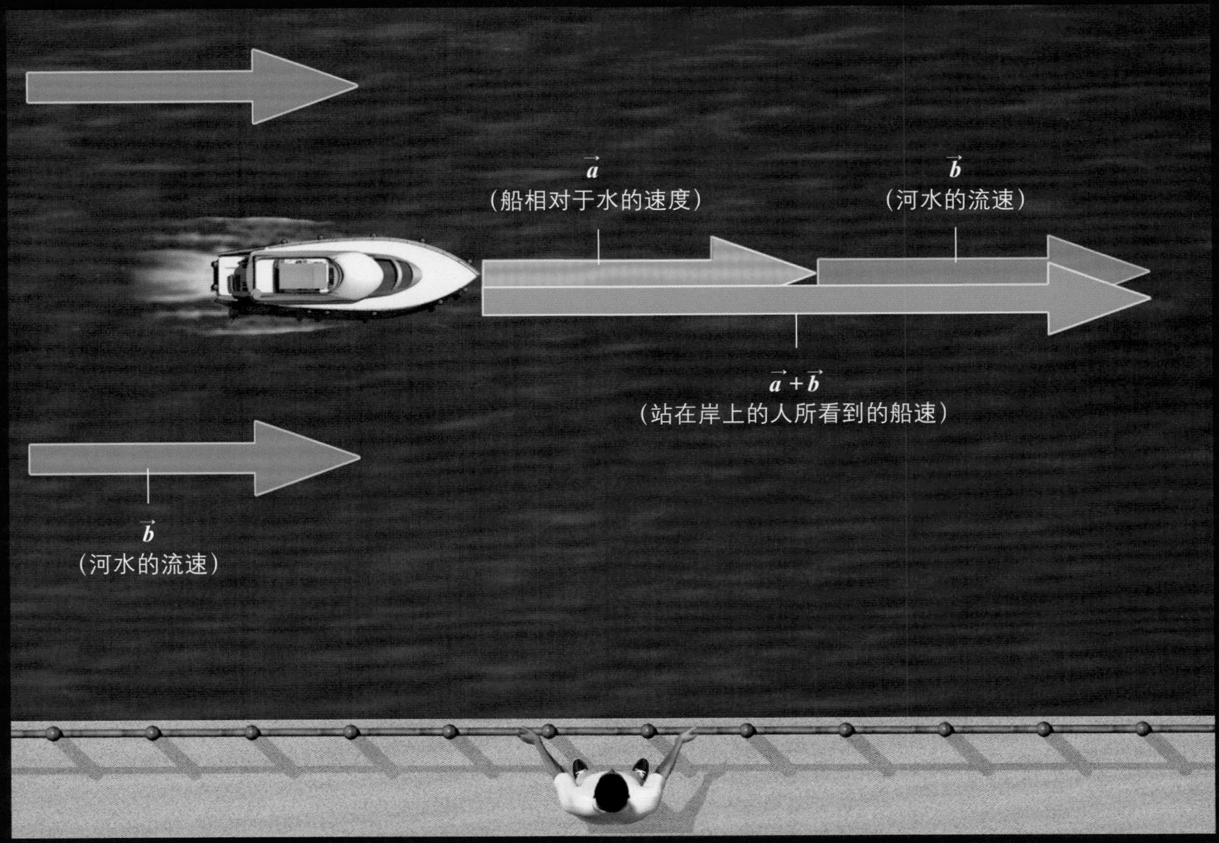

# 当不同方向的两个力作用于同一物体时，物体如何移动？

我们以“力”为例来介绍向量的加法。

用 2 根绳子绑住地面上的物体，朝不同的方向用力拉动，**1-a** 为从正上方向下看的情形。一个人向上拉，另一个人向右拉，他们用力（$\vec{a}$、$\vec{b}$）的大小相等，如都相当于 1 千克质量的重力。结果，物体向右上方 45° 移动（**1-b**）。**这意味着 $\vec{a}$、$\vec{b}$ 两个力共同作用的效果与一个力向右上方 45° 作用的效果相同。**

一个力，**如果它作用在物体上的效果与几个力同**

## 力与向量加法

用 2 根绳子从不同方向拉动地面上的重物，以它们的合力为例来介绍向量加法的计算方法。图片为从正上方向下看的情形。

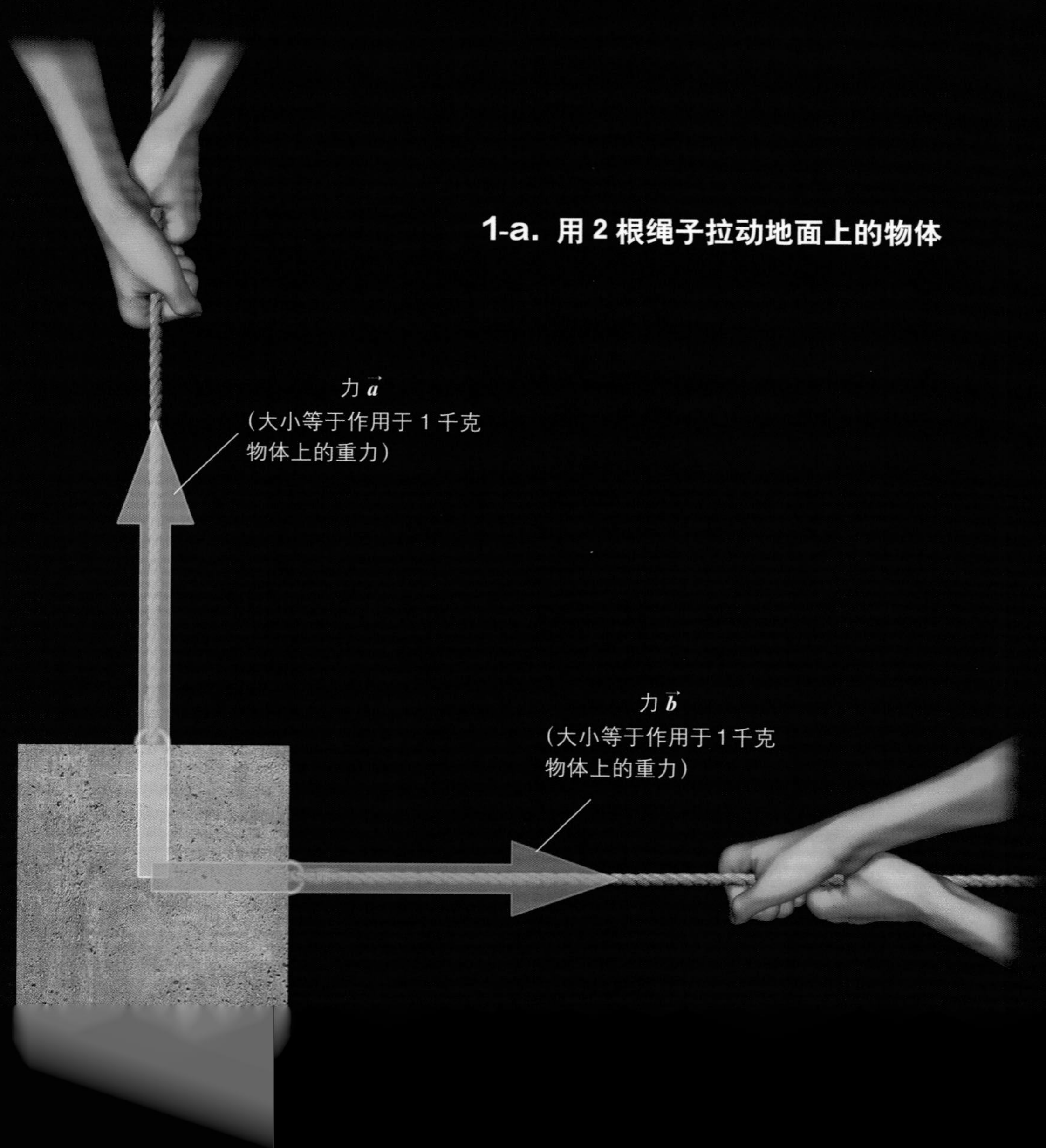


**1-a. 用 2 根绳子拉动地面上的物体**

**时作用在物体上的效果相同，那么，这个力叫作那几个力的合力。$\vec{a}$ 与 $\vec{b}$ 的合力为 $\vec{a}$、$\vec{b}$ 两个力之和，也就是说等于“$\vec{a}+\vec{b}$”。**

## 和是“平行四边形的对角线”

前文介绍了小船渡河的例子，我们可以把 $\vec{a}+\vec{b}$ 看作“把 $\vec{b}$ 平行移动到 $\vec{a}$ 的前端，把箭头接长的结果”。如果把 $\vec{a}$ 和 $\vec{b}$ 分别当作平行四边形（这里为特殊的平行四边形，即正方形）的两个边，那么，$\vec{a}+\vec{b}$ 就相当于平行四边形的对角线（**1-b**）。

**1-b. 合力的计算方法**

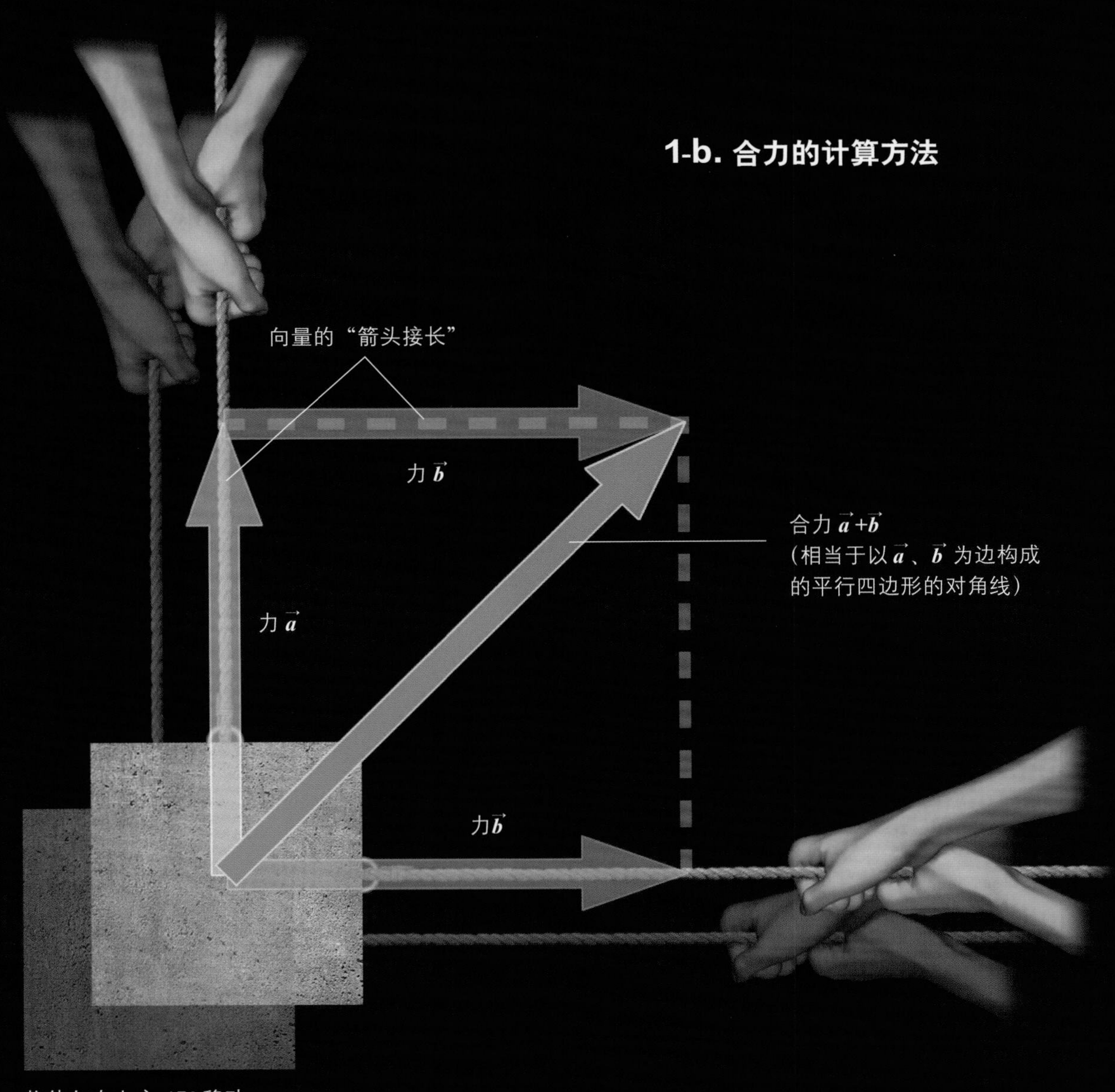

# 角度不同的两个力的加法如何计算？

不管按照平行四边形法则，还是用向量接长的方式来计算向量加法，两者的结果是相同的，因此，我们可以随心所欲地使用这两种方法。图 **2** 中，$\vec{a}$ 与 $\vec{b}$ 的长度相同，它们的夹角为锐角（小于 90°）。图 **3** 中，$\vec{a}$ 与 $\vec{b}$ 的长度不同，夹角为钝角（大于 90°，小于 180°）。就像图 **1** 那样，把 $\vec{a}$ 和 $\vec{b}$ 当作平行四边形（图 **2** 为菱形）的两个边，其对角线就是合力 $\vec{a}+\vec{b}$。

**2. 夹角小于 90° 的两个力的合力**

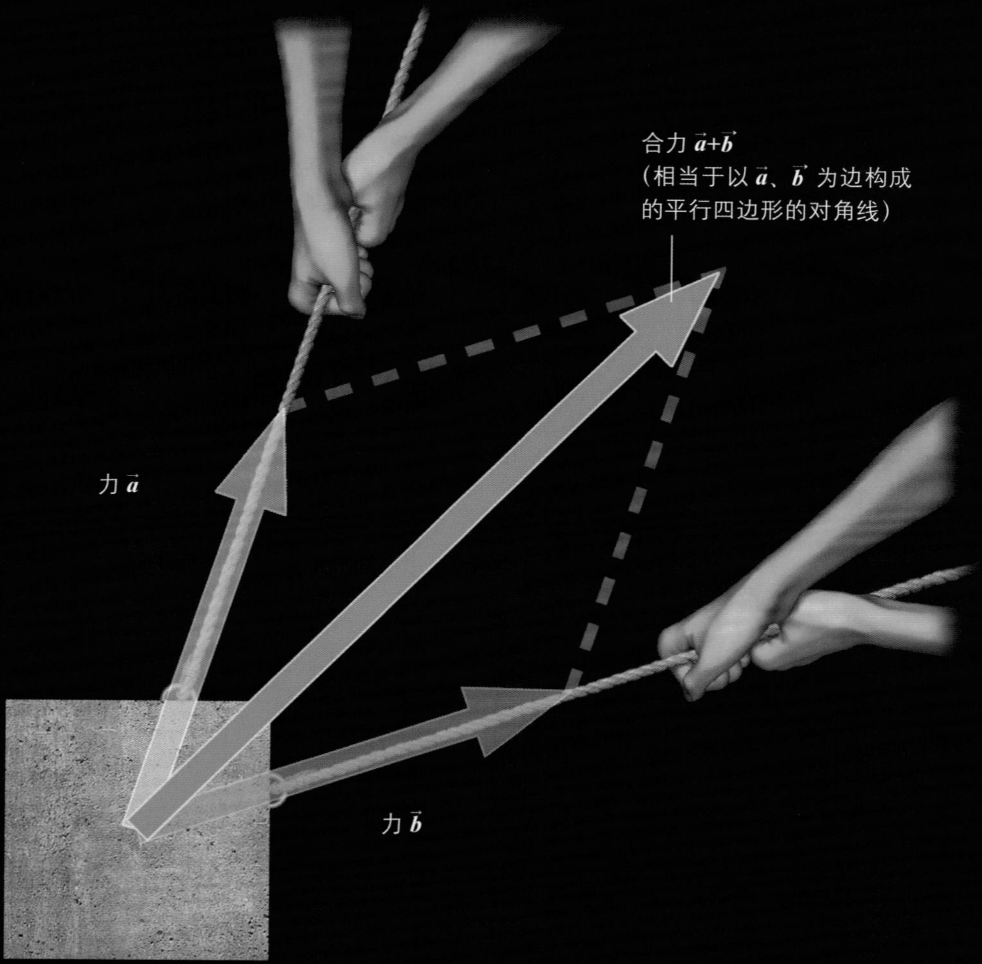

**3. 夹角大于 90° 且大小不同的两个力的合力**

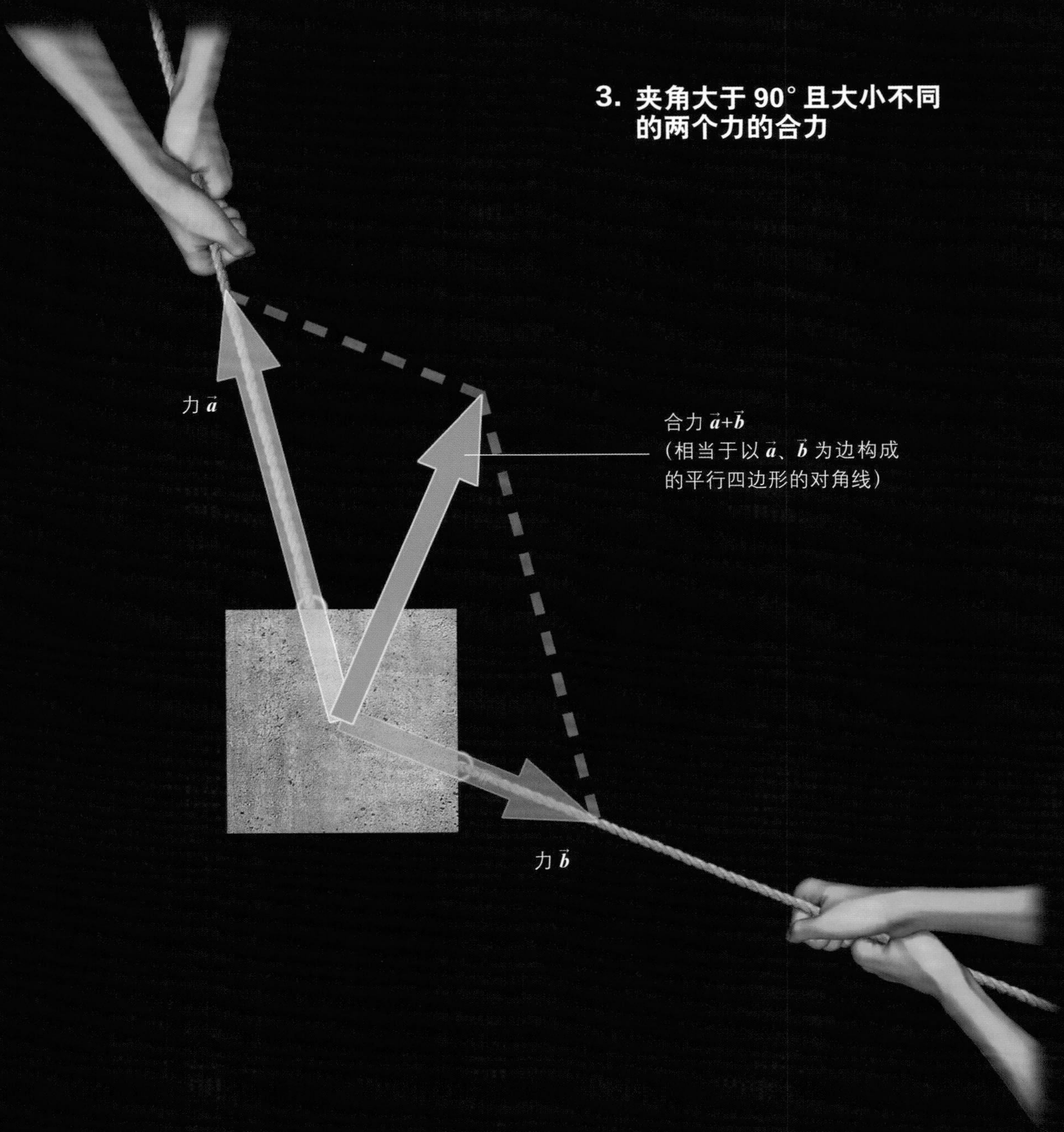

# 停在坡上的汽车其实受到三个力的作用，汽车之所以能停着不动是因为这三个力恰好平衡

一辆小汽车刹着闸静静地停在坡上（**1-a**）。也许有人会说，这辆汽车停着不动，所以它没有受到任何力的作用。**其实，“停着不动”并不意味着“没有受力”。**

实际上，这辆汽车受到了三个力的作用，分别是重力（$\vec{a}$）、地面与轮胎之间的摩擦力（$\vec{b}$），以及来自地面的垂直向上的支撑力（$\vec{c}$）。

地面的支撑力（也称为支持力）常常被我们忽略。众所周知，地球上的一切物体都受到地球重力的作用，人类也不例外。当我们坐在地板上或椅子上

## 停止不动的汽车受到哪些力的作用？

停止不动的汽车受到重力、摩擦力和支撑力这三个力的作用（**1-a**）。三个力的向量之和为零（平衡），所以汽车才能停止不动（**1-b**）。此外，重力可分解为与坡面平行的分量及与坡面垂直的分量，前者与摩擦力平衡，后者与支撑力平衡（**1-c**）。

如果坡面特别陡的话，与坡面平行的重力分量就会超过摩擦力，汽车则无法保持静止，就会移动（**2**）。

### 1-a. 停止不动的汽车受到三个力的作用

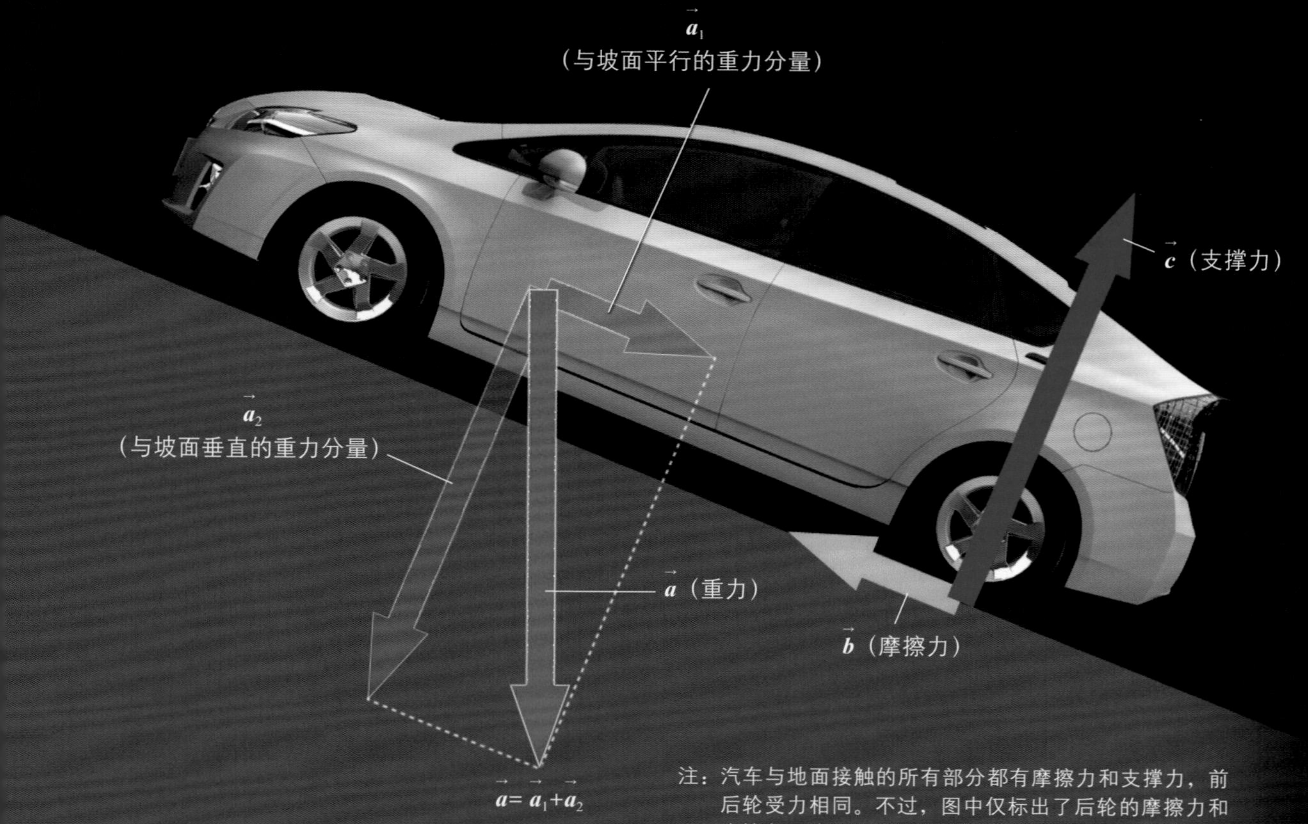


注：汽车与地面接触的所有部分都有摩擦力和支撑力，前后轮受力相同。不过，图中仅标出了后轮的摩擦力和支撑力，并以此代表整辆车所受的摩擦力和支撑力。

时，不会陷进地面中，就是因为地板和椅子支撑着我们，这就是所谓的“支持力”。

**尽管有三个力作用于汽车，汽车却能稳稳地停住，这是因为这三个力取得了平衡，它们的向量之和（加法运算的结果）为零。也就是说，$\vec{a}+\vec{b}+\vec{c}=0$（有时也记作 $\vec{0}$，1-b）。**

## 向量还可以分解

前文介绍了两个向量的加法，与此相反，向量还可以“分解”。例如，**1−*a* 的重力可以分解为两部分，一个是与坡面平行的分量 $\vec{a}_1$，另一个是与坡面垂直的分量 $\vec{a}_2$（$\vec{a}=\vec{a}_1+\vec{a}_2$）。**$\vec{a}_1$ 与摩擦力 $\vec{b}$ 平衡，$\vec{a}_2$ 与支撑力 $\vec{c}$ 平衡（1-c）。

**1-b. 三个力的平衡**

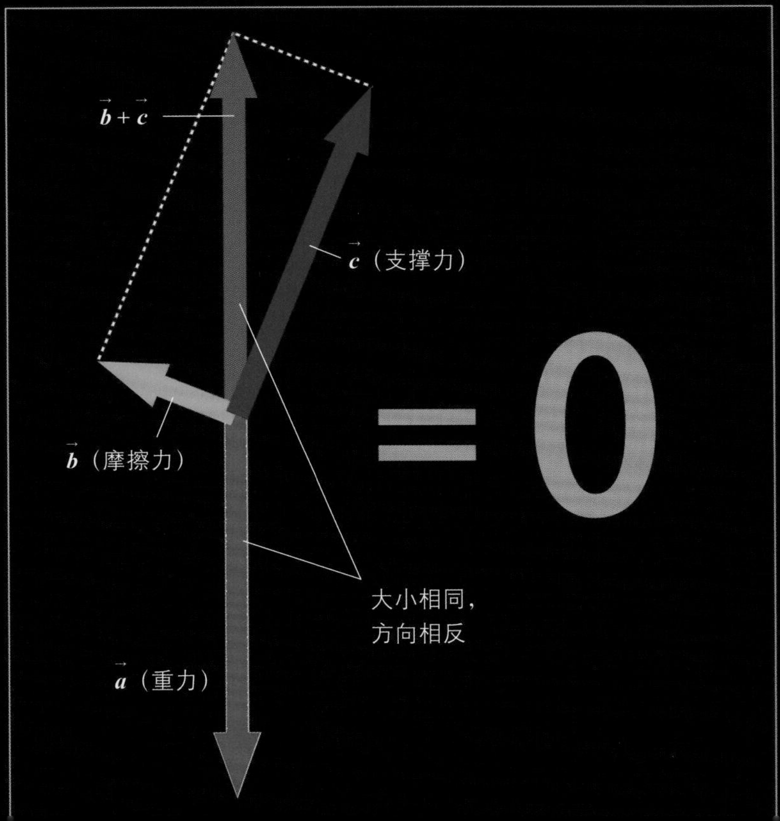


**1-c. 与坡垂直及平行的力之间的平衡**

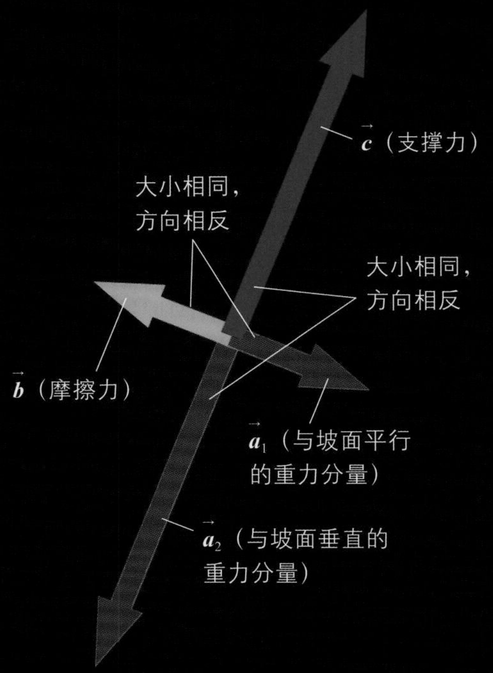

# 当坡度变大时……

当坡的倾斜角度变大时，与坡面平行的重力分量 $\vec{a}_1$ 则变大（向量变长，**2**）。与此同时，摩擦力 $\vec{b}$ 也随之变大，以保持汽车的受力平衡。但是，摩擦力是有一定极限的。最后，当摩擦力（$\vec{b}$ 的长度）达到极限（最大静止摩擦力由坡面材质及轮胎的材质等决定）时，力之间的平衡被打破（$\vec{a}_1$ 变大），汽车开始移动。

**2. 当坡面变陡时，与坡面平行的重力分量变大，汽车开始移动**

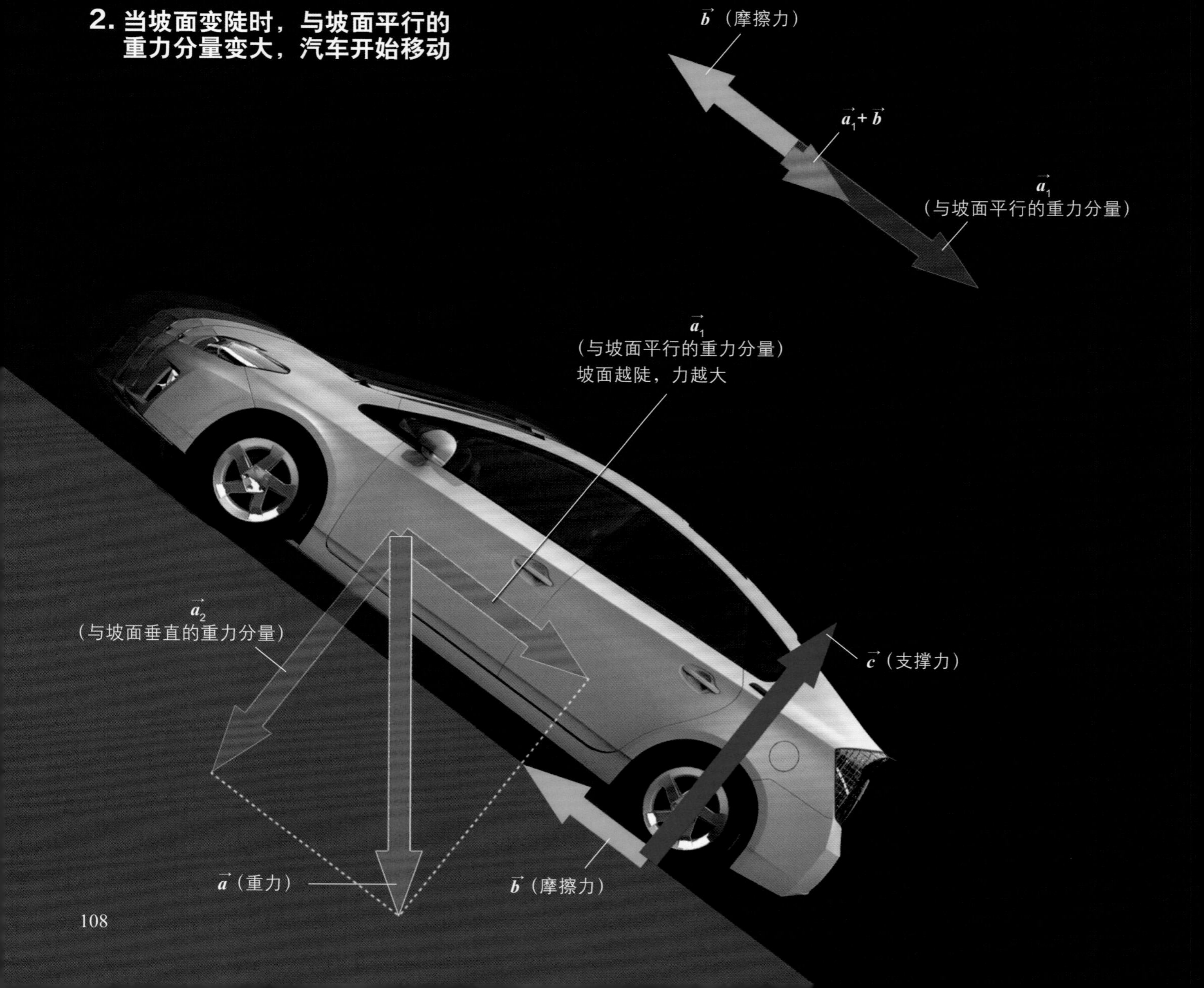

## 问题：绳子会动吗？

让我们想象一下用绳子从三个方向拔河的情形。如图所示，三根绳子的连接处（绳结）受到三个力（向量）。如问题①、问题②所示拉动绳子时，绳结是否移动？（答案见下方的逆向文字及图片）。

问题①

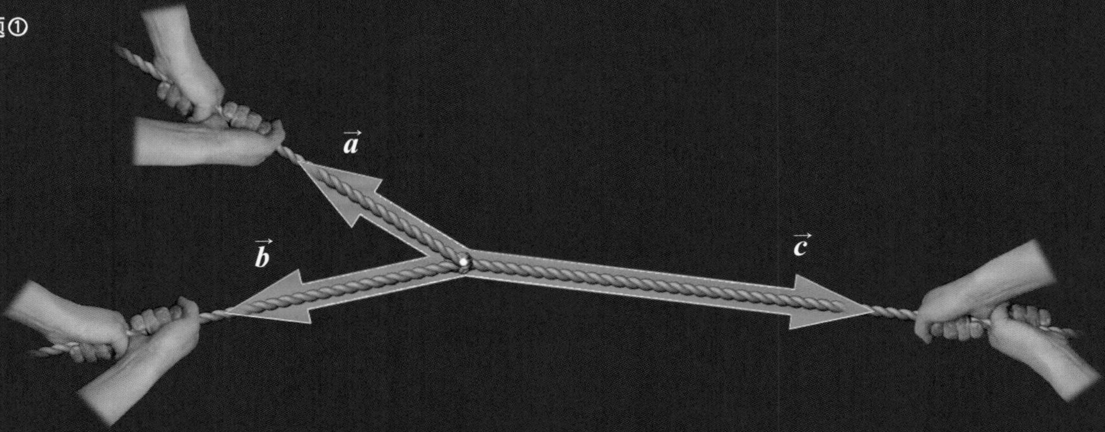


问题②

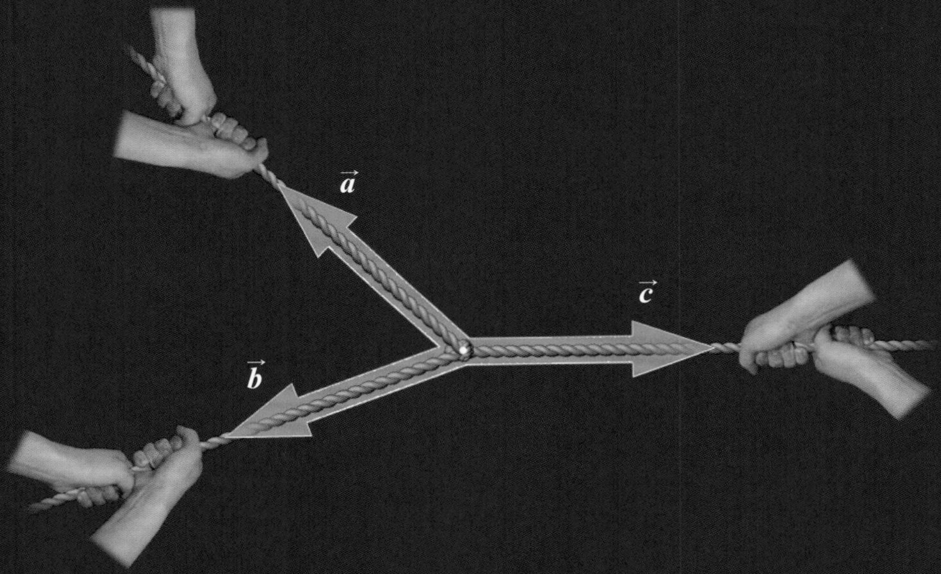


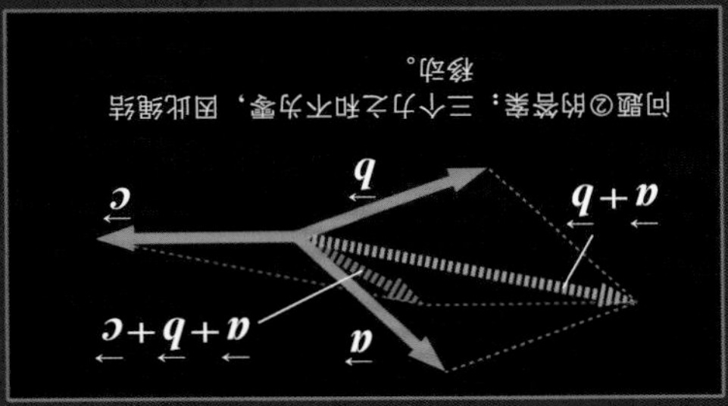


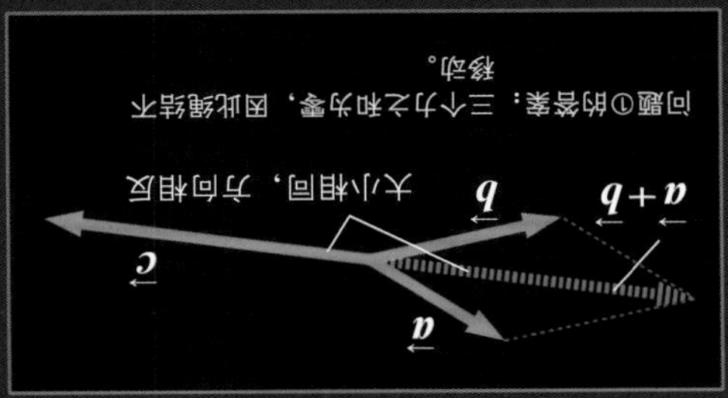

# 从行驶的卡车上，以与卡车相同的速度向后扔出去一个球，这个球会怎样行进？

假设一辆卡车以每小时 100 千米的速度向左行驶，有人从车上以同样的速度（100 千米 / 小时，相对于卡车来说，即相对于扔出去球的人来说）向右扔出一个球（**1-a**）。卡车的行驶速度为 $\vec{a}$，在卡车上看到的扔球瞬间的速度为 $\vec{b}$。这一情景恰巧被站在路边的一个人看到，他看到球是怎样行进的呢？

站立不动的人所看到的投球瞬间的速度为 $\vec{a}+\vec{b}$。按照向量“箭头接长”的原则，$\vec{a}+\vec{b}$ 则回到了“出发点”（**1-b**）。也就是说，“$\vec{a}+\vec{b}=0$”（速度为零）。站立不动的人看到球根本没有横向移动，而是在重力的作用下垂直掉下来了（**1-c**）。车上的人的确向右扔出去了球，球却没有向右走，这是不是令人感到不可思议？

我们知道，假设 100 加 $x$ 等于 0（$100+x=0$），则 $x$ 为 −100（$x=-100$）。这种思考方法同样适用于向量。如果“$\vec{a}+\vec{b}=0$”，则“$\vec{b}=-\vec{a}$（负 $\vec{a}$）”。也就是说，“$\vec{a}+(-\vec{a})=\vec{a}-\vec{a}=0$”。**长度相同，方向相反的向量可以在原有向量前面加上负号（−），像负数那样表示。**

### 向量减法的例子①

图为从行驶的卡车上，以与卡车相同的速度向后扔球的情形。假设卡车的速度为 $\vec{a}$，球在扔出瞬间的速度为 $\vec{b}$，则 $\vec{b}$ 等于“$-\vec{a}$”。

**1-a. 从行驶的卡车上扔出去一个球**

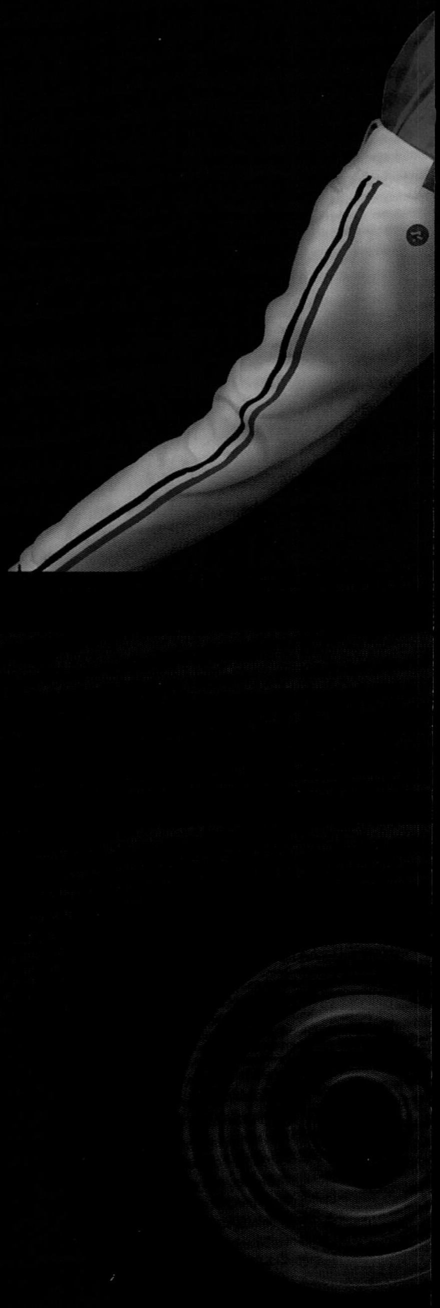

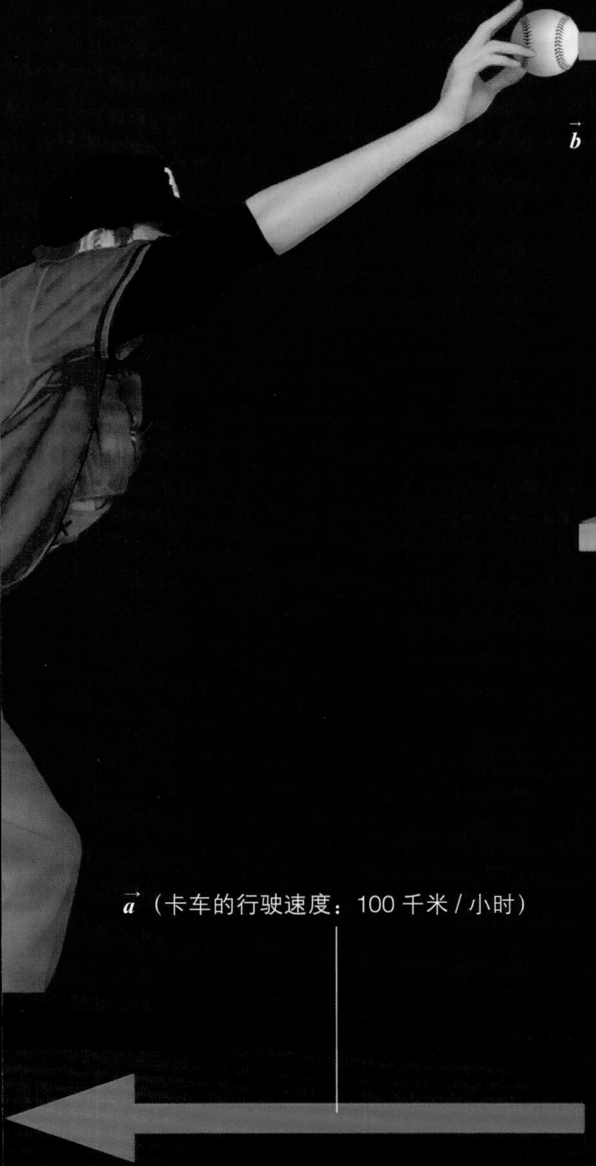

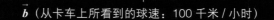

## 1-b. 向量加法计算的结果：速度为零

用“箭头接长”的方式来考虑的话，因为球又返回了原点，所以 $\vec{a}+\vec{b}$ 为零。

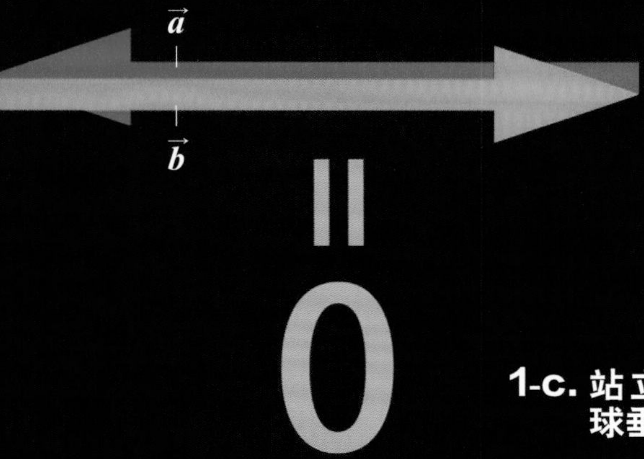


## 1-c. 站立不动的人看到球垂直落下

# 向量减法的问题：两辆车是否会相撞？

如图 **2-a** 所示，汽车 1 和汽车 2 分别以 $\vec{c}$、$\vec{d}$ 的速度行驶。如果继续行驶的话，这两辆车有可能相撞，也有可能不会相撞。那么，它们究竟会不会撞在一起呢？向量会告诉我们答案。

假设我们坐在汽车 2 里面。对我们来说，**汽车 2 是静止的，外面的风景看上去以与汽车 2 相同的速度不断向后驶去。也就是说，看上去外面的风景正在以速度 $-\vec{d}$ 远离而去。**汽车 1 本来以速度 $\vec{c}$ 行驶，但是，坐在汽车 2 内的人看到汽车 1 正在以 $\vec{c}+(-\vec{d})$ 的速度驶近，即 $\vec{c}-\vec{d}$（**2-b**）。

我们也可以认为 $\vec{c}-\vec{d}$ 是 **2-b** 右端的绿色向量。**从 $\vec{d}$ 的箭头指向 $\vec{c}$ 的箭头的向量就是 $\vec{c}-\vec{d}$。**

$\vec{c}-\vec{d}$ 指向从汽车 2 的前方驶过（**2-c**）。也就是说，问题的答案是两辆车不会相撞（不过，是否相撞也与两辆车的大小有关）。

**2-a. 在地面上站立不动的人所看到的两辆车**

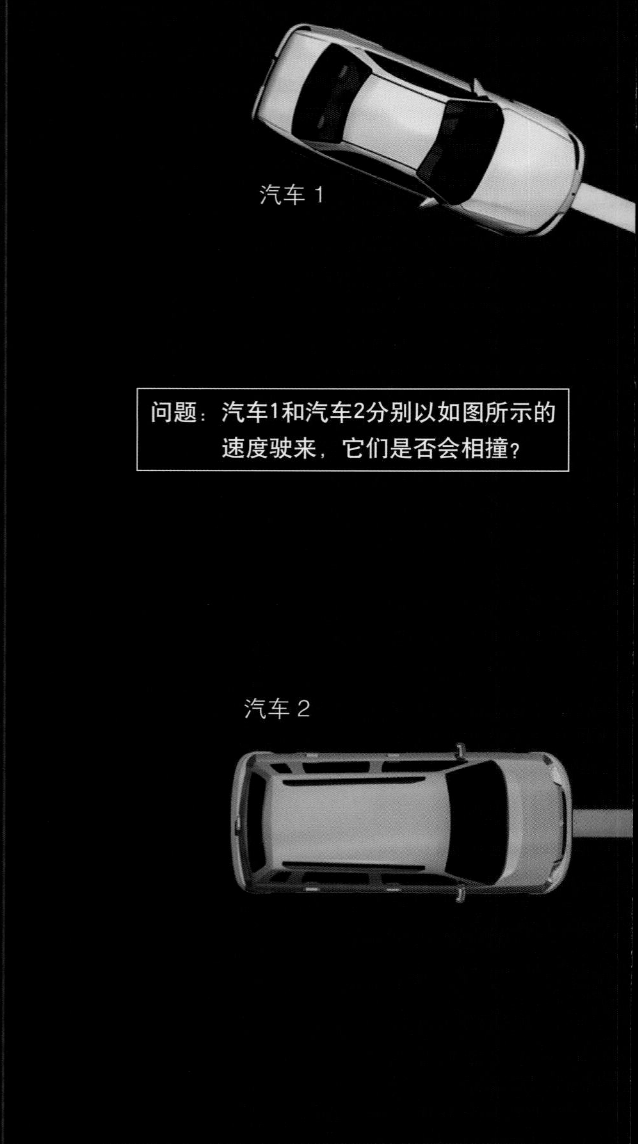
汽车 1
问题：汽车1和汽车2分别以如图所示的速度驶来，它们是否会相撞？
汽车 2

## 向量减法的例子②

图是有关两辆车是否会相撞的问题。利用向量减法，我们就能找到答案。

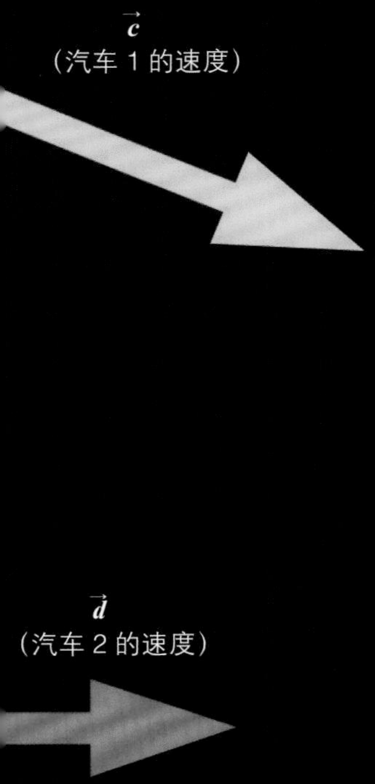


## 2-c. 坐在汽车 2 内的人所看到的情形

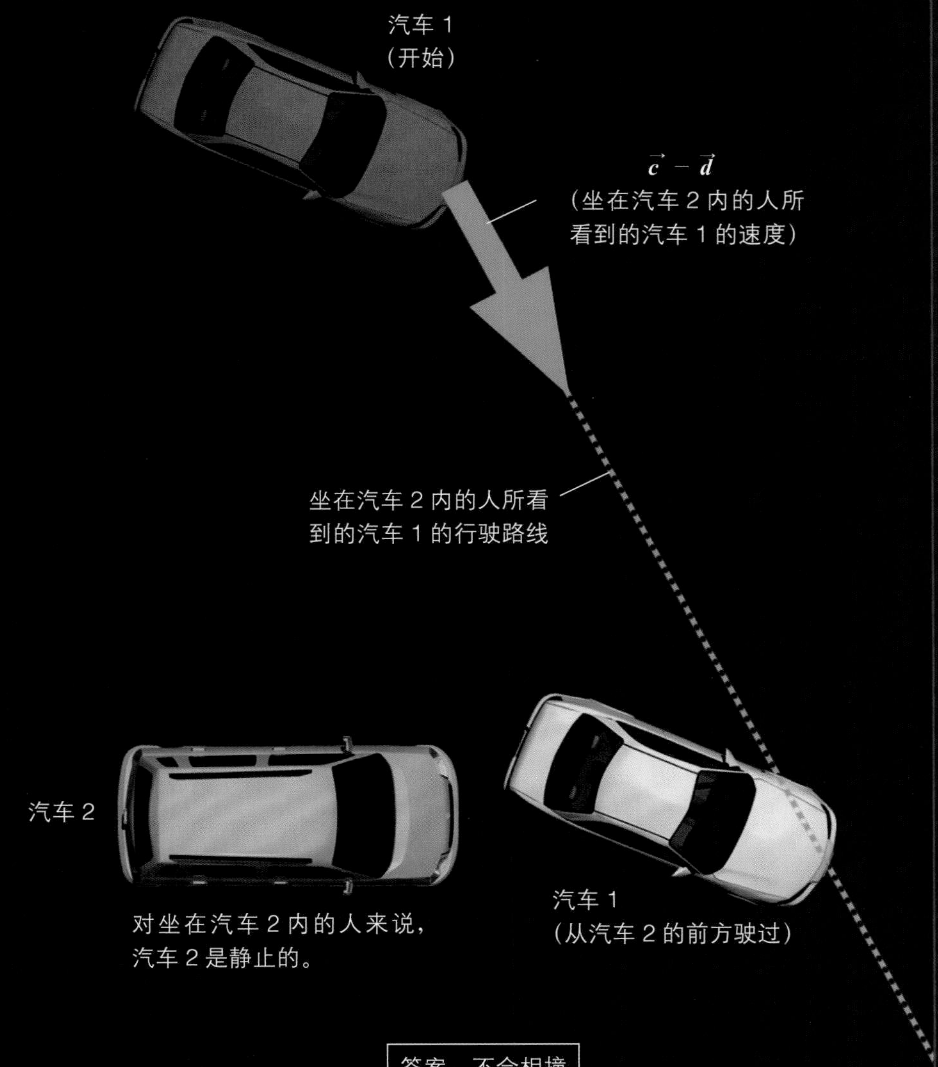


答案：不会相撞

## 2-b. 速度之间的向量关系

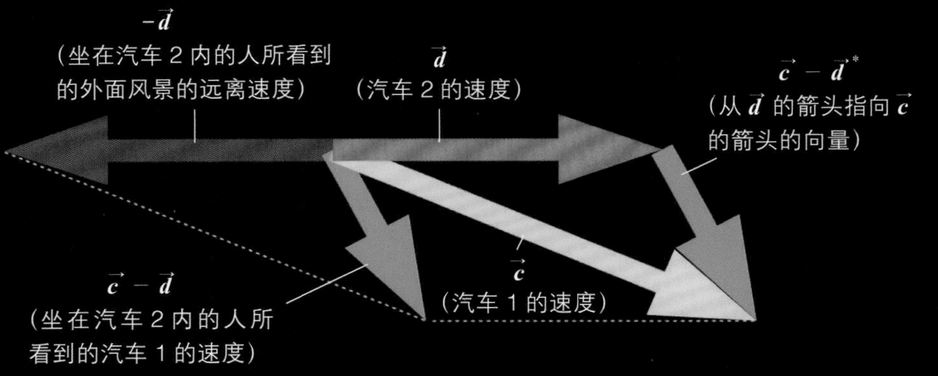


※ 假设从 $\vec{d}$ 的箭头指向 $\vec{c}$ 的箭头的向量（右侧的绿色向量）为 $\vec{x}$。由于 $\vec{d}+\vec{x}=\vec{c}$，所以，将 $\vec{d}$ 移到右侧，则 $\vec{x}=\vec{c}-\vec{d}$。这样就能很清楚地看出来，右侧的绿色向量的确是 $\vec{c}-\vec{d}$。

注：汽车是否相撞的问题参考了《令人信服的行列 · 向量》（川久保胜夫 著）。

# 向量的成分表示和计算方法

前文介绍了向量的几何表示方法：带箭头的线段，线段长度表示向量的大小，箭头指向表示向量的方向。此外，**向量还可以用“两个数的组合”来表示（如果是空间向量的话，则用“三个数的组合”来表示）**。利用这种方法，我们就能够得心应手地计算向量。

首先，如**1**所示，$x$ 轴和 $y$ 轴构成一个直角坐标系。平行移动向量，使其箭头的后端位于原点O（**1**）。这样一来，就能够利用箭头前端在 $x$ 轴和 $y$ 轴上的值来表示向量。**$\vec{a}$ 的箭头前端的 $x$ 坐标为3，$y$ 坐标为4，则 $\vec{a}$ 可以表示为 $\vec{a}$=(3, 4)。这种方法称为向量的坐标表示。3为 $\vec{a}$ 的 $x$ 坐标，4为 $y$ 坐标。**

利用坐标表示，可以非常简便地计算向量的长度。**$\vec{a}$ 的长度可记作 $|\vec{a}|$。**

## 向量的坐标表示及计算方法

平行移动向量，使其后端位于 $xy$ 坐标的原点，这时，箭头前端的坐标就是向量的坐标（**1**）。当一个向量的长度为原有向量的2倍时，它的 $x$ 坐标与 $y$ 坐标分别为原来的2倍，当长度为3倍时，$x$ 坐标与 $y$ 坐标则为原来的3倍（**2**）。把两个向量的 $x$ 坐标与 $y$ 坐标分别相加或相减，就可以算出两个向量的和或差（请见第116页的图**3**）。

**1. 向量的坐标表示**

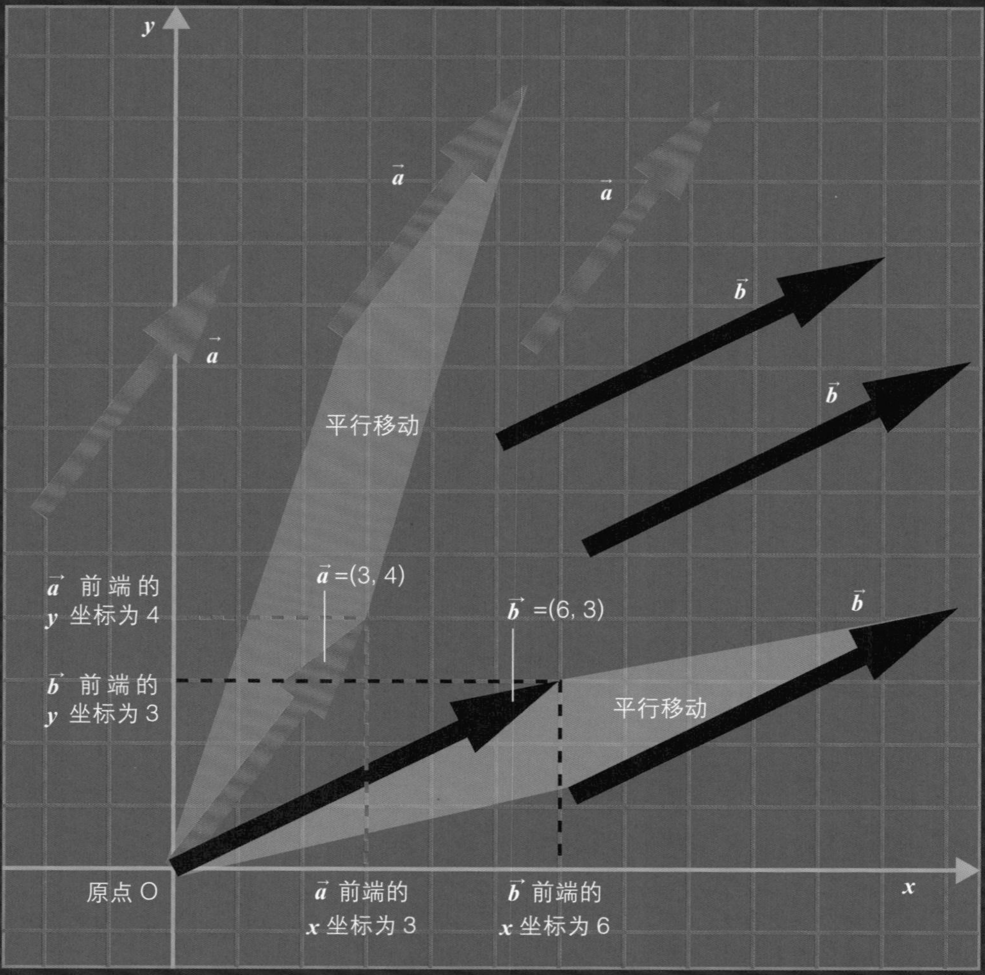

当 $\vec{a}$=(3, 4) 时，根据勾股定理，$|\vec{a}|=\sqrt{3^2+4^2}=\sqrt{9+16}=\sqrt{25}=5$。

假设 $\vec{a}=(x, y)$，则 $|\vec{a}|=\sqrt{x^2+y^2}$

当我们测定风时，假如在不同的地点都测到“风向朝东，风速每秒 5 米”，那么，不同地点的风都可以用同一向量表示。尽管在前文中没有明确介绍过，其实，**向量遵从“平行移动后，还是同一向量”的原则**。因此，在图1中，向量的后端平行移动到原点后，还是原来的那个向量。**可以说，平行移动后重叠在一起的向量全都是同一向量。**

## 向量加法：只要把相应坐标相加就可以啦

与 $\vec{a}$ 方向相同，长度为其 2 倍的向量记作 $2\vec{a}$，长度为 3 倍时，则记作 $3\vec{a}$(2)。**$2\vec{a}$ 为 $\vec{a}$=(3, 4) 相应坐标的 2 倍，$3\vec{a}$ 则为 3 倍。用坐标表示也就是，**

$2\vec{a}=(2\times3,\ 2\times4)=(6,\ 8)$，$3\vec{a}=(3\times3,\ 3\times4)=(9,\ 12)$

**2. 向量的数乘**

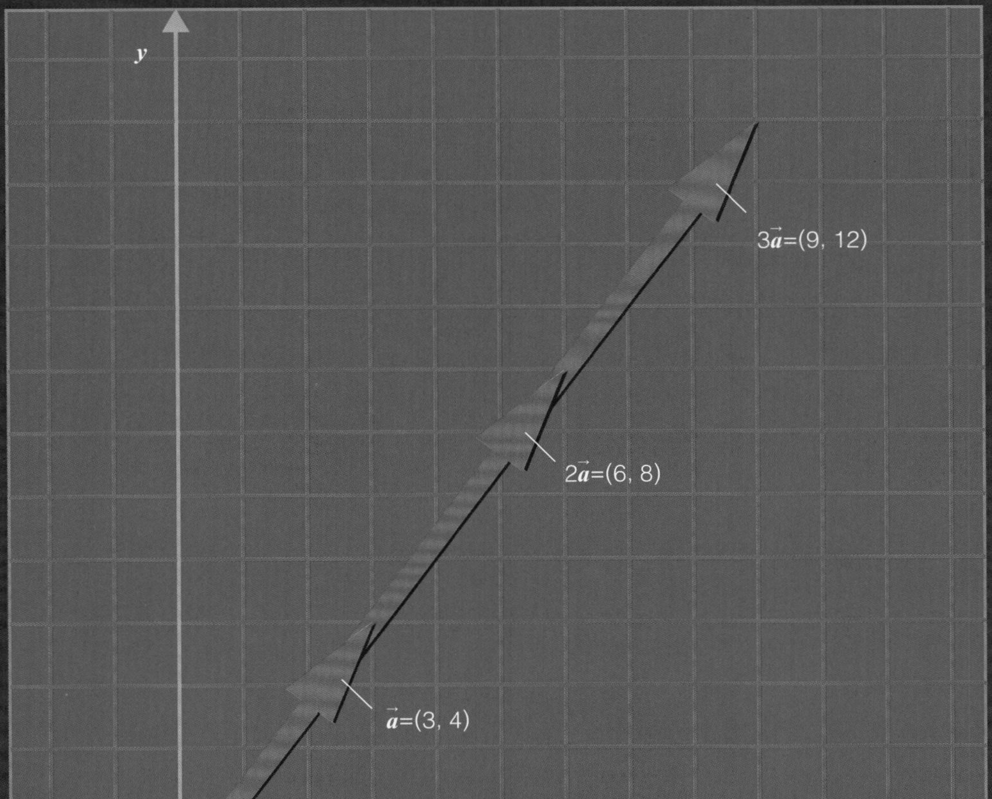

# 如果用“数的组合”表示向量的话，向量的加法和减法则超级简单！

**其实，向量的加法和减法非常简单，只要把两个向量的相应坐标相加或相减就可以了。**例如，$\vec{a}$=（2，10），$\vec{b}$=（6，1），则

$\vec{a}+\vec{b}$=（2+6，10+1）=（8，11）

$\vec{a}-\vec{b}$=（2−6，10−1）=（−4，9）

如图 3 所示，我们可以把向量的加法和减法理解为“向量箭头的接长”，即，两个向量之和或差（$\vec{a}+\vec{b}$ 或 $\vec{a}-\vec{b}$）的坐标分别等于这两个向量相应坐标的和

**3. 向量的加法与减法**

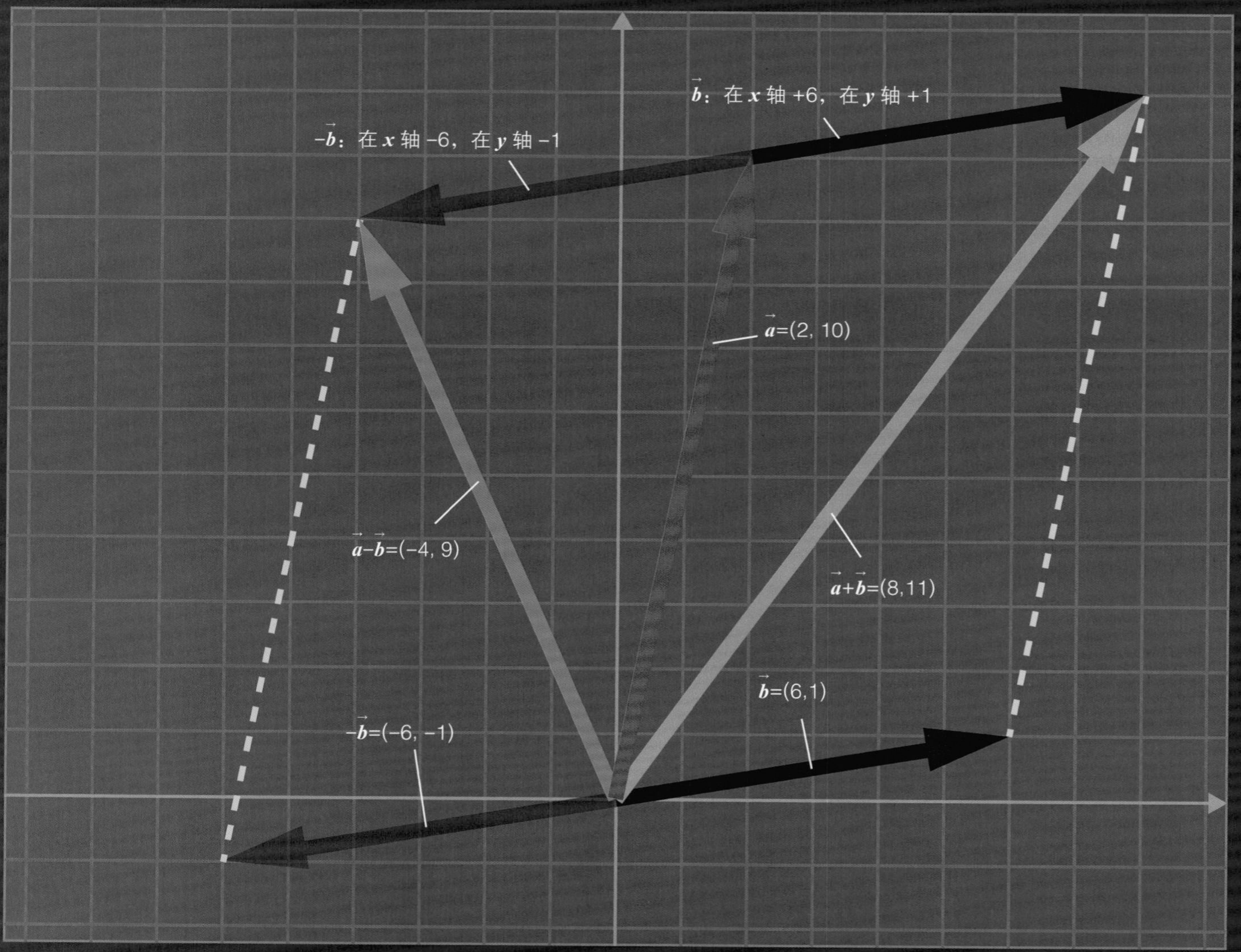

与差。

例如，$\vec{a}+\vec{b}$ 时，在 $\vec{a}$ 箭头的前端连接上 $\vec{b}$ 的箭头，$\vec{b}$ 的前端则位于从 $\vec{a}$ 的坐标（2，10）开始，在 $x$ 轴 +6，在 $y$ 轴 +1 的地方。这就是 $\vec{a}+\vec{b}$ 箭头前端的坐标，即，$\vec{a}+\vec{b}$ 的坐标表示。

$\vec{a}-\vec{b}$ 也是同样的。在 $\vec{a}$ 箭头的前端接上 $-\vec{b}$ 的箭头，$-\vec{b}$ 的前端则位于从 $\vec{a}$ 的坐标（2，10）开始，在 $x$ 轴 −6，在 $y$ 轴 −1 的位置。这就是 $\vec{a}-\vec{b}$ 箭头前端的坐标，即 $\vec{a}-\vec{b}$ 的坐标表示。

**延伸阅读：**

### “单纯的数字组合”也是向量

本文介绍了向量可以表示为“带箭头的线段”，不过，也可以将其定义进一步扩大。例如，某人身高 170 厘米、体重 65 千克、脚的尺寸为 26 厘米、年龄 30 岁。这些数字的组合（170，65，26，30）也可以看作是一个向量。进一步扩展向量的坐标表示，也可以把单纯的数字组合看作是一个向量。

线性代数就是基于这种思路发展而成的，其在物理学、经济学等领域有非常广泛的应用。

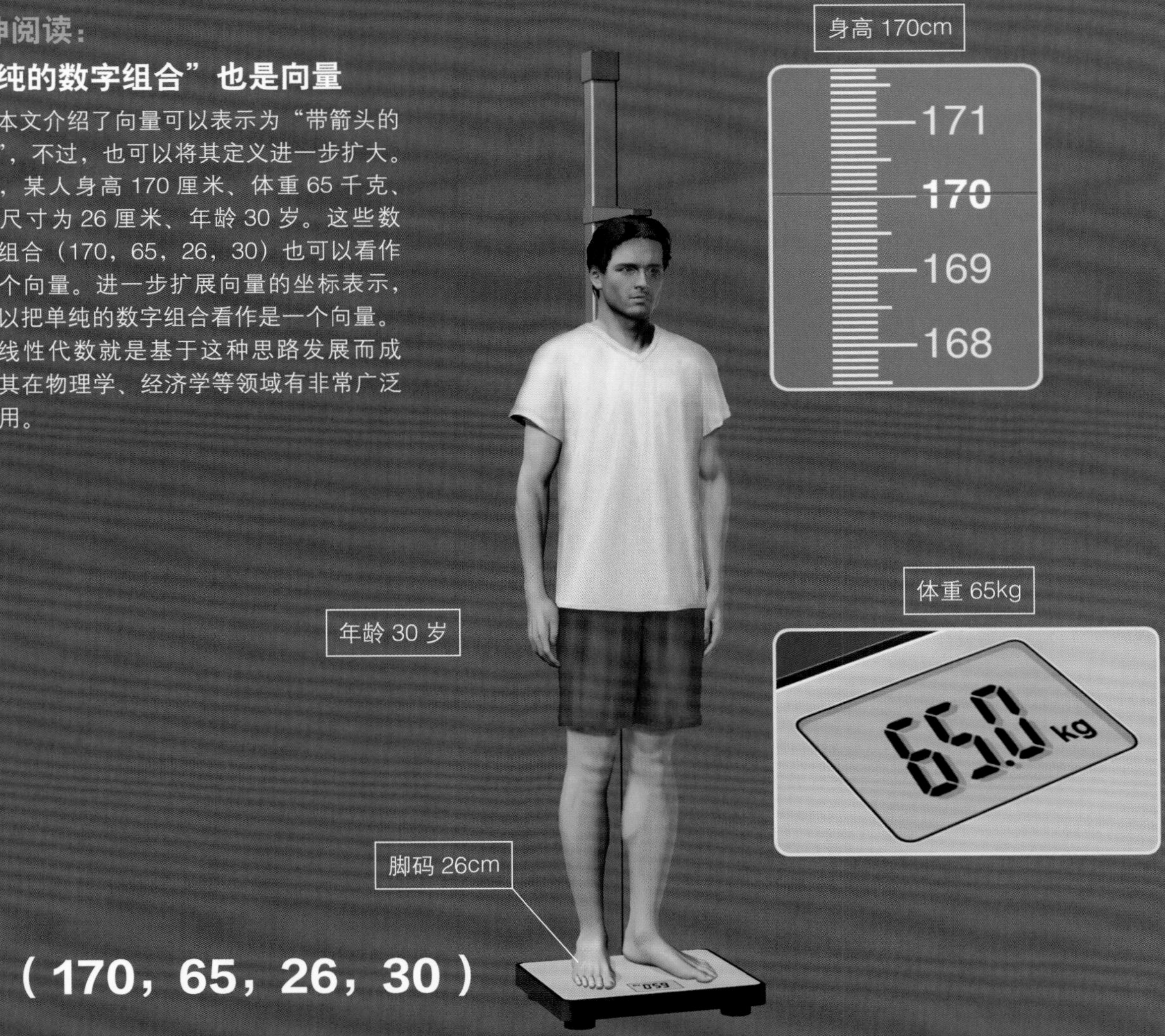

# 向量与“场”

在物理学中会用到“场”这个概念。如第一部分介绍的那样，用数来表示的量中存在着可以用“向量”来表示的量，场也能用向量来表示，如高中物理学到的“电场”和“磁场”就是其例子。在本部分内容里，我们来看看与光的本质存在着紧密联系的两个向量场吧！

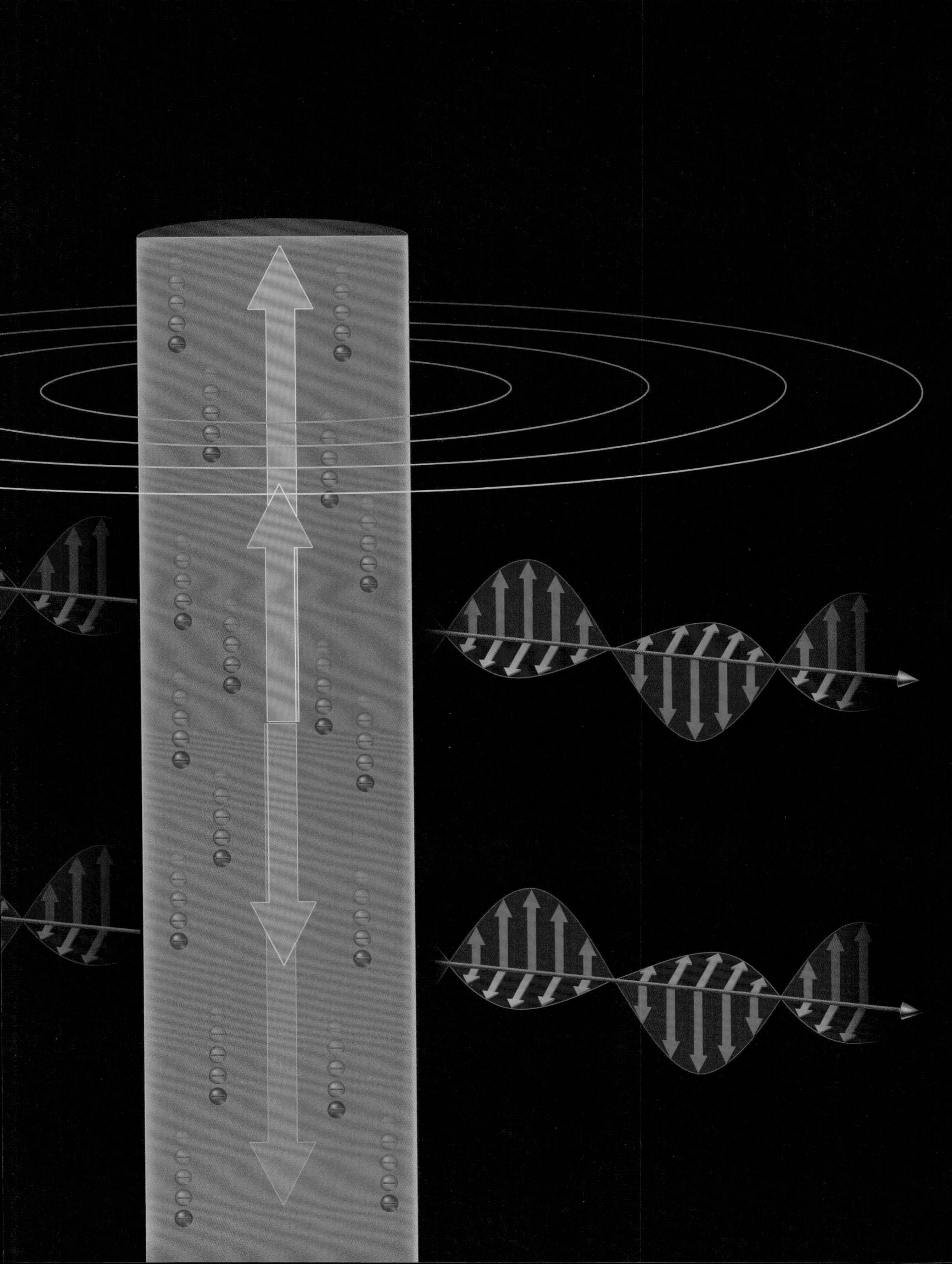

# 向量场和标量场的实例

场是现代物理学中一个非常重要的概念。自然界中存在着各种各样的场，如电场、磁场等。场到底是什么呢？其实，**场也分为好几种类型，其中，最具代表性的是“向量场”与“标量场”。**

风的分布是我们最常见的向量场（1）。我们常常会说“这个地方刮西风，风速每秒 10 米”“那个地方

## 向量场与标量场的例子

下图列举了向量场和标量场的例子。风的分布（1）是向量场，气压的分布（2）则是标量场。

### 1. 风的分布（向量场）

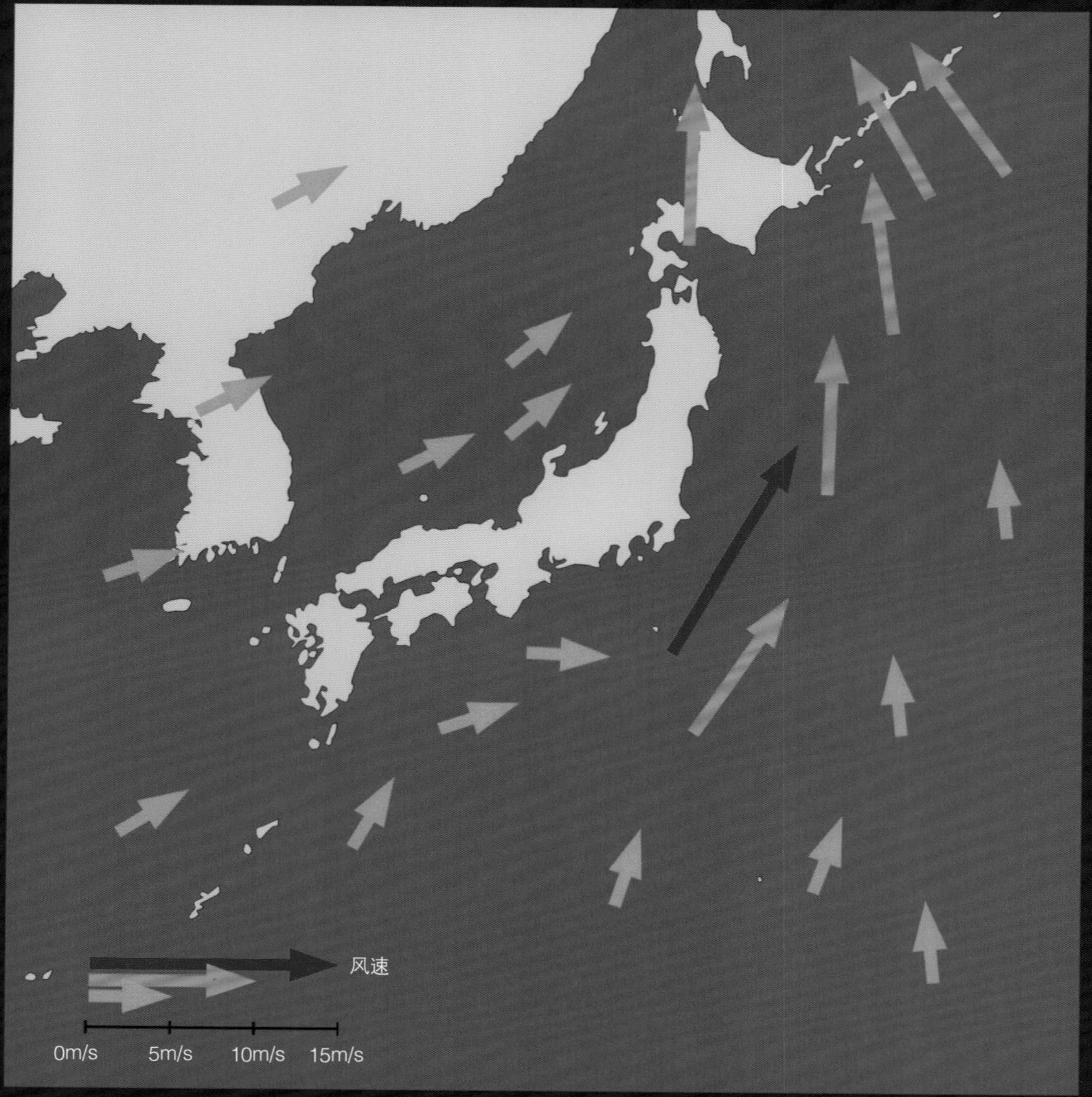


※　5 m/s = 5 米 / 秒

刮南风，风速每秒 5 米”等，**每个地点都有一个向量（风向和风的强度）。通常把这种平面或空间叫作“向量场”**。此外，在气压分布图中，每个地点都有自己的气压值。当每个地点都有一个只具有大小的量（标量）时，则称为“标量场”（**2**）。

**2. 气压的分布（标量场）**

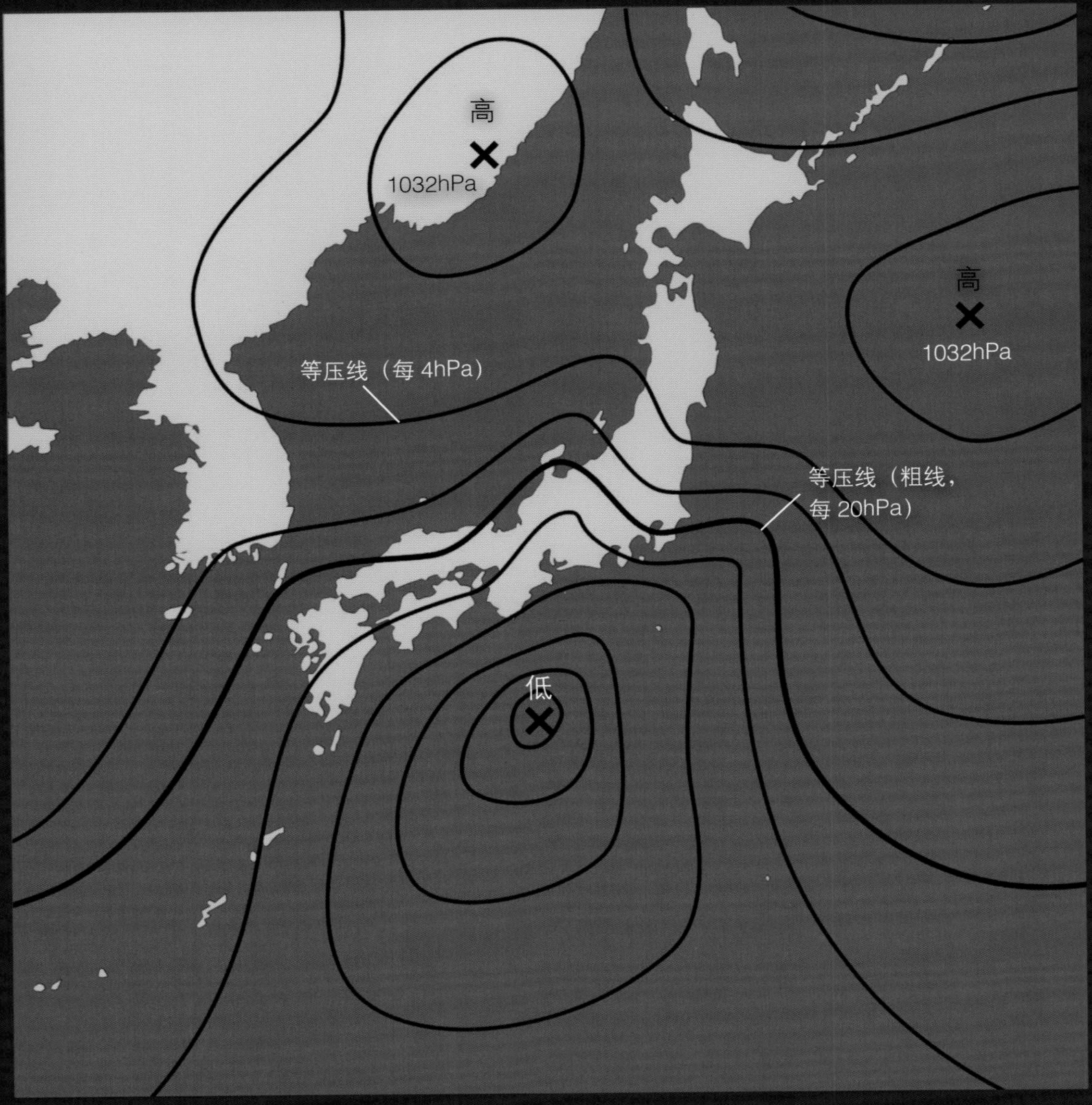


※ hPa：百帕（气压单位，1 标准大气压 = 1013.25 hPa）

# 电磁力产生向量场

**电场也是一个向量场（3）**[*]。在带正电的粒子A旁边放置一个带负电的粒子B，则粒子B在指向粒子A的方向上受到电的吸引力。粒子A与粒子B之间的距离越远，它们之间的引力越弱（与距离的平方成反比）。此外，在粒子A旁边放置一个带正电的粒子C，粒子C则在背离粒子A的方向上受到电斥力。

**其实，这些现象并不意味着两个粒子之间有直接的力的作用。粒子A首先在周围形成“电场”（向量场）。虽然我们无法用肉眼看到电场，但在粒子A的周围的确分布着类似于风的分布那样的向量场（电**

## 3. 带电粒子所形成的电场（向量场）

离带电的中心粒子越远，电场强度（向量长度）越弱（与距离的平方成反比）。而且，带正电的粒子所产生的电场方向指向背离粒子。带负电的粒子所产生的电场的方向则相反，指向粒子。如果在这样的电场中放置带电粒子的话，粒子就会受到作用力。

注：实际上，空间内的所有点都存在着电场和磁场，但是，由于无法在图中全部画出来，所以仅在黄点的位置画出电场和磁场，以此来代表所有的点。

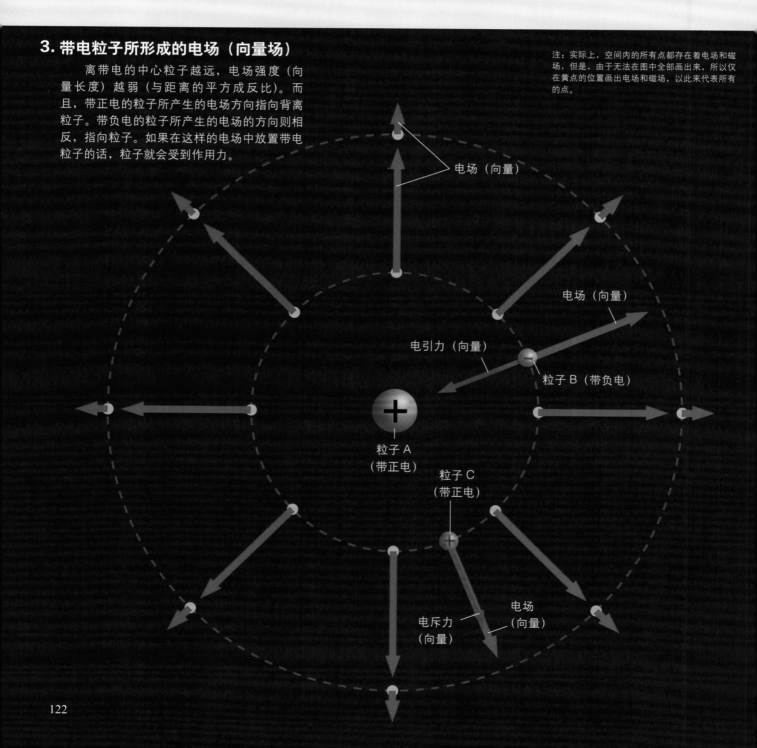

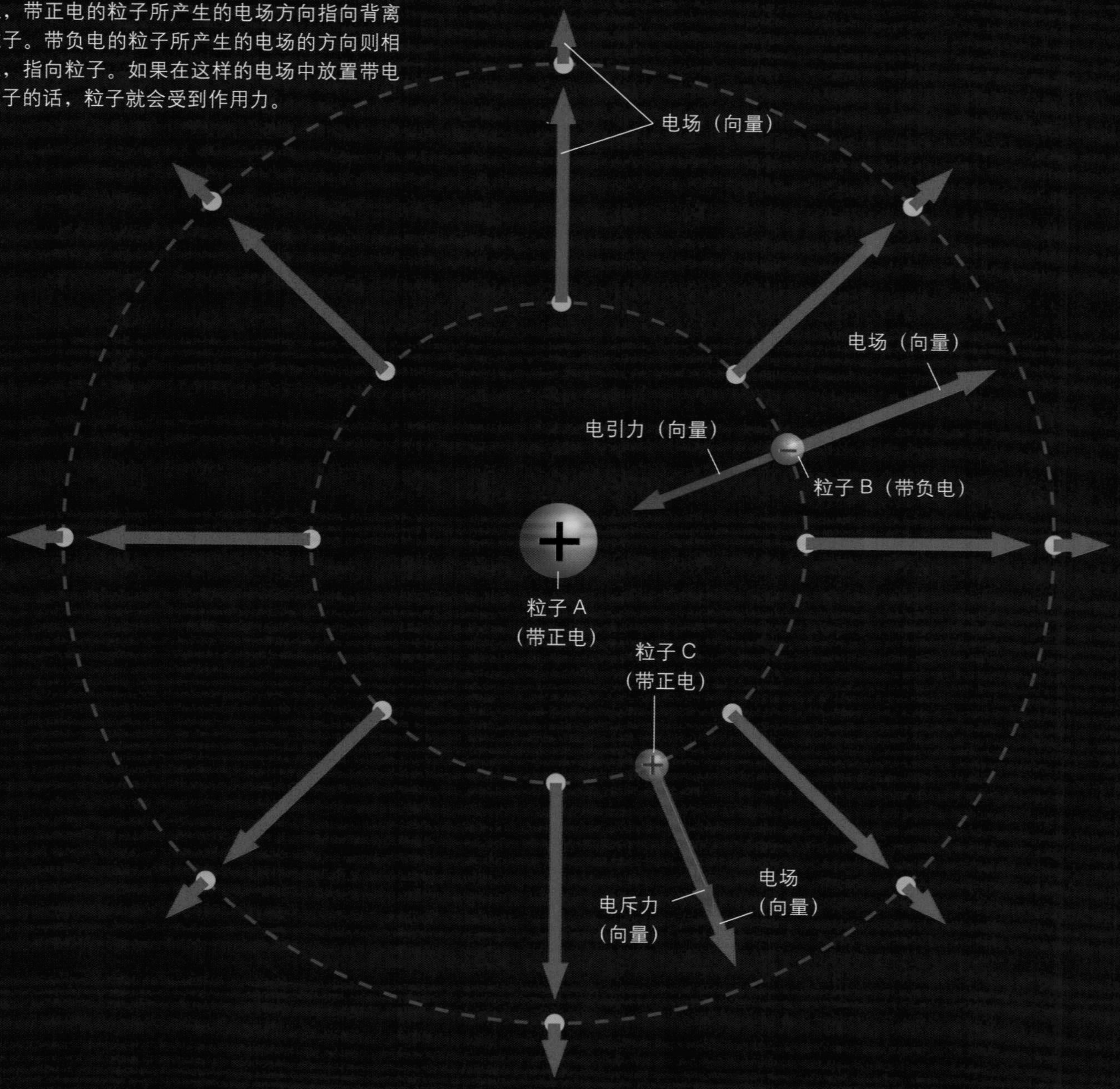

**场）。因此，就像树叶被风吹动那样，粒子 B 和 C 也受到了来自电场的作用力。**

**带正电的粒子 A 所形成的电场朝向背离粒子 A 的方向，其强度与距离的平方成反比。**分布在粒子 A 周围的粒子如果带正电的话，则在电场的方向上受到力的作用；如果带负电的话，则在与电场相反的方向受到力的作用。而且，所带电量越大，则受力越大。

磁力所产生的吸引力和排斥力也是一样的（**4**）。磁铁在周围形成“磁场”（向量场※），放置在磁铁旁边的小磁铁则受到来自该磁场的作用力。

※ 在相对论中，电场和磁场是一体的，统一用“张量场”（数学“矩阵”的形式）来表示。

**4. 磁棒所产生的磁场（向量）**

离磁极越远，磁场（向量长度）越弱。磁场的方向从 N 极出发进入 S 极。放在磁棒旁边的其他磁棒的 N 极受到磁场方向的作用力，S 极则受到与磁场反向的作用力。

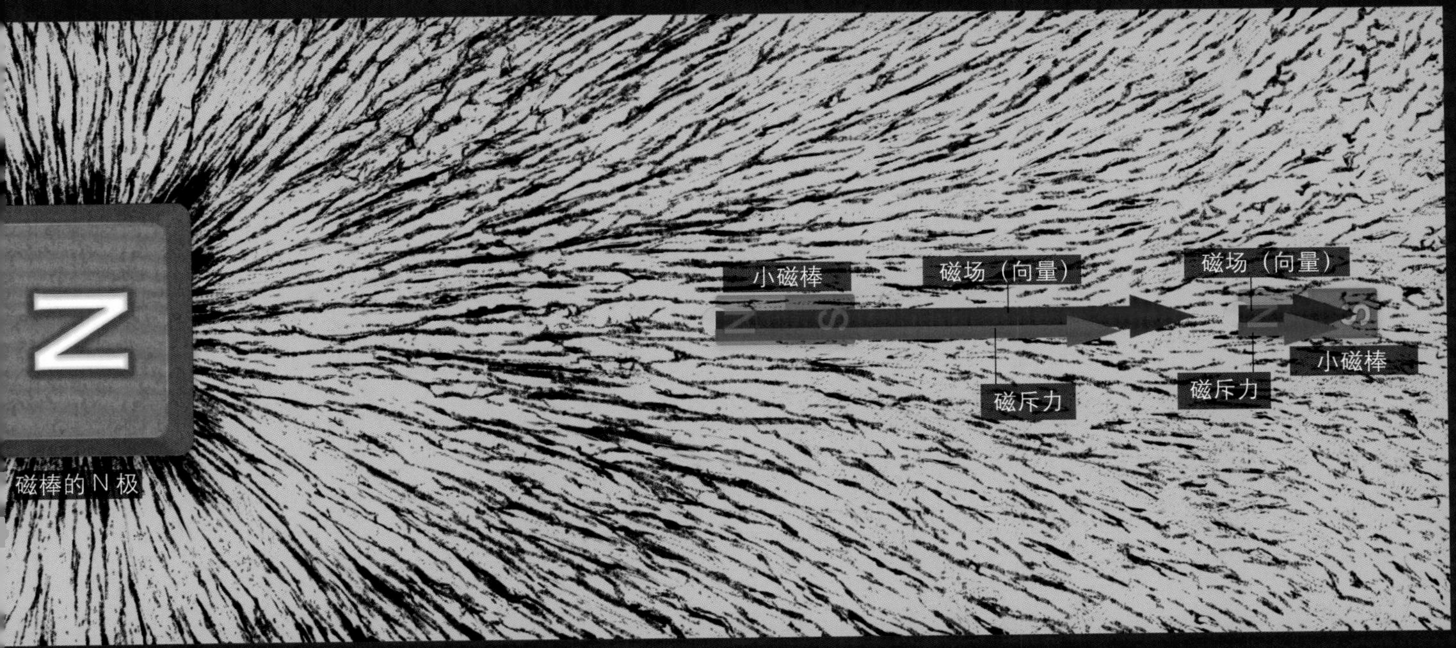

# 磁场能够生成电场

**电场和磁场与我们非常熟悉的光在本质上密切相关。**为了更好地理解这一点，首先，让我们来了解一下电与磁的密切关系。

也许很多人在学校的实验课上都看到过下面的现象：在线圈（用导线缠绕而成，呈螺旋形）中插入磁铁会产生电流（1）。**这意味着磁可以生成电。**在线圈中插入磁铁，线圈内部的磁场就会增大（磁场的向量变长）。结果，从正上方看的话，就会看到线圈内产

## 电场与磁场的密切关系

电场和磁场具有非常密切的关系，磁场可以生成电场，电场也能生成磁场。

### 1. 变化的磁场生成电流（电场）

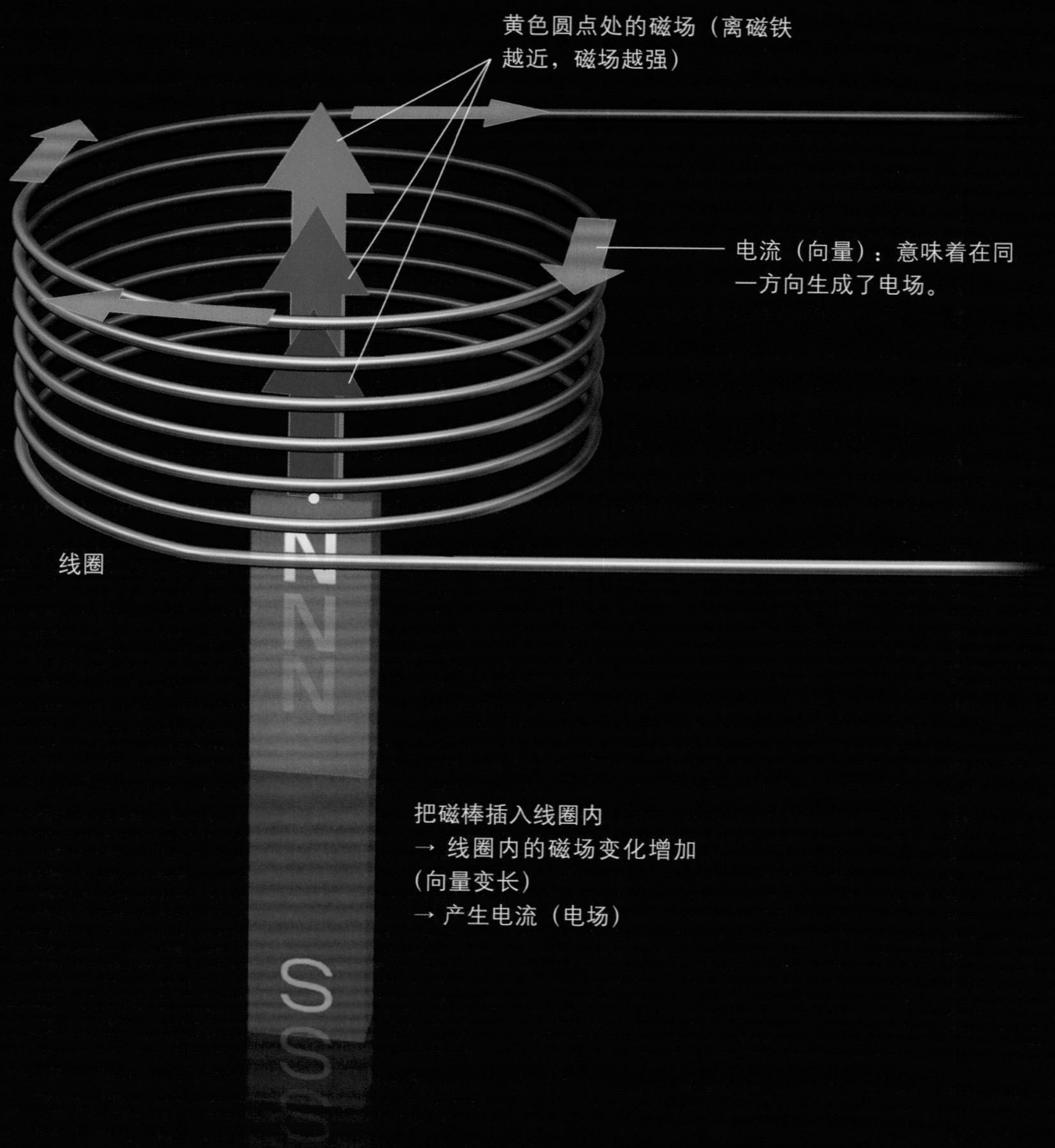
黄色圆点处的磁场（离磁铁越近，磁场越强）
电流（向量）：意味着在同一方向生成了电场。
线圈
N
S
把磁棒插入线圈内
→ 线圈内的磁场变化增加（向量变长）
→ 产生电流（电场）

生了顺时针的环形电流。**从微观上来说，电流是带负电的“电子”的移动**（2），虽说有些难以理解，但电流的定义是电流的方向与电子的流动方向相反。

回想一下前文介绍过的电场，我们就会发现，**“电子移动了（受力）”意味着“在线圈内生成了电场”。也就是说，“变化的磁场（磁场向量长度的变化）在周围生成了环形电场”※。这种现象被称为“电磁感应”。**

※ 更准确地说，贯穿线圈的磁通量时刻变化的话，就会在线圈内生成电场。

## 2. 电流的本质是电子的流动

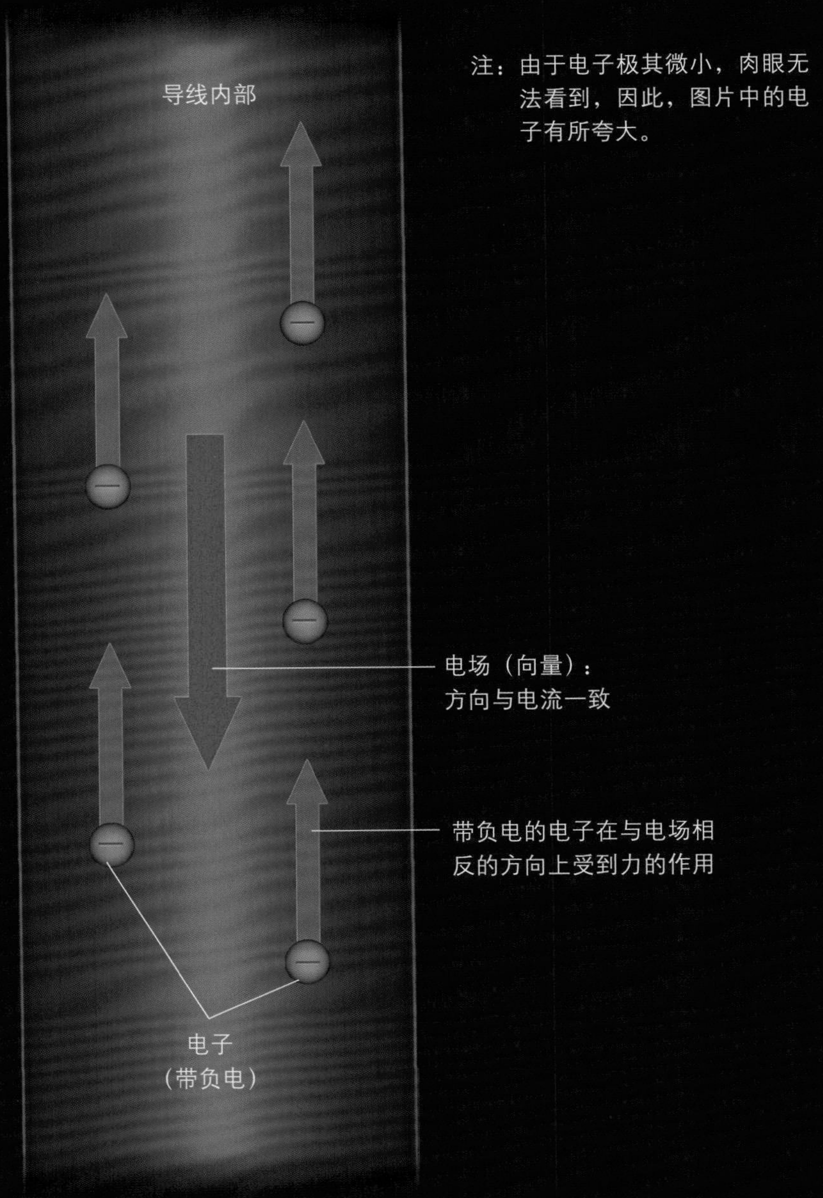
导线内部
注：由于电子极其微小，肉眼无法看到，因此，图片中的电子有所夸大。
电场（向量）：
方向与电流一致
带负电的电子在与电场相反的方向上受到力的作用
电子
（带负电）

# 人类所用的电来源于电磁感应

在日常生活中，我们无时无刻不受到电磁感应的“恩惠”。我们所用的电都是通过电磁感应生成的（3）。

例如，火力发电站利用石油、煤炭和天然气等燃料燃烧时产生的热能可以加热水，使水变成高温高压的水蒸气，水蒸气推动叶轮高速旋转，并带动与叶轮联动的磁铁旋转而发电。

**3. 发电机的原理**

磁铁旋转导致线圈内的磁场增大或减小，结果，由于电磁感应而产生了电流。

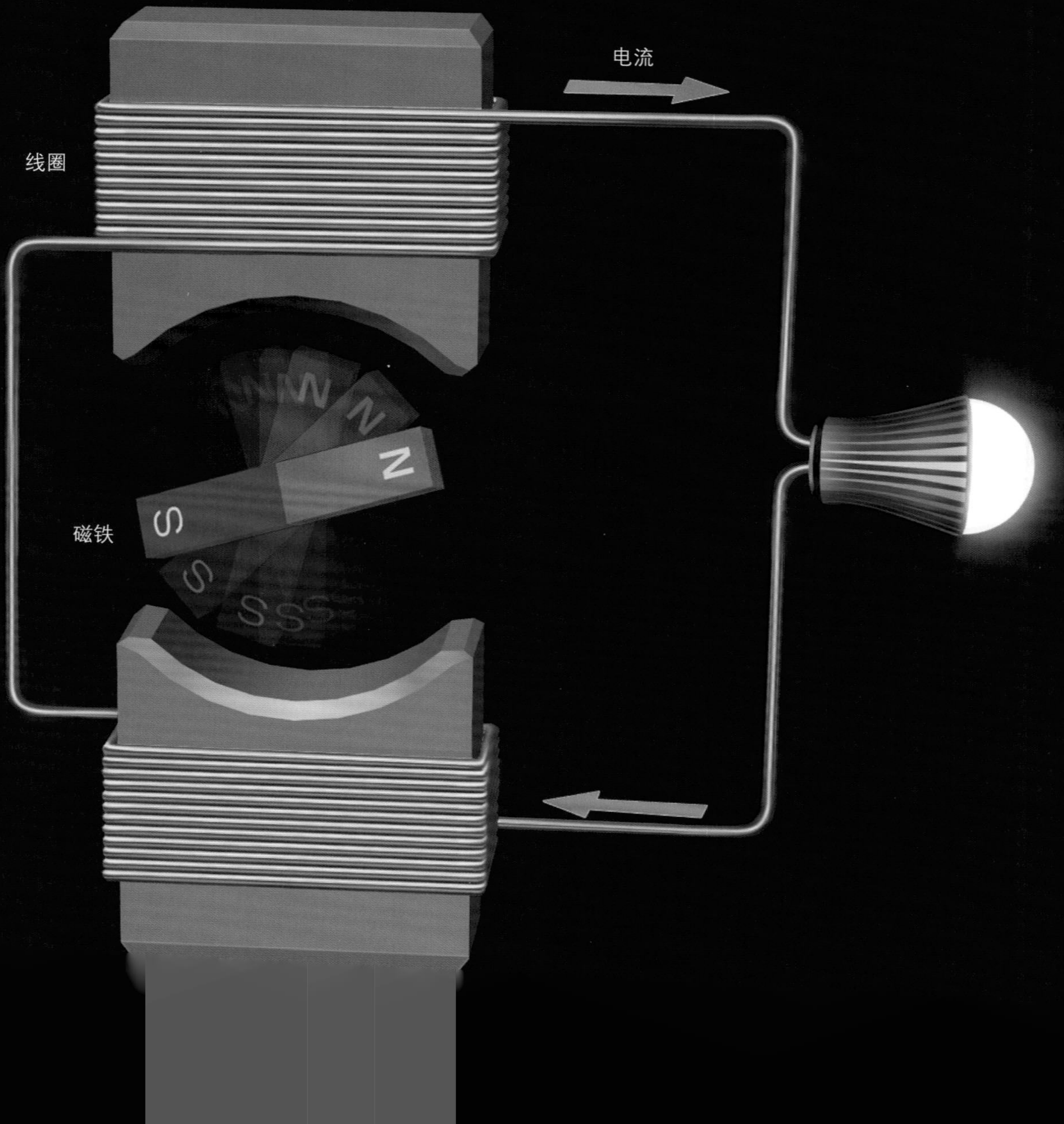

电磁感应则与此完全相反，**变化的电场（电场向量长度的变化）**会生成同心圆形的磁场（4）。也就是说，**电场与磁场是“同心同体”的，一方的向量长度变动会在其周围生成另一方的向量。**

**4. 变化的电场产生磁场**

从正上方看，电场增大（向量变长）则产生逆时针方向的磁场。

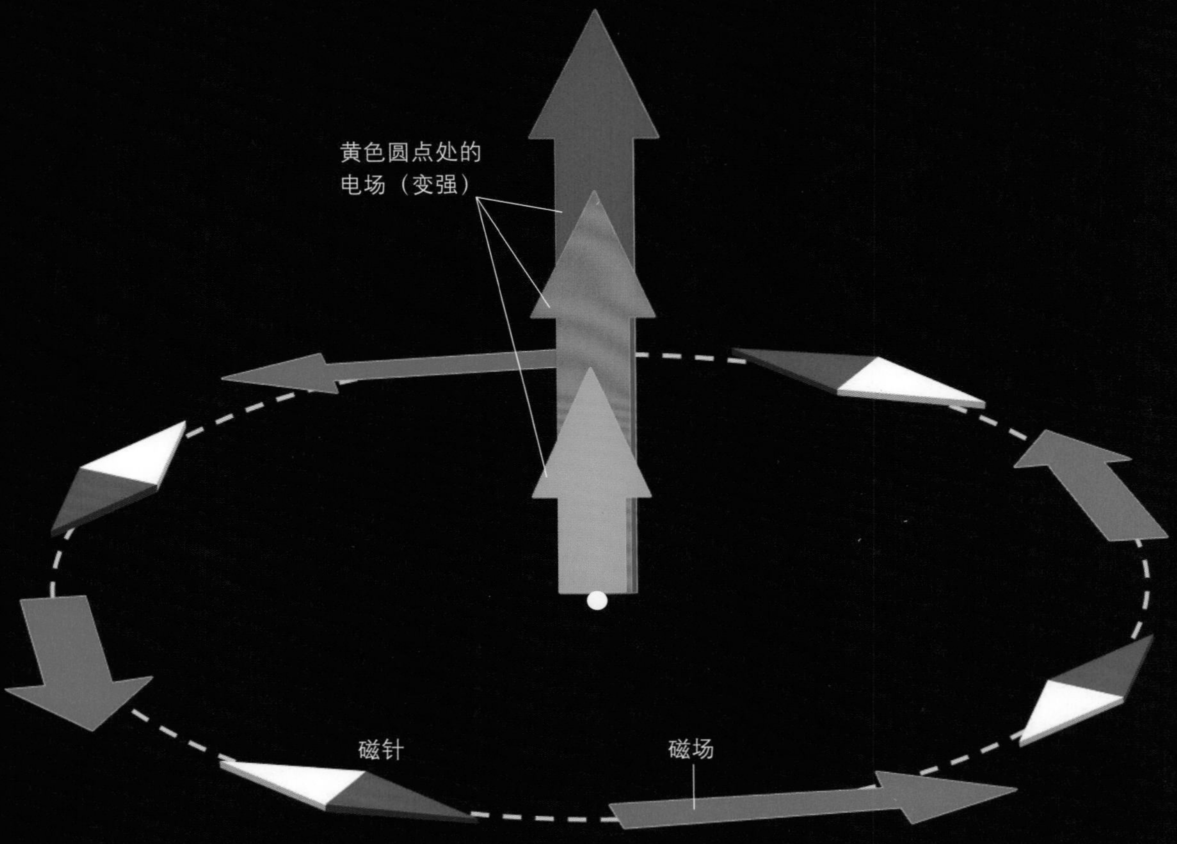

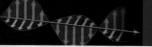

# 通过电流产生磁场

大家应该还记得在铁芯上缠导线并通过电流的话，铁芯就会变成一块电磁铁吸引曲别针、铁钉等铁制品的实验吧。这意味着通过电流可以产生磁场（5）。

**对于直导线的情况，通过电流时在其周围会产生同心圆状的磁场**（6）。我们知道，磁场的强度与电流的大小（表示电流的箭头的长度）成正比，而与导线的距离成反比（假设导线足够细时）。另外，图6中的上半图里电流向上流，下半图里电流如果向下流的话，磁场的方向也会反转过来。

本页内容和前页的图4合起来总结的话，**就是“电场的变动或电流能在其周围产生磁场”。**

## 电流通过就会产生磁场（5～6）

### 5. 电磁铁

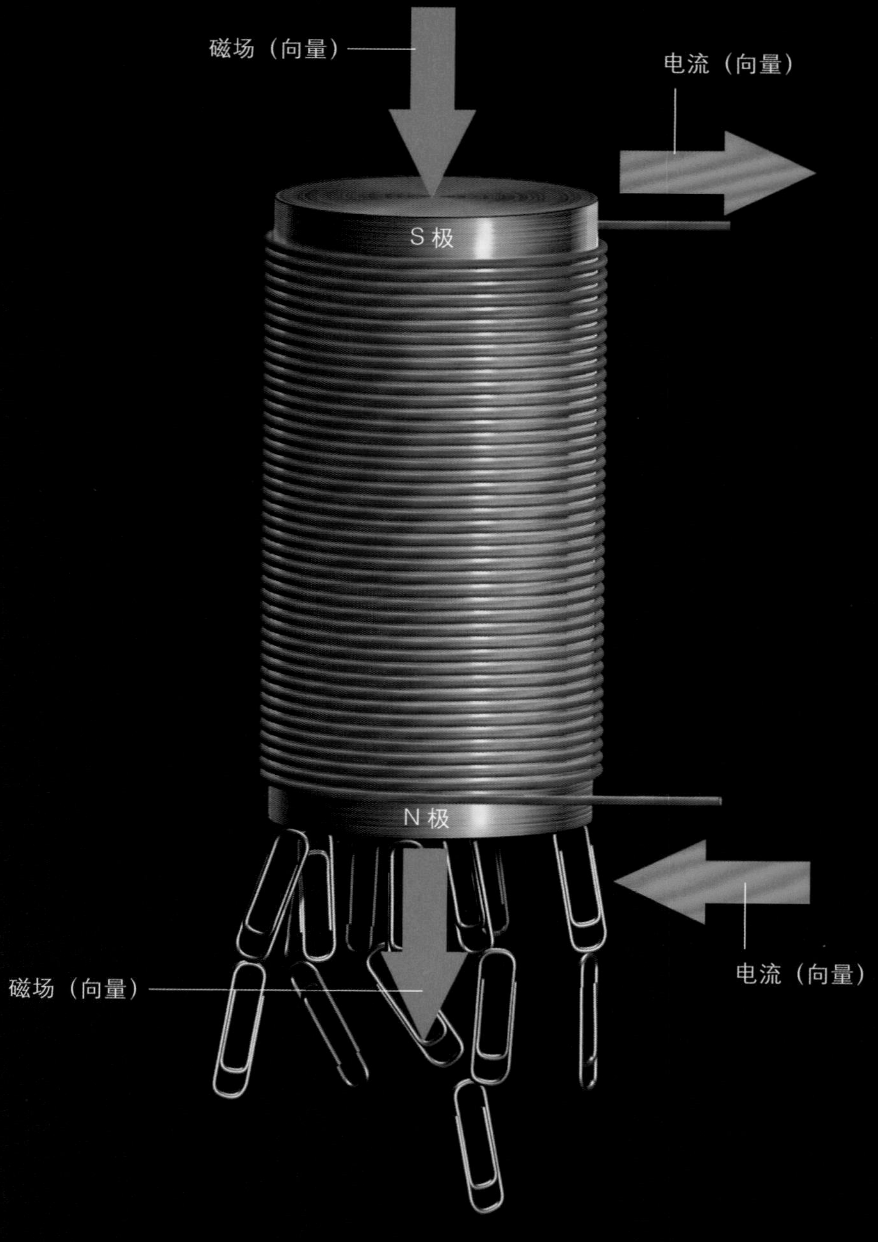

## 6. 电流产生磁场

电流如图向上流动的话，从上方往下看就会产生逆时针方向的磁场。与导线的距离变为 2 倍处，磁场的强度（箭头的长度）就会变为 1/2（与距离成反比）。

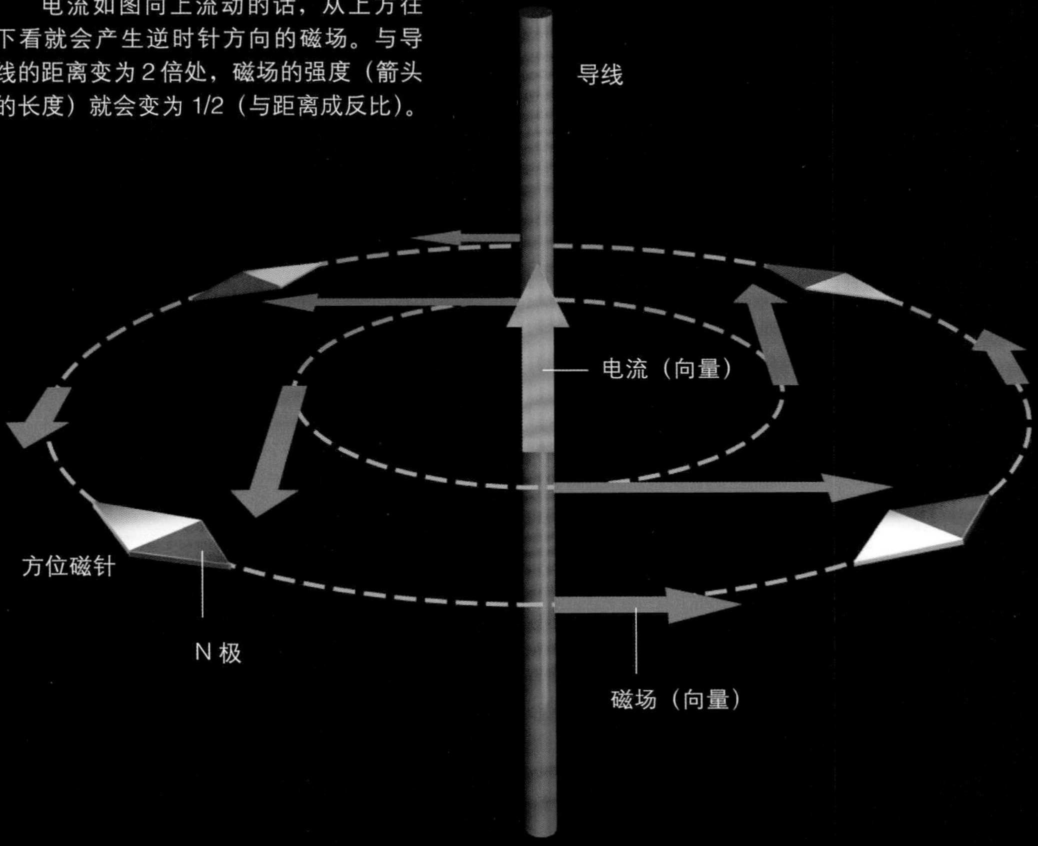


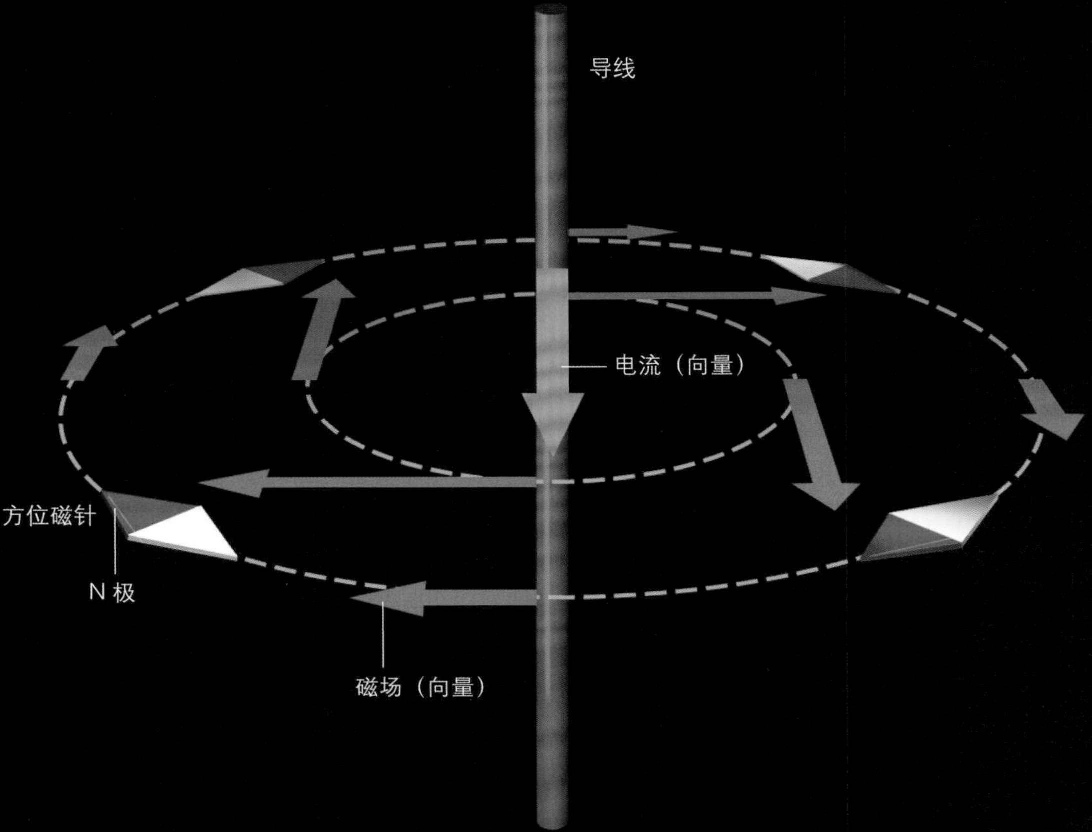

# 交流电能引发周围磁场和电场的变化

当导线内通入交流电时，会出现怎样的情况呢？**交流电是指大小和方向（电流的向量长度和方向）随时间作周期性变化的电流。**一般家庭中常用的电就是交流电。

变化的电流能引发周围磁场（磁场的向量长度和方向）的变化。如前文所介绍的那样，若磁场变化，其周围就会产生电场（电磁感应）。变化的电场又在周围产生磁场。于是，变化的磁场接着又导致周围产生电场……这个过程将一直持续下去（**1**）。

就这样，在导线通入交流电后，在其周围就会连锁反应式地生成变动的电场和磁场，并一直扩散下去。通常，我们把声波和水波等因为振动而向四周扩散的现象称为“波”或“波动”。交流引发了电场和磁场的变动，并向四周扩散，这也是波，称为**“电磁波”**（**2**）。手机的电波也是一种电磁波，**天线发射的电波也是基于这种振动的电流而产生的。**

其实，可见光也是一种电磁波。无线电波的波长（图 2 中，一个波峰到相邻波峰的长度）大于 0.1 毫米，可见光的波长约 400～800 纳米。无线电波和可见光的区别在于电磁波的波长不同。此外，红外线、紫外线、$x$ 射线以及 $\gamma$ 射线都是电磁波。

## 电磁波的产生

通电后，产生磁场。前文介绍了变化的磁场可以生成电场，变化的电场也可以生成磁场。由此，变动的电流（交流）可以在周围连锁性地生成变动的磁场和电场（**1**）。这就是无线电波与光等“电磁波”的本质（**2**）。

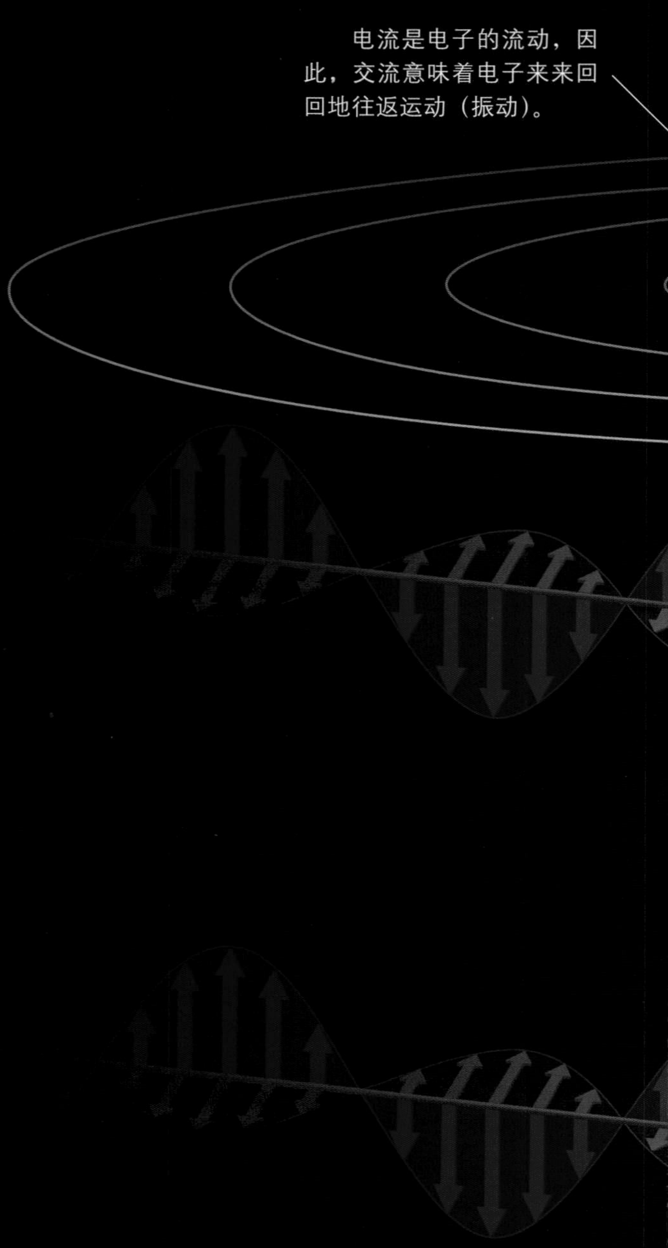
电流是电子的流动，因此，交流意味着电子来来回回地往返运动（振动）。

## 1. 交流产生电磁波

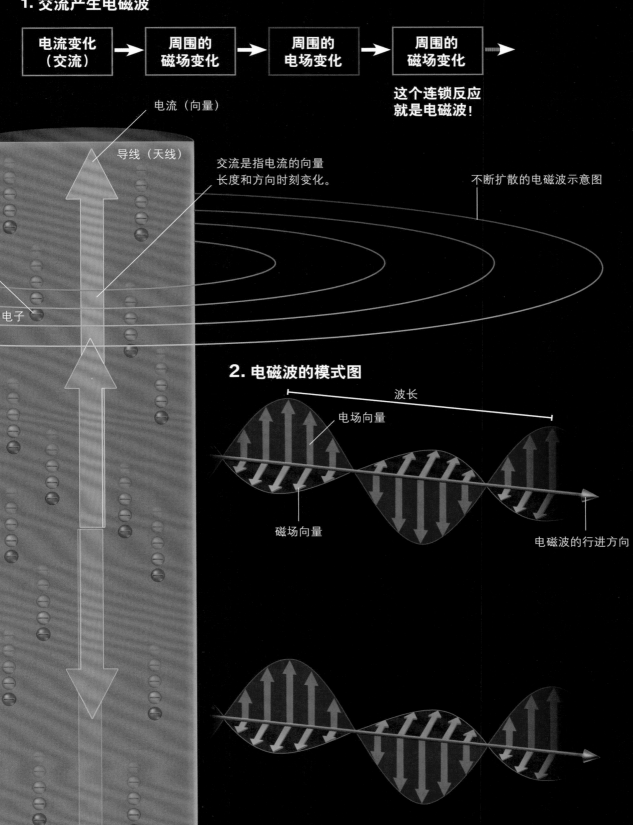

**电流变化（交流）** → **周围的磁场变化** → **周围的电场变化** → **周围的磁场变化** →

**这个连锁反应就是电磁波！**

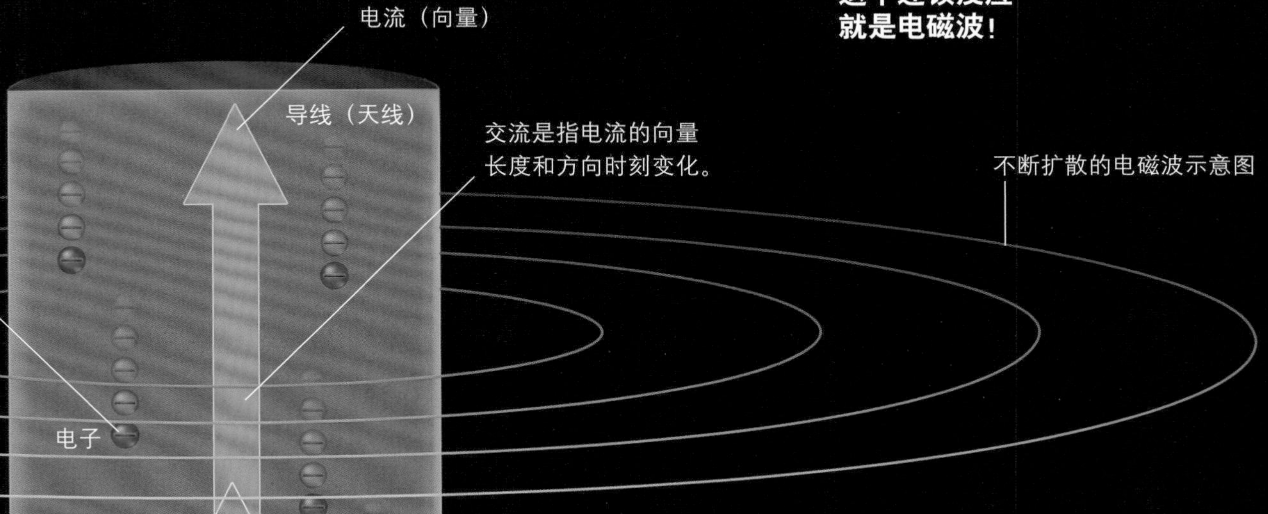


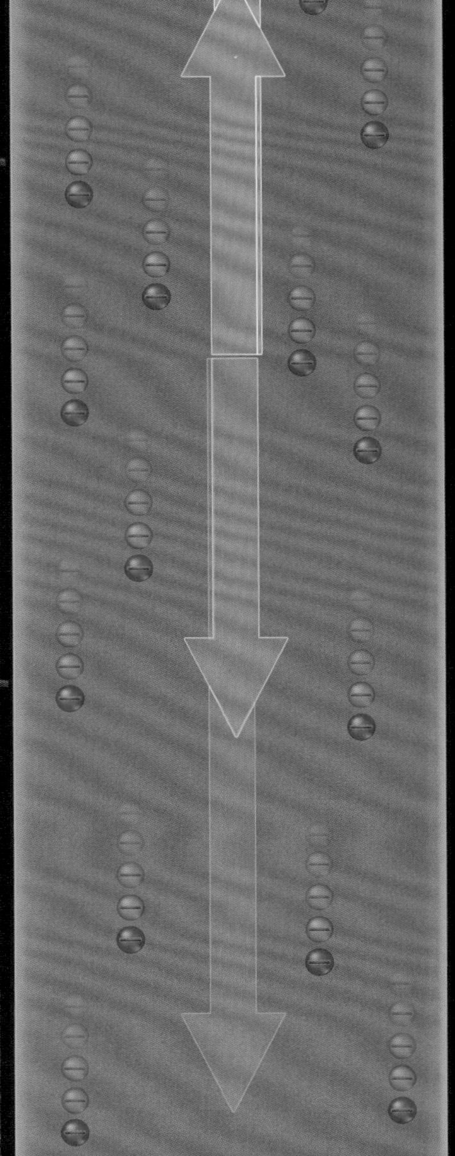

## 2. 电磁波的模式图

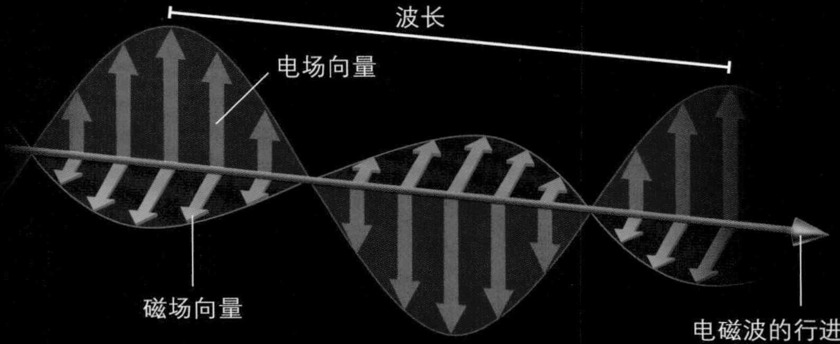


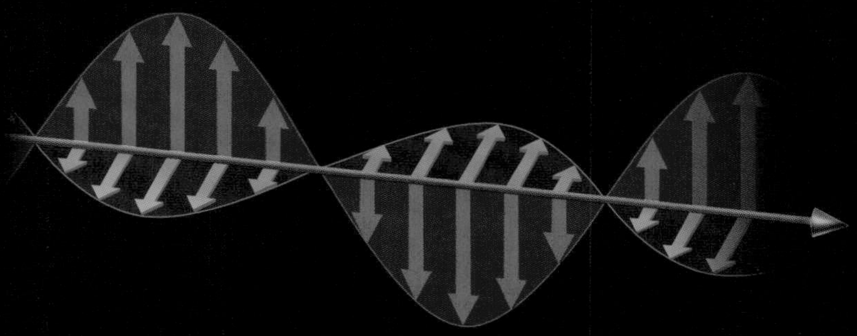

# 光通过时，电场向量使得电子移动

右图 **1** 是逐帧表示电磁波（光）行进情形的模式图（从上到下为时间的流逝）。请大家仔细观察图中电子所处位置的电场向量。

在①中，电场向量向上，且为最大值。在②中，电场向量稍微变短（电场变弱）。在③中，电场向量进一步变短。在④中，电场变为零。在⑤中，电场方向逆转，产生了向下且较短的电场向量。**就这样，当电磁波通过时，电场（与磁场）向量大小和方向会时刻变化。**

## 在手机和电视的天线中，电磁波使得电子移动

电子受力的大小与电场大小成正比。此外，由于电子是带负电的粒子，因此，受到的力与电场的方向相反。所以，**当电磁波通过时，电子在与电场方向相反的方向上受到与电场向量长度成正比的力。由于电场的大小和方向时刻在变化，因此造成电子上下移动**※。反过来说，电磁波是能够让电子等带电粒子移动的波（**2**）。

事实上，在手机或电视的天线中就发生着这种现象。发送的无线电波使得天线中的电子移动。电子的流动就是电流，因此，这意味着在天线中产生了电流。从该电流的信号中，我们能够获取无线电波上搭载的信息。

※　这里没有考虑磁场的影响，否则将越发变得复杂。静止的电子没有受到来自磁场的作用力。但是，当电子开始移动、具有速度后，电子就会受到来自磁场的作用力（参照第 151 页的延伸阅读）。

## 电磁波的本质

电磁波（光）通过时，该处的电子（带电粒子）受到来自电场的作用力而移动（**1**）。电磁波实质上是“移动带电粒子的波”（**2**）。

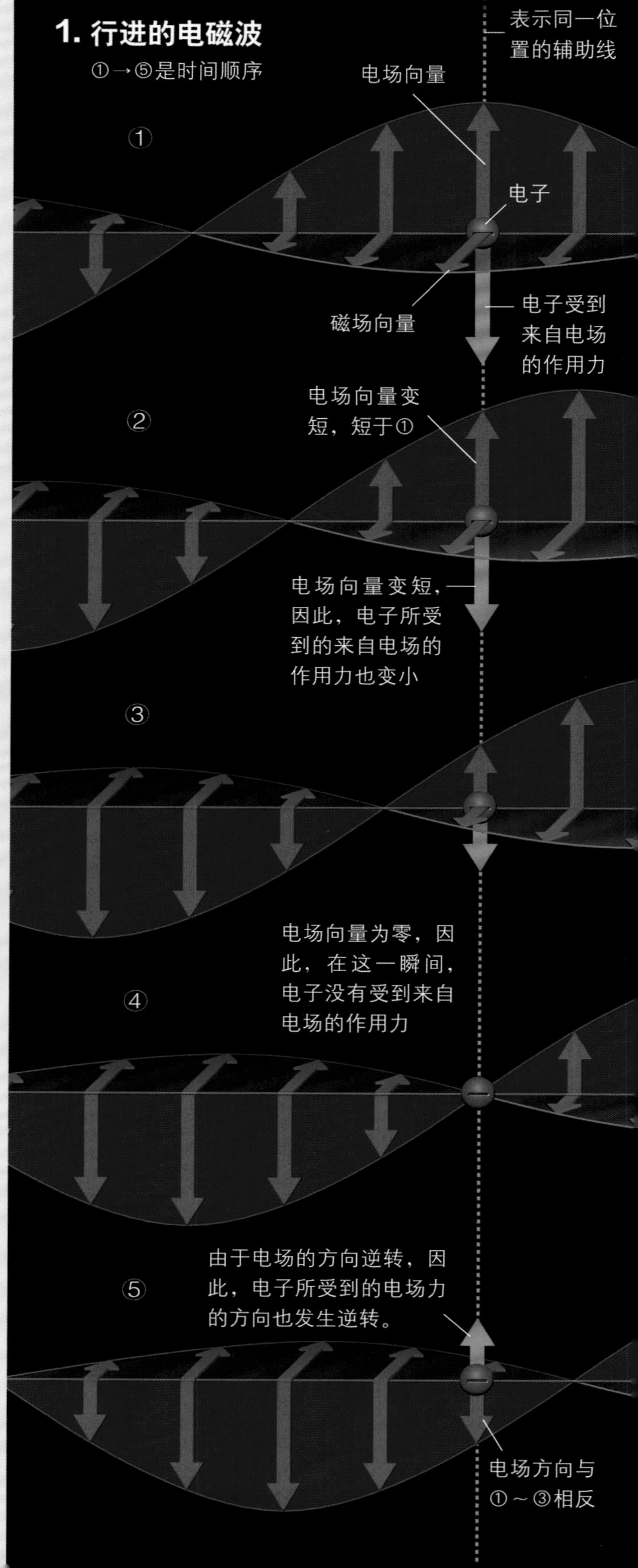
1. 行进的电磁波
①→⑤是时间顺序
表示同一位置的辅助线
电场向量
①
电子
磁场向量
电子受到来自电场的作用力
②
电场向量变短，短于①
电场向量变短，因此，电子所受到的来自电场的作用力也变小
③
④
电场向量为零，因此，在这一瞬间，电子没有受到来自电场的作用力
⑤
由于电场的方向逆转，因此，电子所受到的电场力的方向也发生逆转。
电场方向与①～③相反

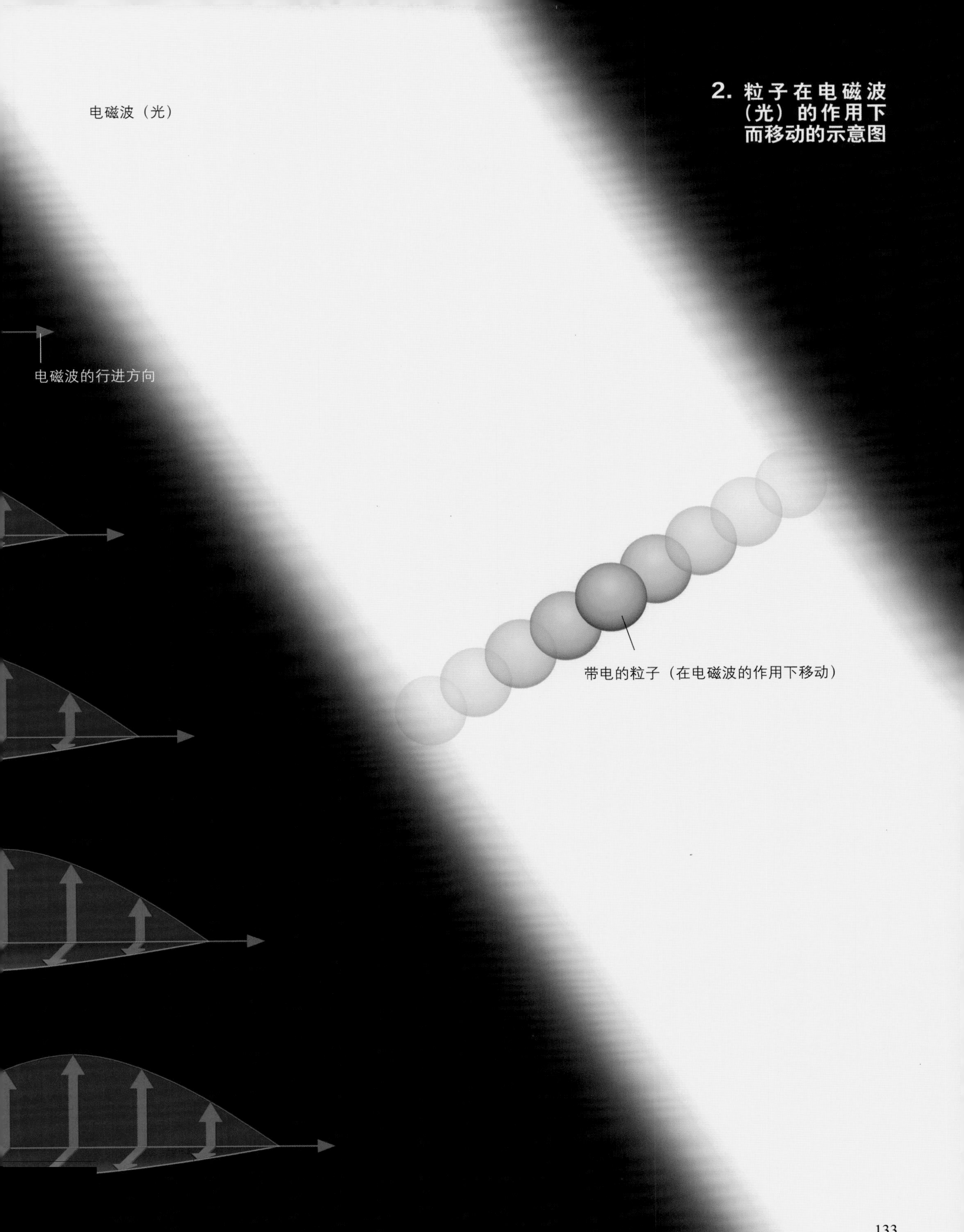

2. 粒子在电磁波（光）的作用下而移动的示意图
电磁波（光）
电磁波的行进方向
带电的粒子（在电磁波的作用下移动）

# 向量的
# 内积与外积

在本章 PART 1 中，我们介绍了向量的加法和减法，但向量还有类似于乘法的运算，也就是被称为“内积”和“外积”的运算。它们在力学和电磁学等领域中对一些现象的解析发挥着巨大的“威力”，让我们来看看它们各自的含义及具体的使用方法吧！

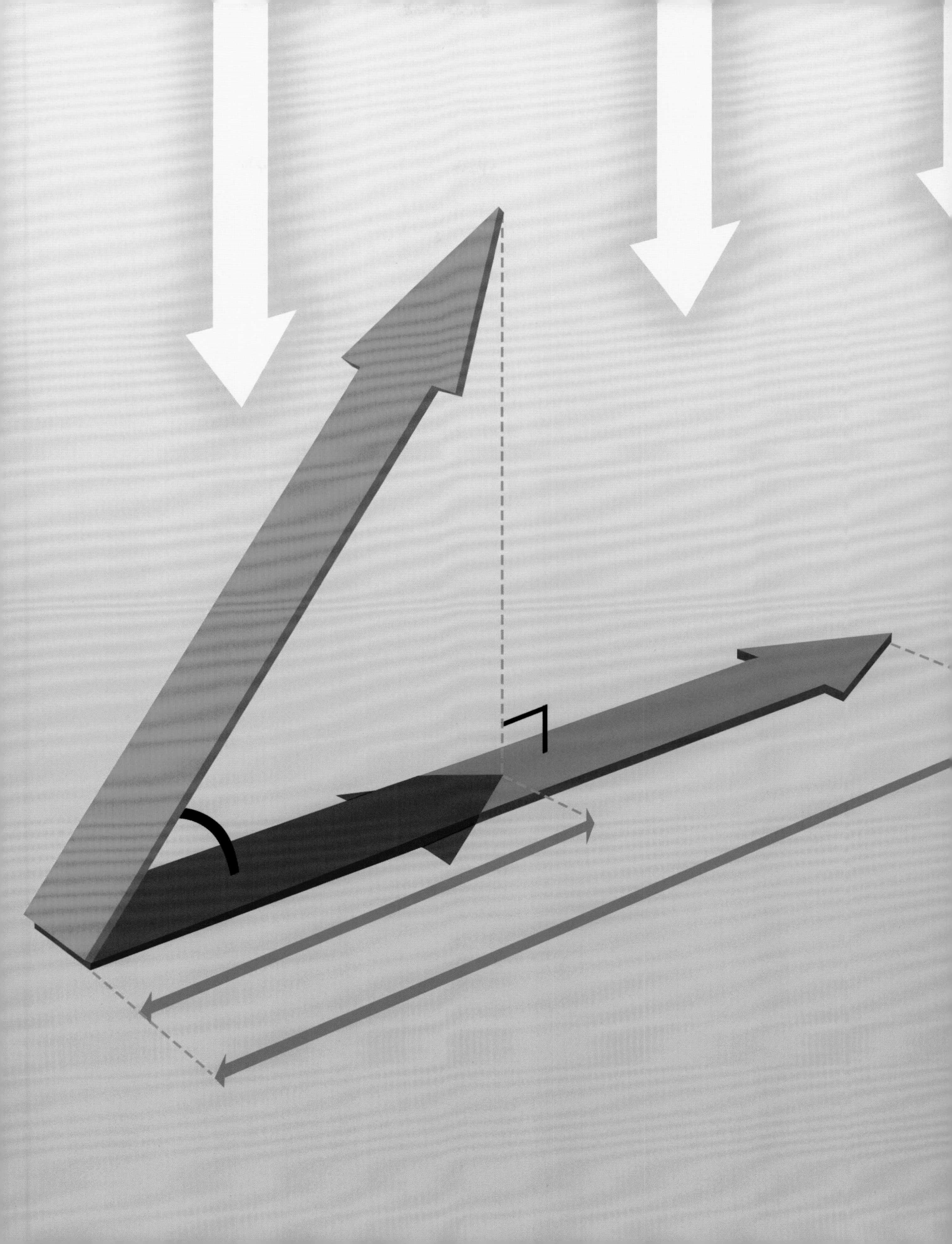

# 向量与能量也有密切的关系

在第一部分，我们介绍了向量的加法和减法。其实，向量的计算还有“内积”（类似乘法）。**例如，向量 $\vec{F}$ 与 $\vec{r}$ 的内积记作“$\vec{F}\cdot\vec{r}$”，读作“$F$ 点 $r$”（点乘）。**

**虽然内积看上去与乘法非常相似，但它与乘法完全不同。$\vec{F}\cdot\vec{r}$ 并不是“$\vec{F}$ 的 $\vec{r}$ 倍”的意思。**由于 $\vec{r}$ 不是通常意义上的数，所以并不是“乘以 $\vec{r}$ 倍”的意思。

我们将在后文中介绍内积的定义，这里，首先介绍一下与内积有关的物理学上的“做功”。在物理学上，当一个力作用在物体上，并使物体发生移动时，**我们就说这个力对物体“做了功”。换句话说，做功意味着“增加能量[※1]”。**

我们来看一个例子。用力 $\vec{F}$ 拉动放在地板上的物体，使其在地板上滑动一段距离（**1**）。假设地板非常光滑，可以忽略摩擦力。**这时，把连接物体最初的位置与移动后的位置的向量 $\vec{r}$ 称为“位移向量”。**

做功的结果导致最初静止的物体具有了速度。也就是说，**物体通过做功获得了能量（动能）[※2]**。

假设物体的质量为 $m$，速度为 $v$，则动能为 $\frac{1}{2}mv^2$。

那么，作用于物体的力越大，且物体移动的距离越长，物体所获得的能量就越大吗？答案是：**力 $\vec{F}$ 越长（$\vec{F}$ 的长度，即 $|\vec{F}|$ 越长），且位移向量 $\vec{r}$ 越长（$|\vec{r}|$ 越长），物体所获得的能量就越大（与 $|\vec{F}|$ 和 $|\vec{r}|$ 成正比）。**因此，图 1 中所做的功可以表示为下面的公式。

**[图 1 中所做的功] = $|\vec{F}||\vec{r}|$** …①

## 做功与内积的定义

当一个力作用在物体上，并使物体移动了一段距离，可以说这个力对物体做了功（1）。做功定义为力的向量与位移向量的内积（2）。只有做功的那部分力才转换成能量[※]。

※ 当内积为负（$\theta$ 大于 90°）时，则物体的能量减少（做了负功）。例如，原本正在运动的物体在摩擦力的作用下不断减速。摩擦力的方向与物体的运动方向正好相反。

### 1. 什么是做功？

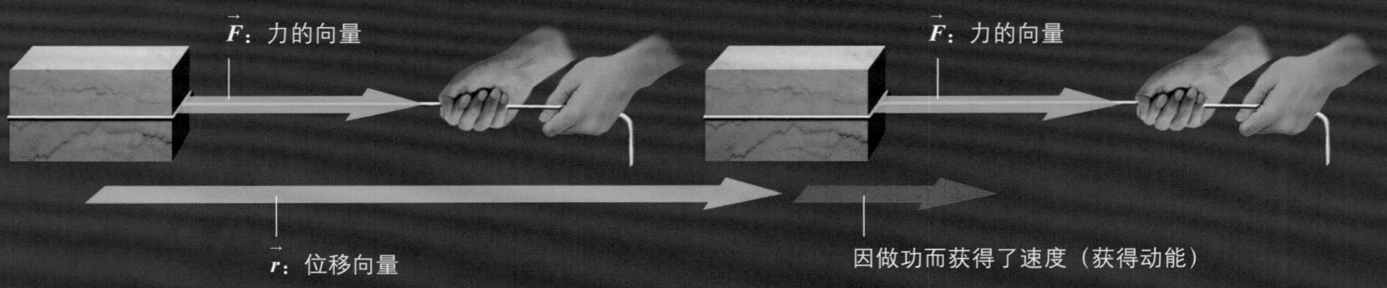

## 斜向拉动物体的话，能量会增加多少呢？

这次，我们用力 $\vec{F}$ 斜着向上拉动物体，并使物体在地板上滑动一段距离（**2**）。与图 **1** 不同的是，**因为力 $\vec{F}$ 是斜向的，所以，只有移动方向上的那部分力才真正发挥了使物体移动的作用**（**2-a**）。假设力 $\vec{F}$ 与 $\vec{r}$ 之间的夹角为 $\theta$，那么，力 $\vec{F}$ 在移动方向上的分量大小可以用“$|\vec{F}|\cos\theta$”表示。

这里所出现的“$\cos\theta$”是三角函数之一，称为“余弦函数”(具体请参照下一页的“什么是三角函数？”)。例如，当 $\theta=60°$ 时，$\cos\theta=0.5$。也就是说，真正用来做功的力只有原来力 $\vec{F}$ 的一半大 ($|\vec{F}|\cos60°=0.5|\vec{F}|$)。因此，对物体所做的功可以表示为：

$$[\text{图 2 中所做的功}] = |\vec{F}|\cos\theta \times |\vec{r}| = |\vec{F}||\vec{r}|\cos\theta \quad \cdots②$$

其实，最右侧的公式就是文章开始所提到的内积“$\vec{F}\cdot\vec{r}$”的定义。也就是说，做功通常可以表示为：

$$[\text{做功}] = \vec{F}\cdot\vec{r} = |\vec{F}||\vec{r}|\cos\theta \quad \cdots③$$

公式①相当于公式③中的 $\theta=0°$（$\cos0°=1$）。我们将在第 140 页更详细地介绍内积。

※1 反过来说，能量也可以说是“做功的能力”。

※2 当物体与地板之间有摩擦力时，部分能量转化为热能，使得物体和地板变热。

**2. 向斜上方拉动物体时所做的功**

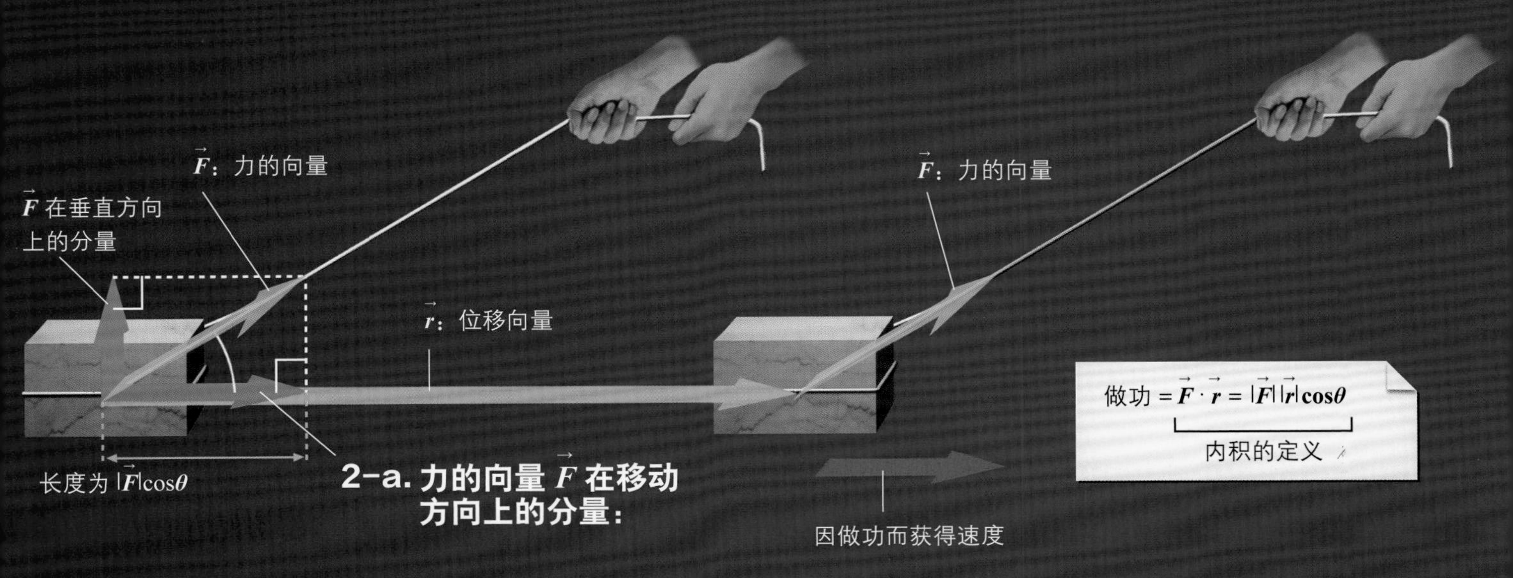

# 什么是三角函数?

在数学世界里，有很多掌握了就非常便利的“工具”，三角函数就是其中一个具有代表性的例子。

所谓函数，就像是“把某个数放入其中就会产出与之对应的定值的机器”。例如，把放入机器里的数写为 $x$ 的话，那么“$2x$”就是一个函数。往这个函数里放入 3（把 3 代入 $x$），就会得到 6 这个数。

三角函数也是像这样，把某个数放入其中，就会得到与之对应的定值。但是，往三角函数里放入的“某个数”，常常是用来表示角度的数，如 45°、60° 等，下面我们来看一些具体的例子吧！

首先，我们考虑在 $xy$ 平面上以原点 $O$ 为圆心画出一个圆（**1**），圆的半径设为 1。我们把半径为 1 的圆称为“单位圆”。然后把这个单位圆上的点 $A$ 与原点 $O$ 用直线连接，连接线与 $x$ 轴的夹角用“$\theta$”来表示。这时点 $A$ 的 $x$ 坐标就是 $\cos\theta$，$y$ 坐标就是 $\sin\theta$。

$\sin\theta$ 得到的值是“高与斜边的比”。$\sin 30° = \frac{1}{2}$，

**1. 三角函数的定义**

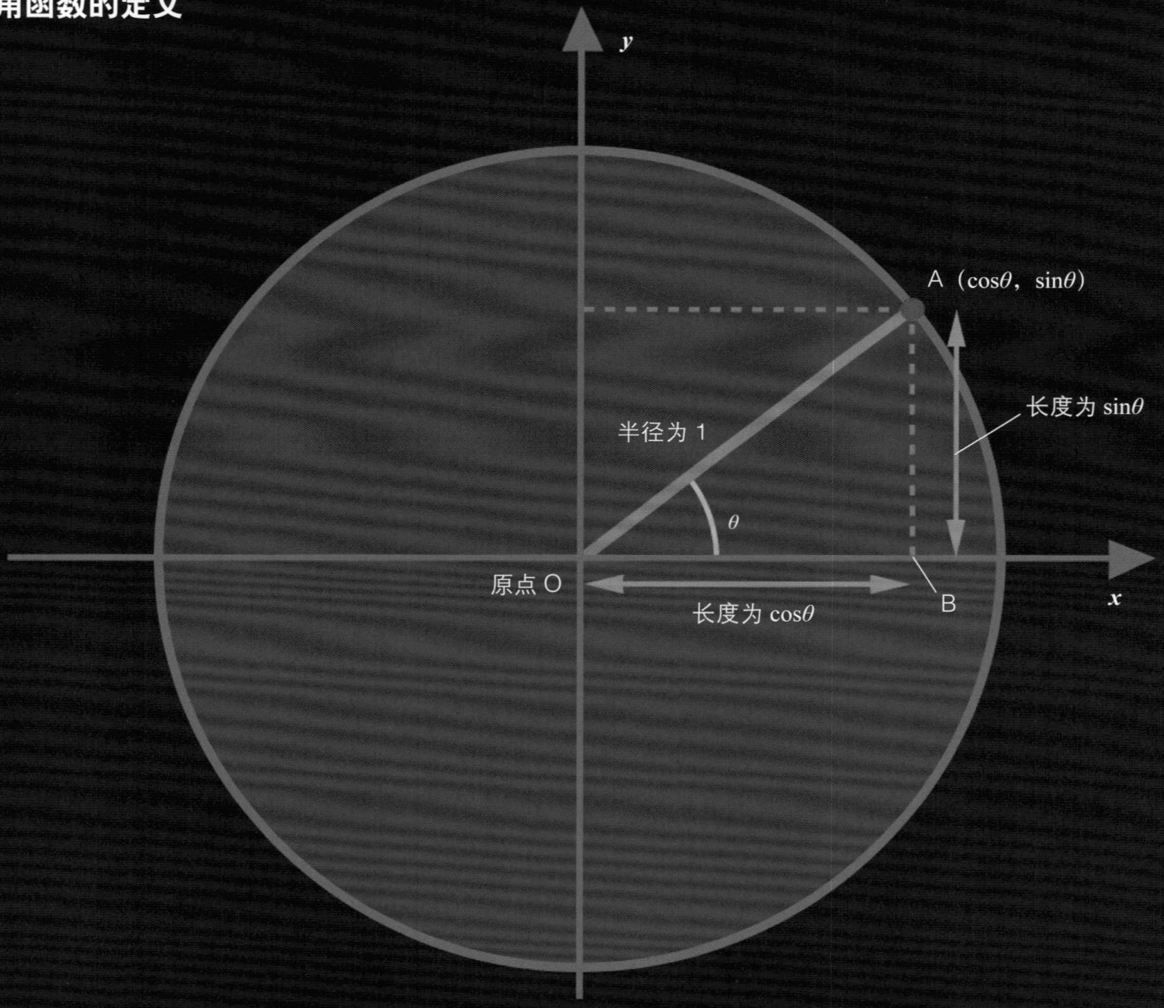


在 $xy$ 平面上我们考虑上以原点 O 为圆心半径为 1 的圆（单位圆）。连接单位圆上点 A 与原点 O 的直线与 $x$ 轴的夹角用设为 $\theta$ 时，点 A 的 $x$ 坐标就是 $\cos\theta$，$y$ 坐标就是 $\sin\theta$。

$\sin45° = \frac{\sqrt{2}}{2}$。$\cos\theta$ 得到的值是“底边与斜边的比”。$\cos30° = \frac{\sqrt{3}}{2}$，$\cos45° = \frac{\sqrt{2}}{2}$。正弦（sin）、余弦（cos）和正切（tan，高与底边的比）是三个具有代表性的三角函数。

下方列出了一些常用的 sin 和 cos 的值。在 $\theta$ 为实数的情况下，$\sin\theta$ 和 $\cos\theta$ 的值总处于 −1 到 1 之间。由于直线 OA 转一圈 360° 后会回到原来的位置，所以 $\sin\theta$ 和 $\cos\theta$ 也是以 360° 为周期在 −1 到 1 之间波动（参照第 86 页的曲线）。

接着我们来考察如何用三角函数表示直角三角形的边长（**2**）。设斜边长为 $L$，那么这个直角三角形 O′A′B′ 因为与图 1 的直角三角形 OAB 相似，所以 O′B′ 和 A′B′ 的长度只要用图 1 的直角三角形 OAB 对应的各边长度乘以 $L$ 倍即可。也就是说，长度分别是 $L\cos\theta$、$L\sin\theta$。

## 2. 用三角函数来表示直角三角形的边长

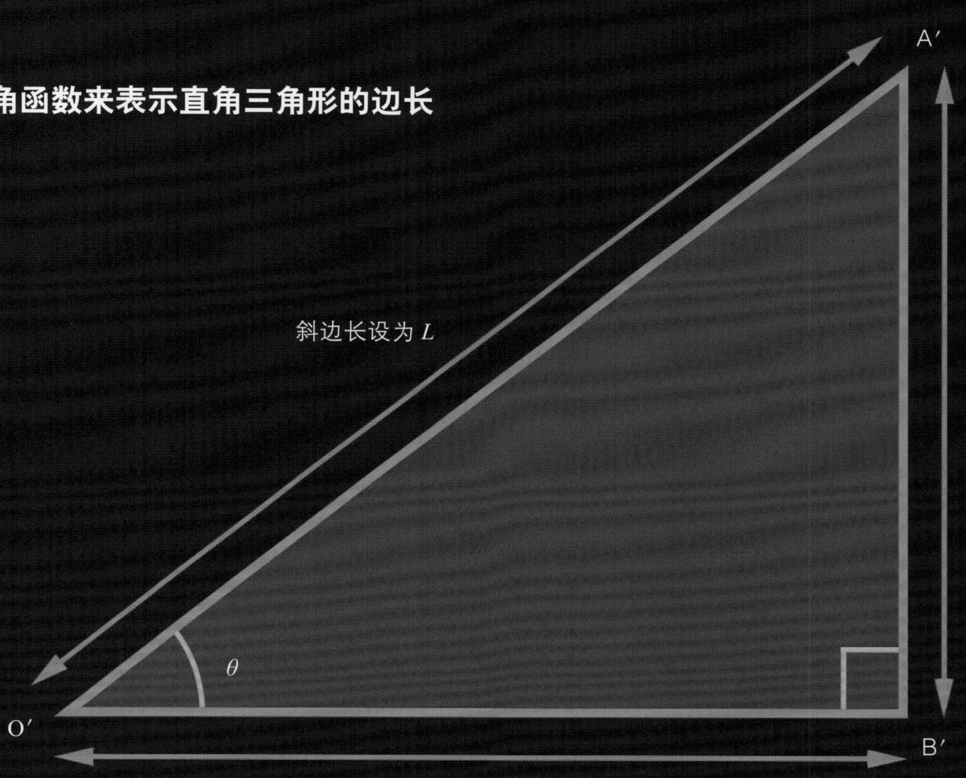


我们来考察斜边长为 $L$ 的直角三角形 O′A′B′。这个直角三角形与 1 的直角三角形 OAB 相似，所以 O′B′ 和 A′B′ 的长度分别是 1 的直角三角形里对应的各边长度乘以 $L$ 倍即可，也即长度分别是 $L\cos\theta$ 和 $L\sin\theta$。

### 一些常用的 sin 和 cos 的值

- $\cos 0° = 1$
- $\cos 30° = \frac{\sqrt{3}}{2} = 0.866\cdots$
- $\cos 45° = \frac{\sqrt{2}}{2} = 0.707\cdots$
- $\cos 60° = \frac{1}{2} = 0.5$
- $\cos 90° = 0$
- $\sin 0° = 0$
- $\sin 30° = \frac{1}{2} = 0.5$
- $\sin 45° = \frac{\sqrt{2}}{2} = 0.707\cdots$
- $\sin 60° = \frac{\sqrt{3}}{2} = 0.866\cdots$
- $\sin 90° = 1$

# 可以用向量坐标简单便捷地计算内积

假设有 $\vec{a}$、$\vec{b}$ 两个向量，它们之间的夹角为 $\theta$，则这两个向量的内积 $\vec{a}\cdot\vec{b}$ 可以表示为：

$\vec{a}\cdot\vec{b}=|\vec{a}||\vec{b}|\cos\theta$ …①

如下图 **1** 所示，**如果把 $\vec{a}\cdot\vec{b}$ 当作“光线垂直照射 $\vec{b}$ 时所形成的‘$\vec{a}$ 的投影长度’与‘$\vec{b}$ 的长度’之积”的话，就能够很好地理解内积的意义了。**

**请大家一定要注意，$\vec{a}\cdot\vec{b}$ 并不是两个向量长度简单地相乘，而是添加上了 $\cos\theta$ 这一额外的内容。此外，向量的内积不是向量，而是一个普通的数值（标量）。**

利用向量的坐标表示可以非常简单地计算内积。例如，$\vec{a}=(3,\ 3)$、$\vec{b}=(4,\ 0)$，则 $\vec{a}\cdot\vec{b}=3\times4+3\times0=12$

也就是说，**向量的 $x$ 坐标和 $y$ 坐标分别相乘，并把乘积加到一起（空间向量则需把另一个 $z$ 坐标相乘，并把乘积加到一起）。**

假设 $\vec{a}=(a_1,\ a_2)$　$\vec{b}=(b_1,\ b_2)$，

则 $\vec{a}\cdot\vec{b}=a_1\times b_1+a_2\times b_2$ …②

## 什么是内积？

下图描绘了内积的定义和计算方法，并用图表示当两个向量垂直时，内积为零。

### 1. 内积在几何学上的意义

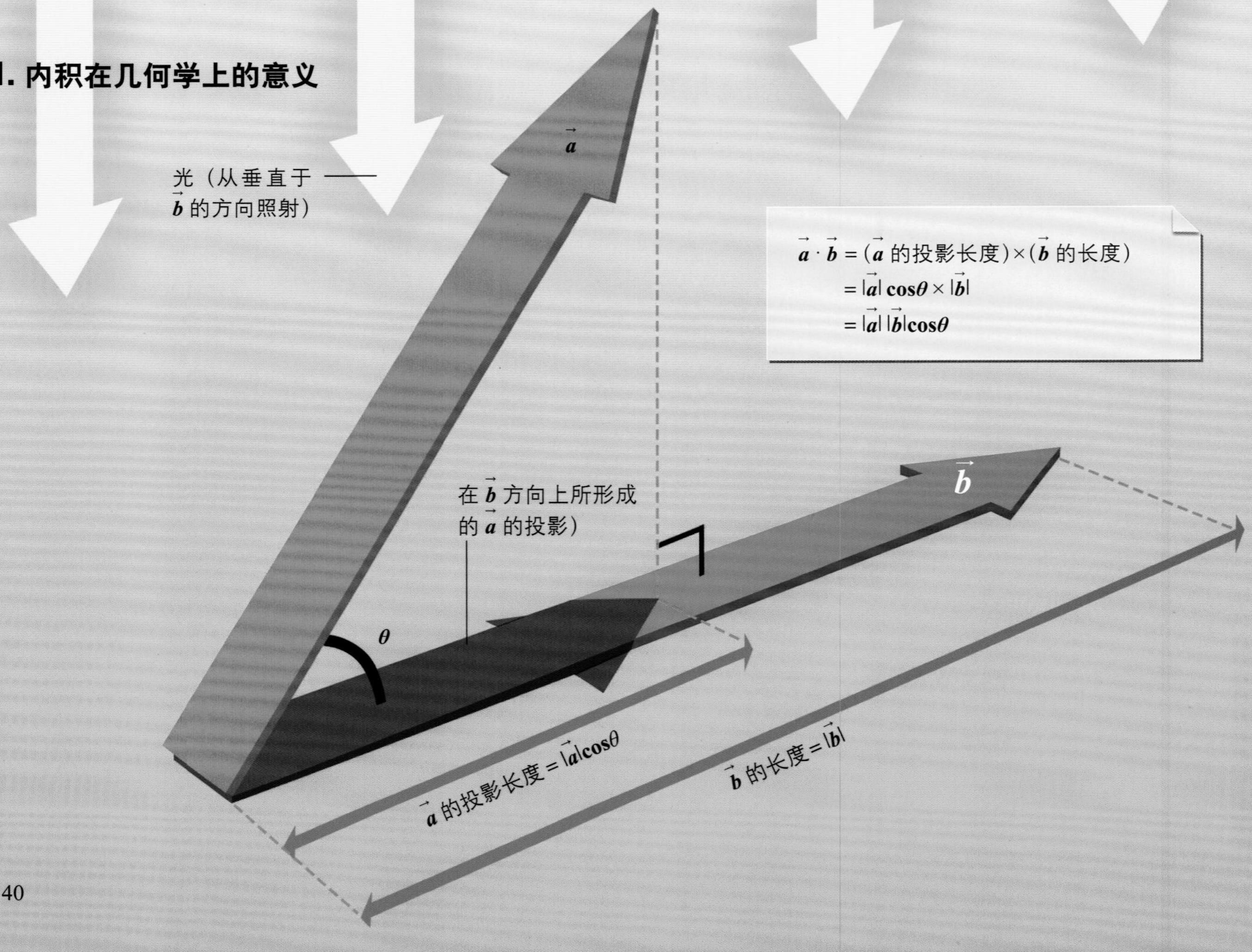

将①变形，则 $\cos\theta = (\vec{a} \cdot \vec{b}) \div (|\vec{a}|\,|\vec{b}|) \cdots$③

如第 114 页所介绍的那样，当 $|\vec{a}|$ 与 $|\vec{b}|$ 的向量坐标都很明确时，则 $|\vec{a}| = \sqrt{(a_1)^2 + (a_2)^2}$，$|\vec{b}| = \sqrt{(b_1)^2 + (b_2)^2}$，因此也就能计算公式③的右侧，即 $\cos\theta$ 的值。利用函数计算器或大学数学教科书中的三角函数表，我们就能计算 $\theta$ 的值（$\vec{a}$、$\vec{b}$ 之间的夹角）。

我们还用上面的例子进行说明。当 $\vec{a}=(3,3)$、$\vec{b}=(4,0)$ 时，则 $\vec{a}\cdot\vec{b}=12$，$|\vec{a}|=3\sqrt{2}$，$|\vec{b}|=4$。因此，根据公式③，我们得知 $\cos\theta = \frac{12}{12\sqrt{2}} = \frac{\sqrt{2}}{2}$。因为 $\cos45° = \frac{\sqrt{2}}{2}$，所以，$\vec{a}$、$\vec{b}$ 之间的夹角为 45°（**2**）。

当 $\vec{a}=\vec{b}=(a_1,a_2)$ 时，

则 $\vec{a}\cdot\vec{b}=\vec{a}\cdot\vec{a}=a_1\times a_1+a_2\times a_2=a_1^2+a_2^2=|\vec{a}|^2$，也就是说，内积等于向量长度的平方。

## 2. 内积的两种计算方法

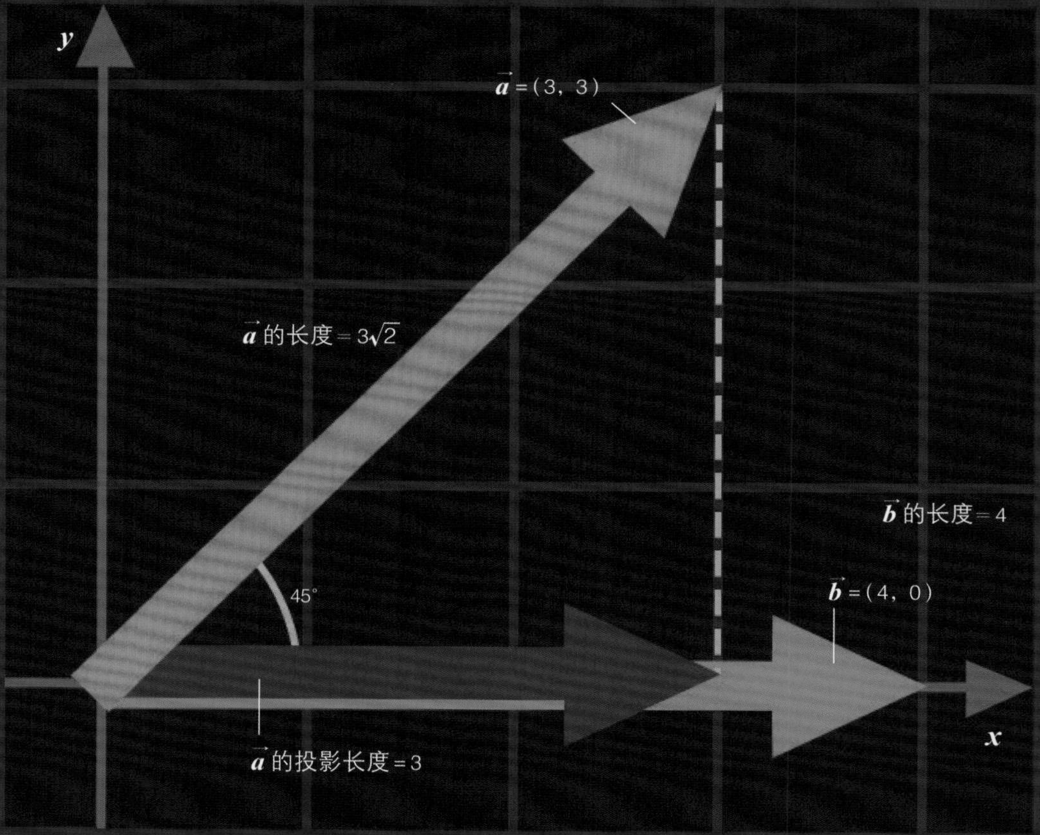


① $\vec{a}\cdot\vec{b}$ = ($\vec{a}$ 的投影长度) × ($\vec{b}$ 的长度)
= 3 × 4 = 12

② $\vec{a}\cdot\vec{b}$ = 3 × 4 + 3 × 0 = 12

几何学的计算结果①与利用向量的坐标进行计算的结果②相同。

# 两个向量垂直时，内积为零

此外，我们还能够非常简单地判断 $\vec{a}$ 与 $\vec{b}$ 是否垂直。**当 $\vec{a}$ 与 $\vec{b}$ 垂直时**，无法形成“$\vec{a}$ 的投影”（**3**，$\vec{a}$ 的投影长度为零），则 **“$\vec{a}\cdot\vec{b}=0$”**。反过来说，**当我们利用向量的坐标表示来计算 $\vec{a}\cdot\vec{b}$**，所得结果为零时，则意味着 $\vec{a}$ 与 $\vec{b}$ 垂直。

例如，$\vec{a}=(2,\ 10)$、$\vec{b}=(5,\ -1)$，

$\vec{a}\cdot\vec{b}=2\times5+10\times(-1)=10-10=0$，

由此可知，$\vec{a}$ 与 $\vec{b}$ 垂直（**4**）。空间向量也是同样的，当内积为零时，则两个向量垂直（**5**）。

**3. 当两个向量垂直时，则内积为零**

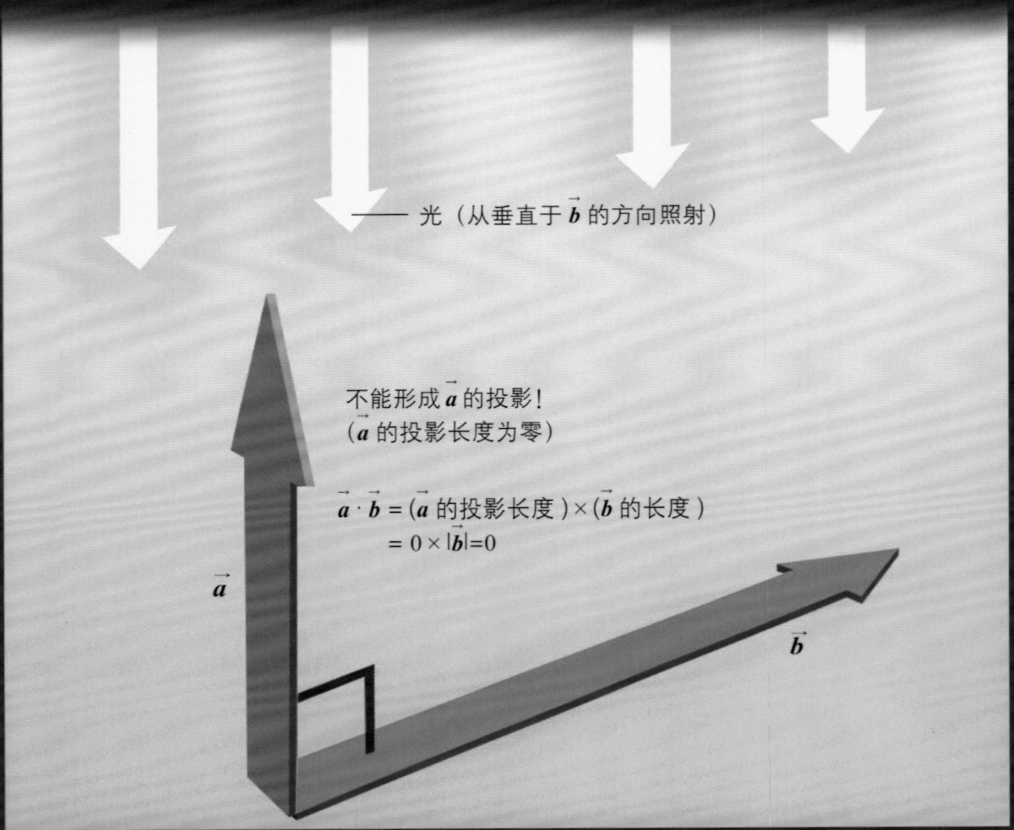

## 4. 当内积为零时，则两个向量垂直

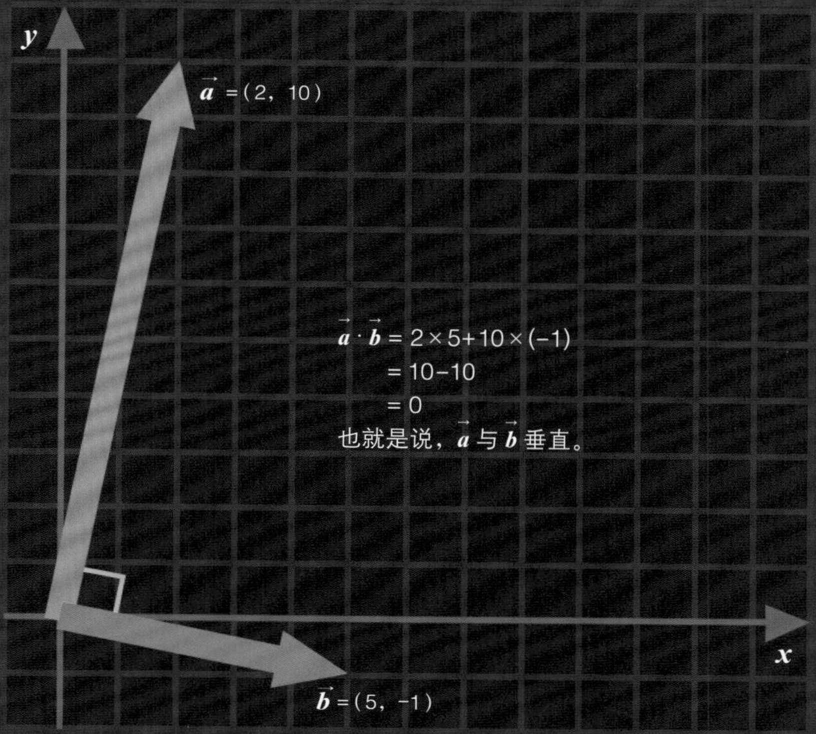


## 5. 空间向量也是同样的，当内积为零时，则两个向量垂直

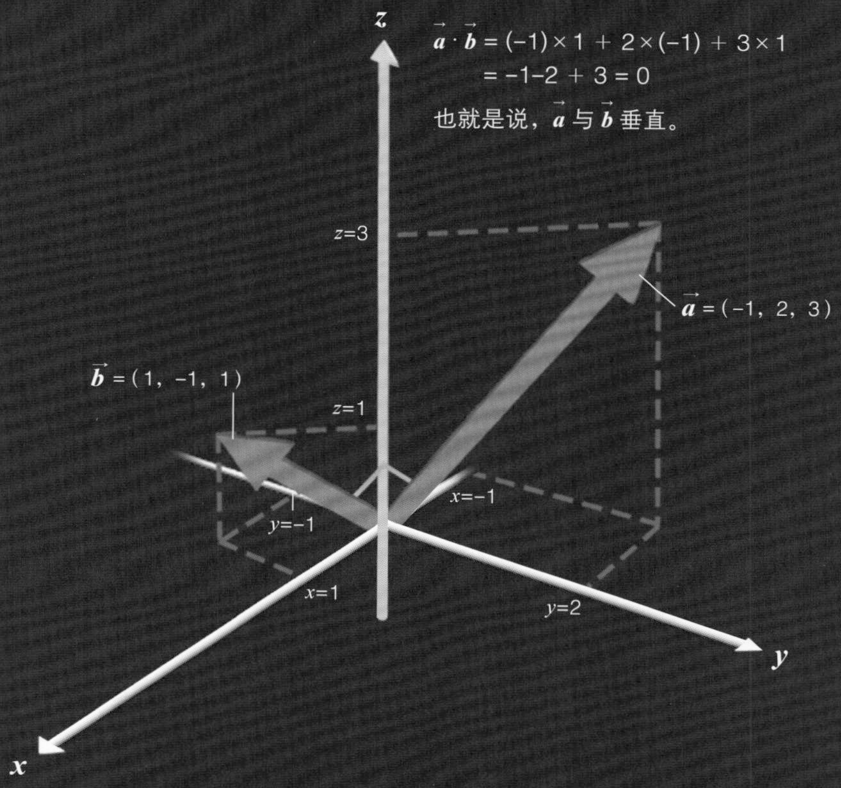

# 垂直下落的物体与沿着斜面滑落的物体，到底哪一个先落到地面呢？

下面，我们用与第 136 页不同的例子来介绍向量的内积、做功、能量之间的关系。

假设一个物体从高 $h$ 米的上空落下（**1**）。在重力（$\vec{F}$）的作用下，物体加速向下运动。也就是说，物体在下落的过程中获得了动能。我们可以认为“地球的重力对物体做了功，并使物体获得了动能”。

假设连接物体最初的位置与即将落到地面的位置的位移向量为 $\vec{r}_1$（$|\vec{r}_1|=h$），则物体落到地面之前重力所做的功为：

$$\vec{F}\cdot\vec{r}_1=|\vec{F}||\vec{r}_1|\cos 0°=|\vec{F}|h \quad \cdots ①$$

$$(\cos 0°=1)$$

现在，我们来看看另一个例子：一个物体沿着与 1 高度相同的斜面（可以忽略摩擦力）滑落（**2**）。

## 重力所做的功与向量的内积

下图描绘了物体垂直落下时重力所做的功（1）与物体沿着斜面滑落时重力所做的功（2）。用内积计算两个功，就会发现它们完全相同。

### 1. 对垂直落下的物体所做的功

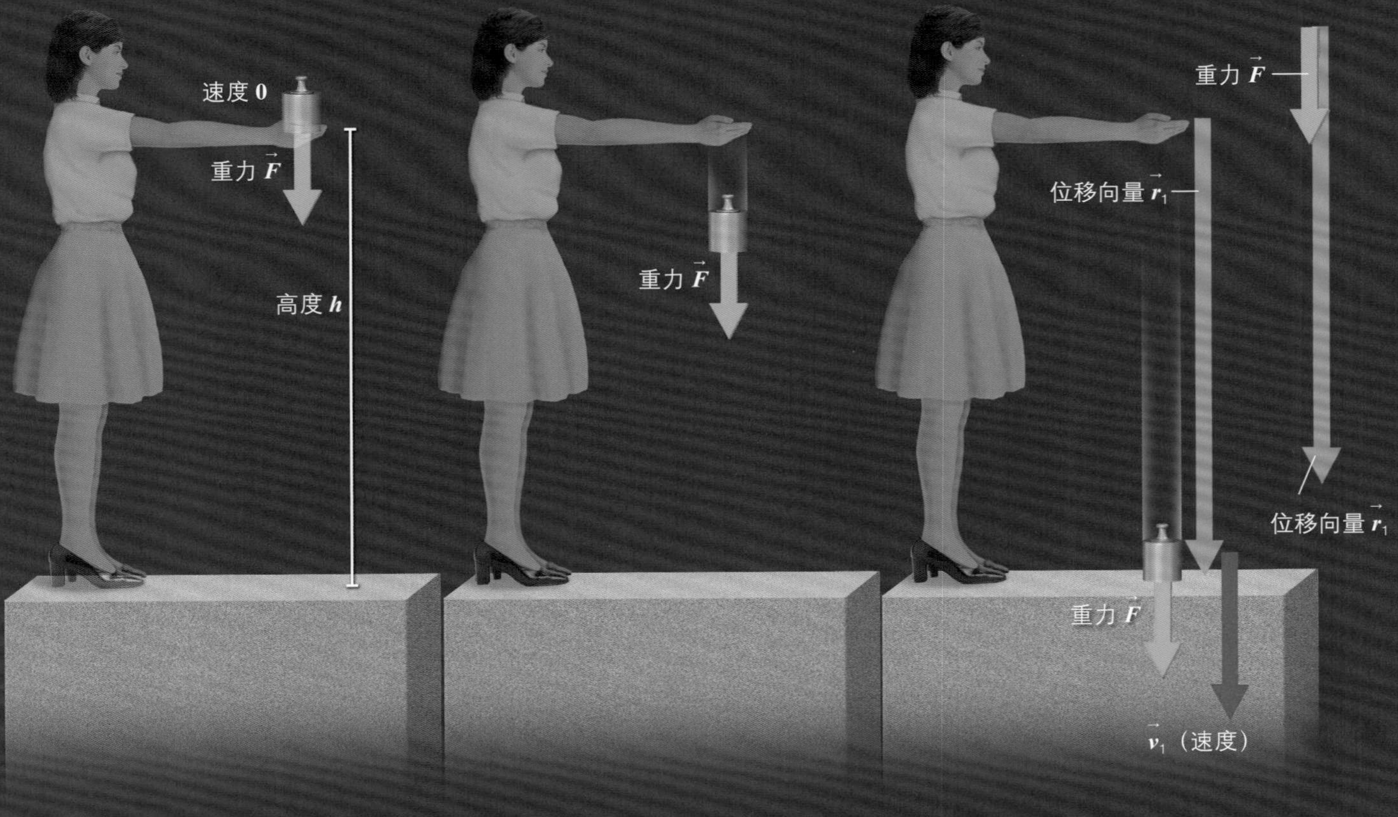

与垂直落下相比，物体沿着斜面滑落的最终速度更快一些，还是更慢一些呢？在下图中，重力的方向与位移向量 $\vec{r}_2$ 的方向不同。这时，重力所做的功为：

$\vec{F}\cdot\vec{r}_2 \rightarrow = |\vec{F}||\vec{r}_2|\cos\theta$ ⋯ ②

仔细观察下图，我们会发现，$|\vec{r}_2|\cos\theta$ 正好与 $h$ 相同。因此，公式②

$\vec{F}\cdot\vec{r}_2 = |\vec{F}|h$

也就是说，物体沿着斜面滑落时，重力所做的功与 **1** 中重力所做的功（公式①）完全相同。

这个结论适用于任何倾角的斜面（$\theta$ 可以为任意值）。因为只有重力所做的功转化成了物体的动能（速度），**当高度变化（$h$）相同时，物体最终获得的动能（速度）都是相同的，与是不是斜面、角度大小完全没有关系**。也许，这对我们来说，有点不可思议。

## 2. 对沿着斜面滑落的物体所做的功

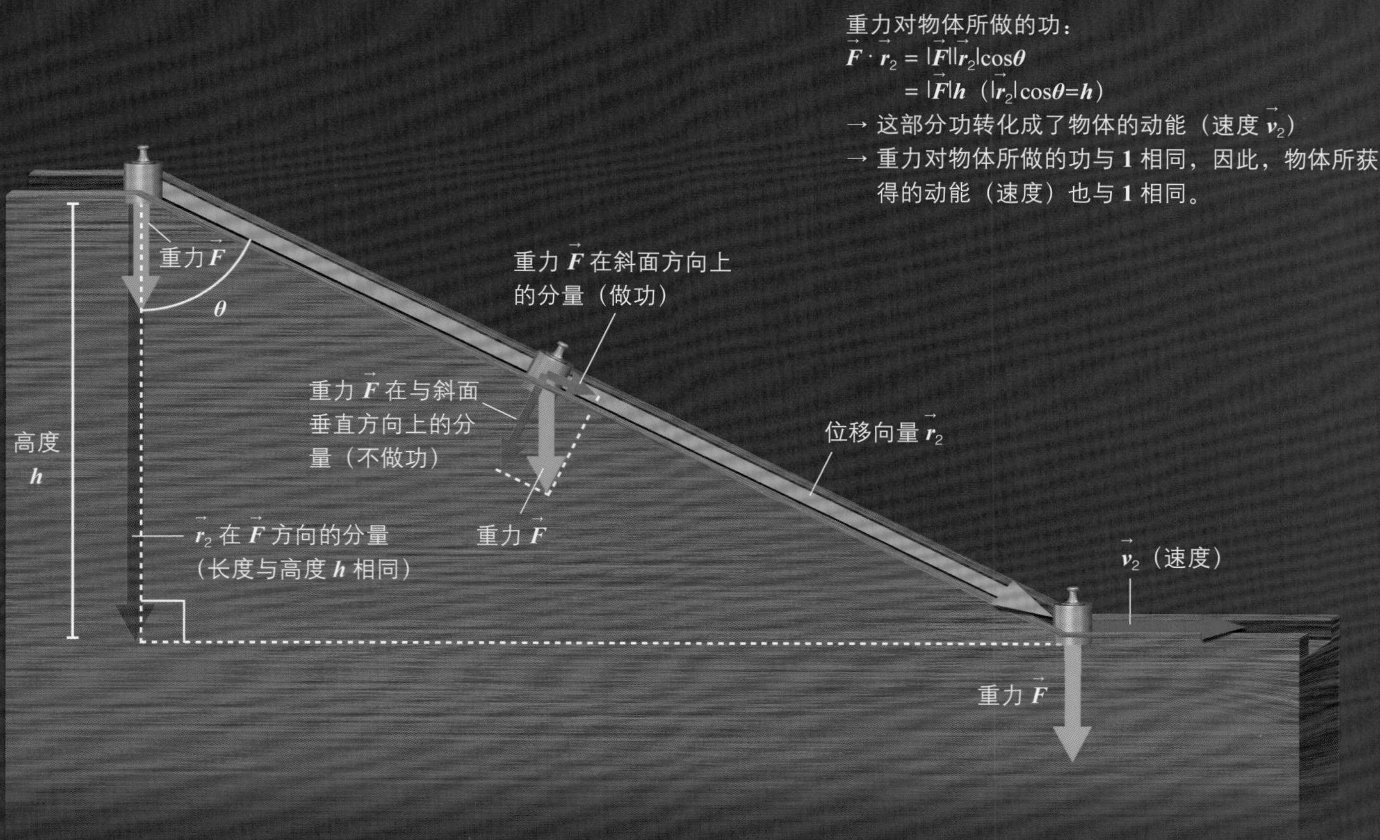


注：从斜面到水平移动转折的部分光滑且连贯，速度不减慢。

# 也可以用“能量守恒定律”来考虑

物体最终获得的动能与有无斜面、斜面角度的大小没有关系，这也意味着**“下落前的物体具有‘潜在的能量’，且该能量是由高度 $h$ 决定的”。通常把这个“潜在的能量”称为“位能”或“势能”。**

假设物体的质量为 $m$，重力加速度（下落的物体在 1 秒内所获得的速度）为 $g$，则重力为 $mg$（$|\vec{F}|$），物体的势能为 $mgh$。**势能与动能之和保持不变，这称为“(力学的)能量守恒定律”**※。

物体下落时，势能减少，减少的势能转换成动能，因而动能增加。无论物体是垂直落下，还是斜着落下，只要降低的高度相同，则减少的势能相同，增加的动能（增加的速度）也相同。

※ 但是，如果重力以外的其他力做了功的话，则总能量会增加或减少。例如，用绳子拉动物体，或者斜面上有摩擦力时。此外，在考虑势能时，已经考虑了重力的效果，因此不必考虑重力所做的功。

## 动能与势能的总和保持不变

物体内的能量，包含了物体运动时所得到的能量，即“动能”和在高处位置时由于重力而保存着的“势能”。动能和势能的总和是保持不变的。这就是“力学的能量守恒定律“。示意图用过山车描述了这个守恒定律。示意图中的柱体表示动能和势能的比例，绿色代表势能，粉红色代表动能。过山车从最高点滑到最低点的过程中，我们可以看到势能在逐渐减小，减小的比例转化成动能，使得动能逐渐增加。

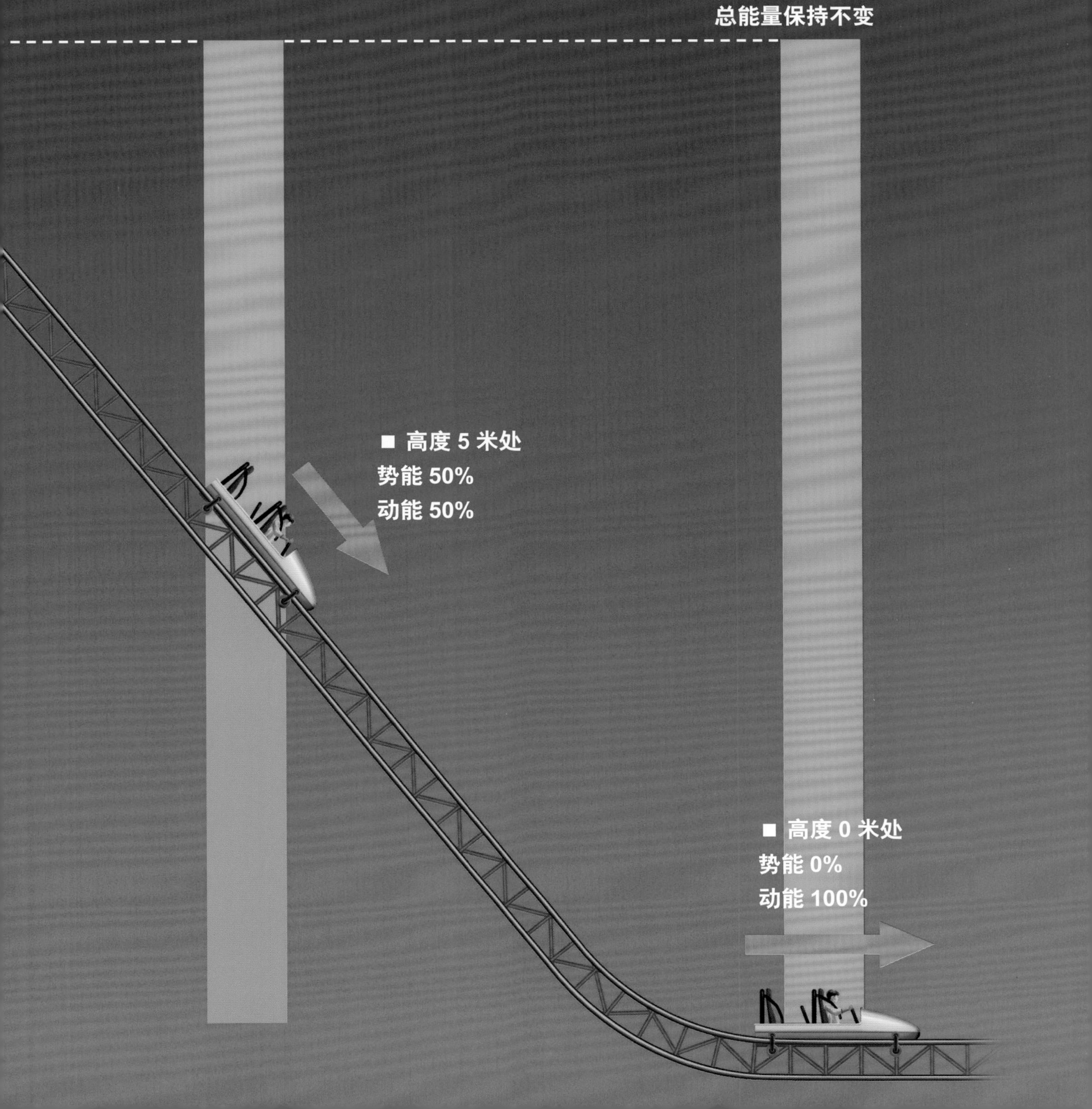

# 要想了解电动机的机制，就必须先了解向量的外积

不仅向量内积的计算看上去像乘法，其实，向量外积的计算也与乘法非常相似。不过，看上去像乘法并不意味着就是乘法。其实，与内积一样，外积的计算与乘法是完全不同的两种计算方法。**向量 $\vec{I}$ 与 $\vec{B}$ 的外积记作"$\vec{I}\times\vec{B}$"，读作"$\vec{I}$ 乘 $\vec{B}$"（叉乘）。**

外积的定义将在后文介绍，这里，首先介绍一下与外积相关的电动机的原理。**电动机是一种利用电力使物体转动的装置。**以电风扇为代表，几乎所有的家电产品都安装有电动机。**电动机的基本原理是"在磁场中给导线通电，则产生力作用于导线"。**巧妙地利用这种力，就能使物体转动（**1**）。

假设电流为 $\vec{I}$，磁场※1 为 $\vec{B}$，作用于导线的力※2 为 $\vec{F}$。研究发现，电流越大（$|\vec{I}|$ 越大），且磁场越强（$|\vec{B}|$ 越大），则作用于导线上的力越大（与 $|\vec{I}|$ 和 $|\vec{B}|$ 成正比）。因此，在 **1-a** 和 **1-b** 中，作用于导线的力 $\vec{F}$ 的大小 $|\vec{F}|$ 为：

## 电动机的机制与外积

流经磁场的电流受到力的作用。这个力就是电动机的动力来源，可以用向量的外积表示。

### 1. 单纯的电动机

磁场中的导线通电后，导线受到力的作用。电动机则巧妙地利用这个力让线圈（环形导线）持续不断地旋转。

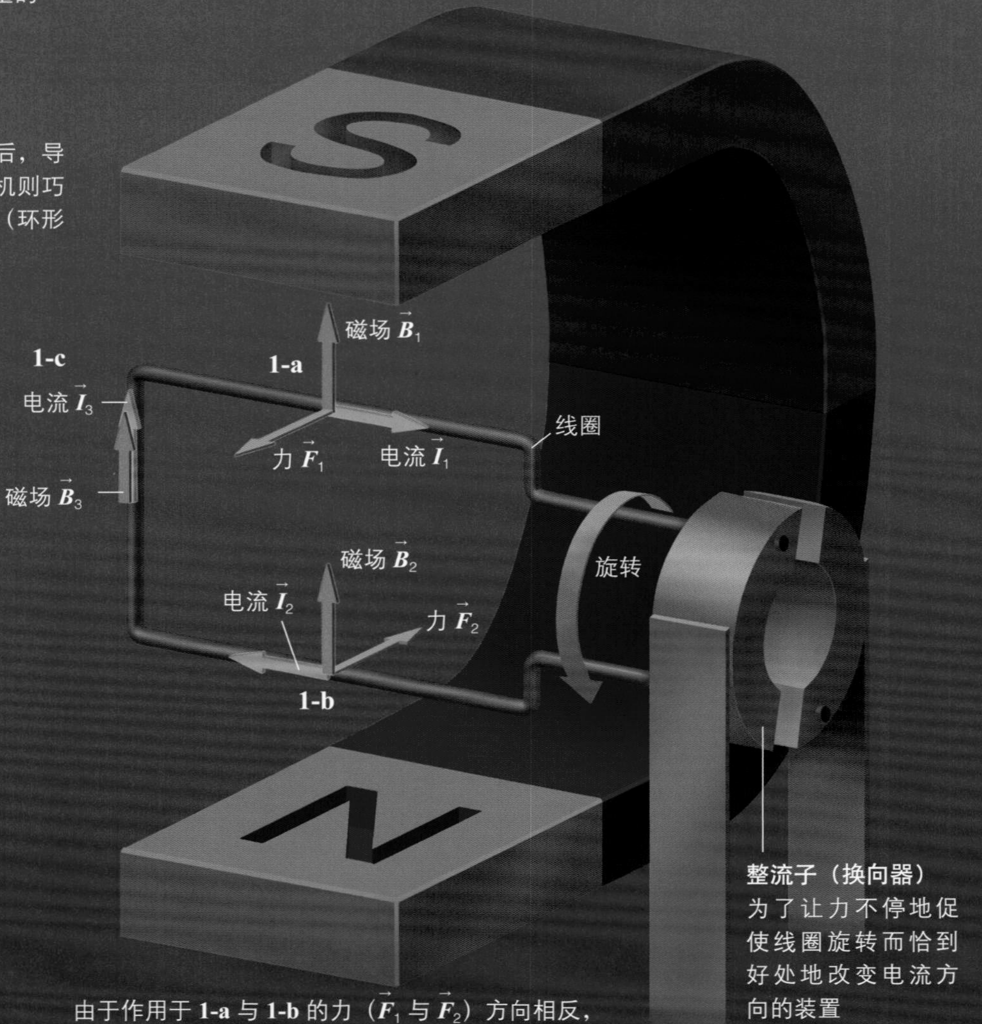


由于作用于 **1-a** 与 **1-b** 的力（$\vec{F}_1$ 与 $\vec{F}_2$）方向相反，因此线圈开始旋转。

### 2. 左手定则

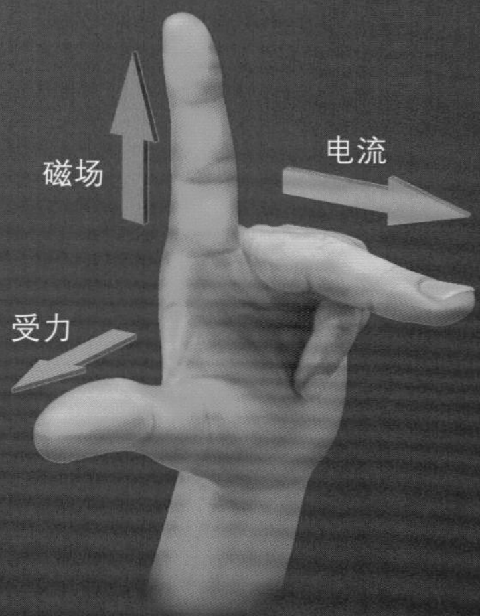

$|\vec{F}_1|=|\vec{I}_1||\vec{B}_1|$，$|\vec{F}_2|=|\vec{I}_2||\vec{B}_2|$

利用**“左手定则”**可以非常方便地判断力的方向（**2**）。这是一个非常有名的定则，想必许多读者在学校里都学过。**像图 2 那样伸展左手的中指、食指和大拇指，中指指向电流方向，食指指向磁场方向，大拇指所指的方向为导线受力的方向（另一种常用的方法是，伸开左手，使拇指与其余 4 个手指垂直，并且都与手掌在同一平面内；让磁感线从掌心进入，并使 4 指指向电流的方向，这时拇指所指的方向就是通电导线在磁场中所受力的方向）。而且，电流（中指方向）与磁场（食指方向）的方向不一定是垂直的，但是，受力（大拇指方向）一定与电流和磁场都垂直。**根据这一定则，如果把作用于线圈上端和下端的力颠倒方向的话，线圈就会旋转。

※1　更准确地说，是磁感应强度。

※2　更准确地说，是导线在单位长度（1 米）上所受的力。

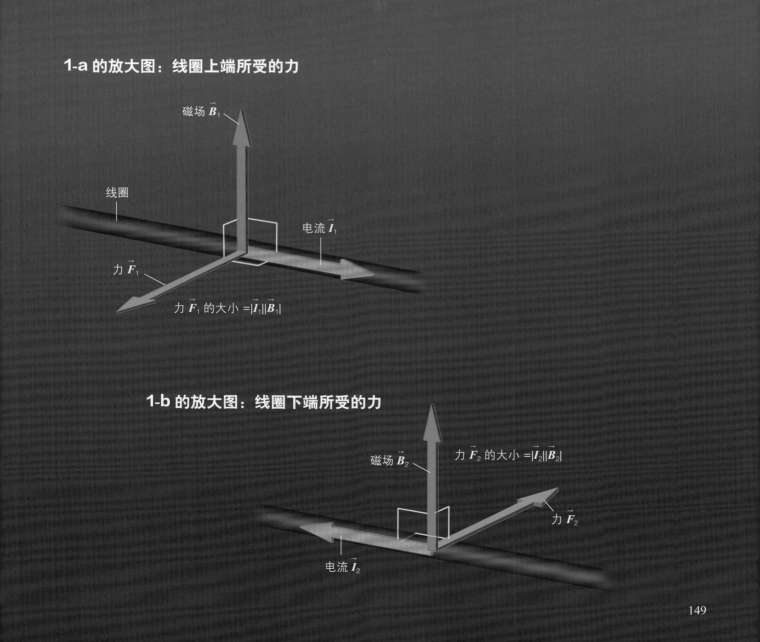

**1-a 的放大图：线圈上端所受的力**

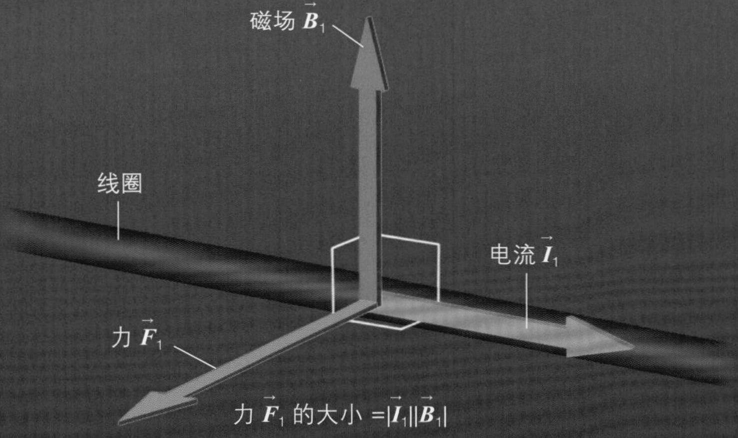


**1-b 的放大图：线圈下端所受的力**

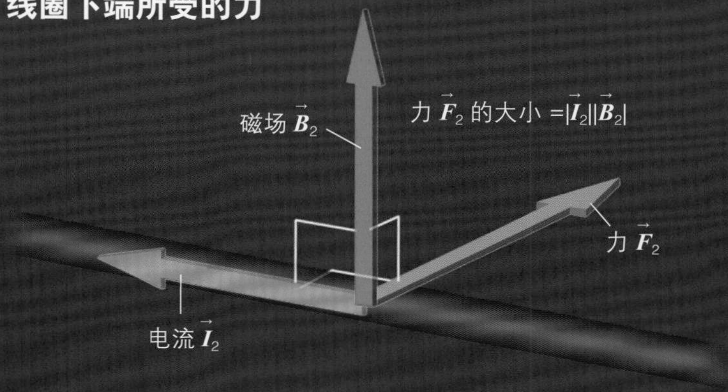

# 电流与磁场不垂直时，会出现怎样的结果？

那么，如 **1-c** 所示，当电流方向（$\vec{I_3}$）与磁场方向（$\vec{B_3}$）相同（平行）时会怎样呢？研究发现，在这种情况下，导线没有受力。

图 **3**（相当于从 **1** 开始，线圈稍稍旋转后）所示，当电流与磁场既不垂直也不平行时，会出现怎样的结果呢？如果把电流分解为与磁场“平行的分量”和“垂直的分量”（参照 **3** 下方的图），我们就会发现，与 **1-c** 相同，与磁场平行的分量没有受力。因此，只

## 1. 单纯的电动机

磁场中的导线通电后，导线受到力的作用。电动机则巧妙地利用这个力让线圈（环形导线）持续不断地旋转。

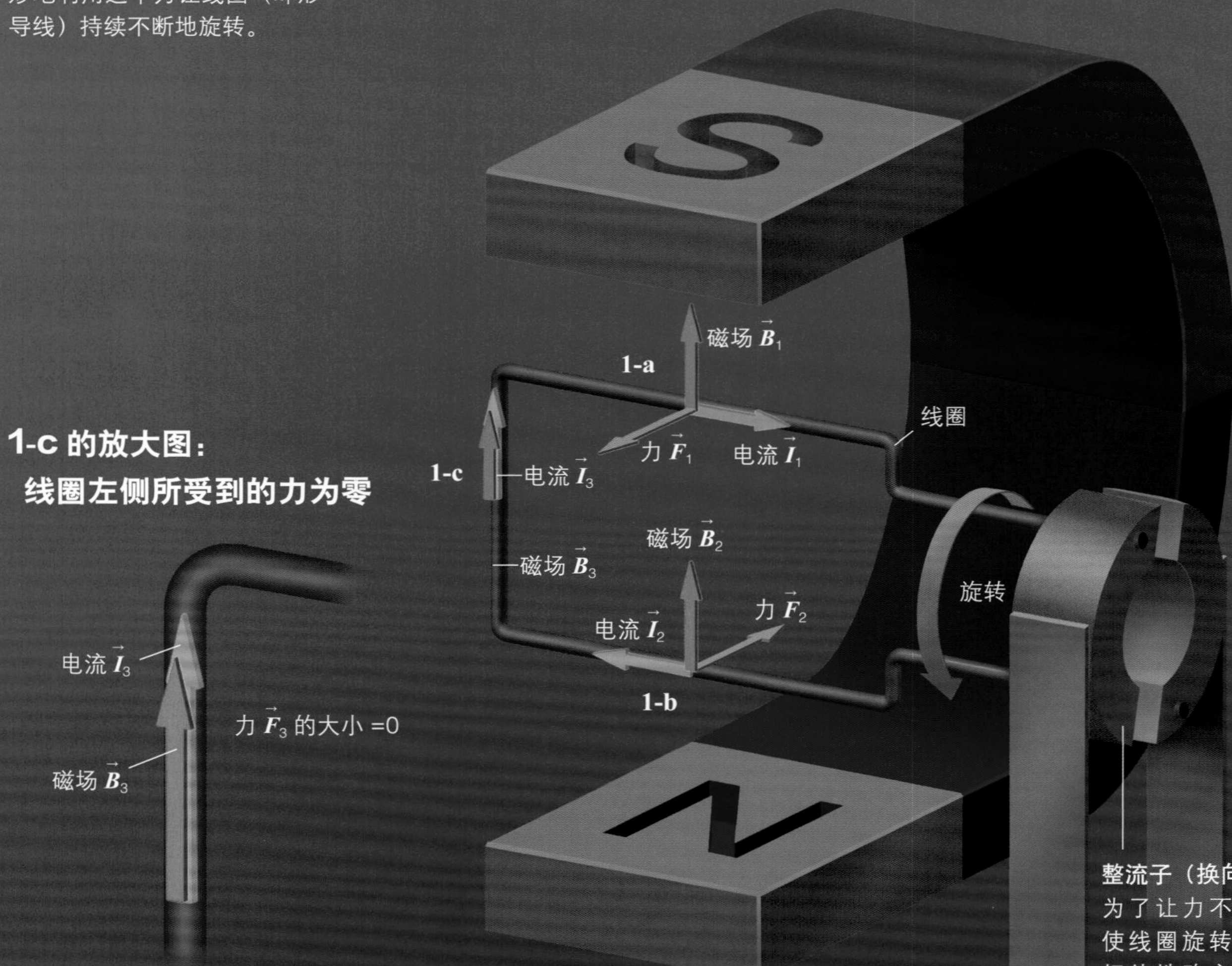


整流子（换向器）
为了让力不停地促使线圈旋转而恰到好处地改变电流方向的装置

由于作用于 **1-a** 与 **1-b** 的力（$\vec{F_1}$ 与 $\vec{F_2}$）方向相反，因此线圈开始旋转。

有垂直于磁场的分量才受到了力的作用。与磁场垂直的电流大小为 $|\vec{I}|\sin\theta$，所以，可以如下计算受力 $\vec{F}$ 的大小（$\sin\theta$ 是三角函数之一，请参照 106~107 页下方的内容）。

$$|\vec{F}|=|\vec{I}||\vec{B}|\sin\theta \quad \cdots ②$$

研究发现，公式的右侧其实就是 $\vec{I}$ 与 $\vec{B}$ 的外积 $\vec{I}\times\vec{B}$ 大小的定义（$|\vec{I}\times\vec{B}|=|\vec{I}||\vec{B}|\sin\theta$），**导线所受的力 $\vec{F}$ 表示为"$\vec{F}=\vec{I}\times\vec{B}$"。"$\vec{F}$，即 $\vec{I}\times\vec{B}$ 是与 $\vec{I}$ 和 $\vec{B}$ 都垂直的向量。** **1-a** 和 **1-b** 相当于公式②中 $\theta=90°$（$\sin 90°=1$），**1-c** 相当于 $\theta=0°$（$\sin 0°=0$）时。

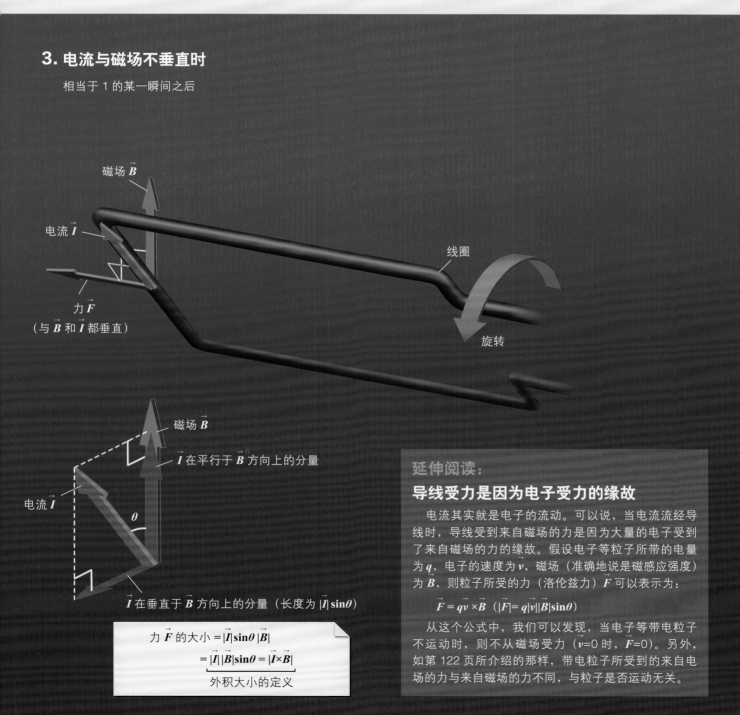

### 3. 电流与磁场不垂直时

相当于 1 的某一瞬间之后

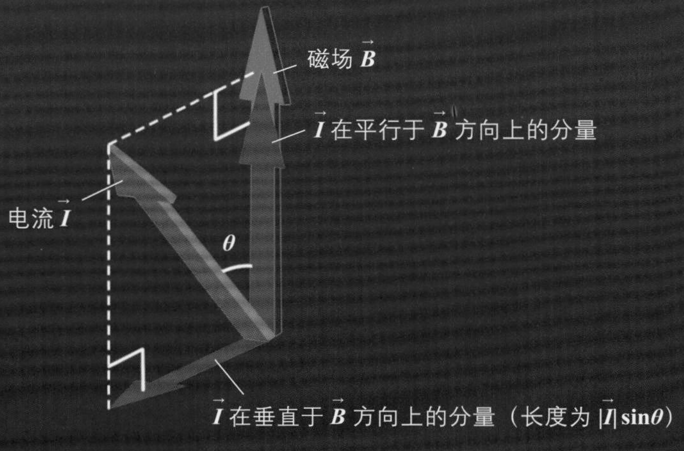


力 $\vec{F}$ 的大小 $=|\vec{I}|\sin\theta\,|\vec{B}|$

$=|\vec{I}||\vec{B}|\sin\theta=|\vec{I}\times\vec{B}|$

外积大小的定义

**延伸阅读：**

**导线受力是因为电子受力的缘故**

电流其实就是电子的流动。可以说，当电流流经导线时，导线受到来自磁场的力是因为大量的电子受到了来自磁场的力的缘故。假设电子等粒子所带的电量为 $q$，电子的速度为 $\vec{v}$，磁场（准确地说是磁感应强度）为 $\vec{B}$，则粒子所受的力（洛伦兹力）$\vec{F}$ 可以表示为：

$$\vec{F}=q\vec{v}\times\vec{B}\quad (|\vec{F}|=q|\vec{v}||\vec{B}|\sin\theta)$$

从这个公式中，我们可以发现，当电子等带电粒子不运动时，则不从磁场受力（$\vec{v}=0$ 时，$\vec{F}=0$）。另外，如第 122 页所介绍的那样，带电粒子所受到的来自电场的力与来自磁场的力不同，与粒子是否运动无关。

# 外积是“与两个向量都垂直的向量”

前文介绍了电流 $\vec{I}$ 与磁场 $\vec{B}$ 的外积（$\vec{I}\times\vec{B}$）是与 $\vec{I}$ 和 $\vec{B}$ 都垂直的向量。也就是说，外积是**“与两个向量都垂直的‘第三个向量’（1）**。外积能够帮助我们更好地理解电磁现象。内积不是向量，只是一个单纯的数（标量，参照第 140 页），外积则具有方向，是向量。我们可以把外积当作具有三个坐标轴（$x$，$y$，$z$）的空间向量。

**如前文所示，$\vec{a}\times\vec{b}$ 的长度为：**

$$|\vec{a}\times\vec{b}|=|\vec{a}|\,|\vec{b}|\sin\theta \quad \cdots ①$$

**（$|\vec{a}\times\vec{b}|$、$|\vec{a}|$、$|\vec{b}|$ 分别是各向量的长度，$\theta$ 是 $\vec{a}$ 与 $\vec{b}$ 之间的夹角）。**

也就是说，$\vec{a}\times\vec{b}$ 的大小并不是 $\vec{a}$ 与 $\vec{b}$ 的大小单纯

## 什么是外积？

下图总结了外积的定义。

### 1. 外积的定义

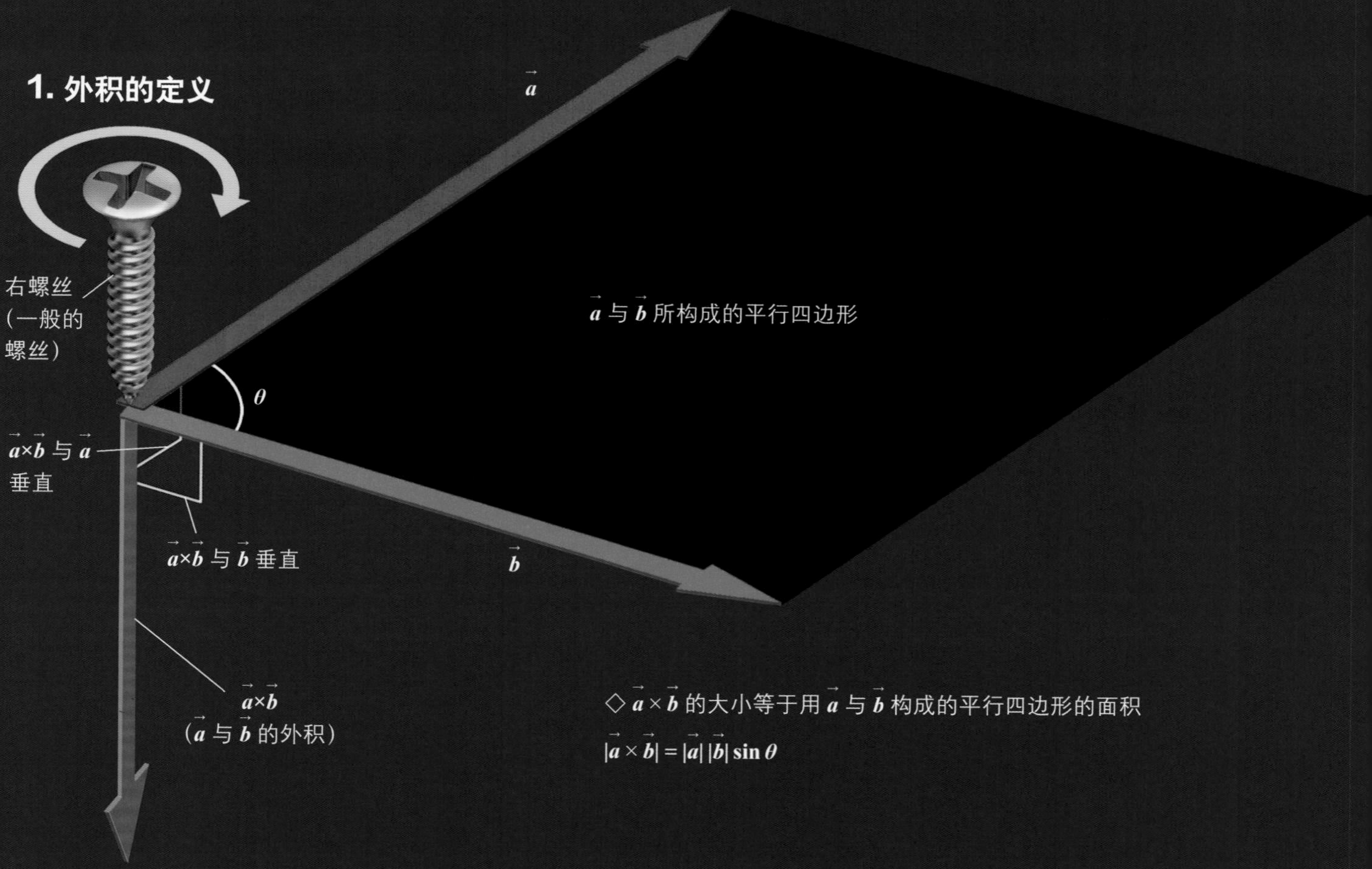

地相乘，而是需要乘以 $\sin\theta$ 这一额外的内容。计算内积时，需要乘以 $\cos\theta$；外积则相反，需要乘以 $\sin\theta$。

此外，外积的几何表示为：“$\vec{a}\times\vec{b}$ 的长度等于 $\vec{a}$、$\vec{b}$ 为边长的平行四边形的面积”（参照下方的图）。

不过，与 $\vec{a}$、$\vec{b}$ 都垂直的向量实际上具有“朝上或朝下”两个方向。如 **1** 所示，$\vec{a}\times\vec{b}$ 的方向定义为：从 $\vec{a}$ 向 $\vec{b}$ 旋转螺钉时，螺钉前进的方向（或用右手定则）。

当 $\vec{a}$ 与 $\vec{b}$ 平行时（$\theta=0°$），在公式①中，“$\sin 0°=0$”，因此，$\vec{a}\times\vec{b}$ 的长度为零。即，$\vec{a}$ 与 $\vec{b}$ 无法构成平行四边形，面积为零（**2**）。

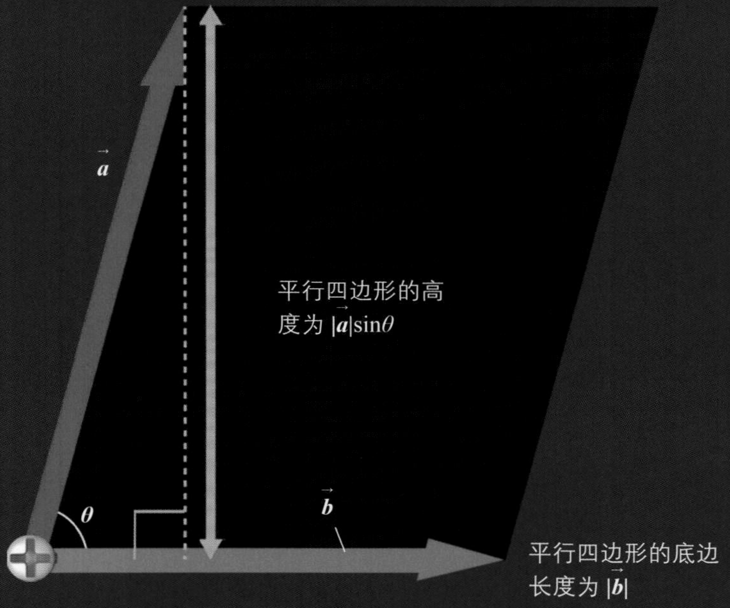


平行四边形的面积
= 底边 × 高度
= $|\vec{b}|\times|\vec{a}|\sin\theta$
= $|\vec{a}||\vec{b}|\sin\theta$

## 2. 平行向量的外积为零

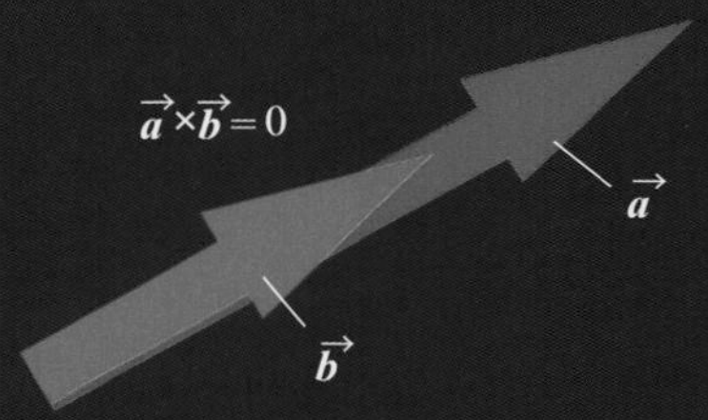


$\vec{a}$ 与 $\vec{b}$ 平行时，它们无法构成平行四边形，外积为零（平行四边形的面积为零，夹角为零，因此，$\sin 0°=0$）

# 利用向量的坐标能够非常简单地计算外积

研究发现，利用向量的坐标能够非常简单地计算外积。根据某一规则，把两个向量的坐标相乘，然后再相减就可以了。例如，$\vec{a}$=(1，2，3)，$\vec{b}$=(4，5，6)，则

$$\vec{a}\times\vec{b}=(2\times6-3\times5,\ 3\times4-1\times6,\ 1\times5-2\times4)$$
$$=(12-15,\ 12-6,\ 5-8)=(-3,\ 6,\ -3)$$

猛一看，好像很复杂。其实，我们只要找到其中的规律就变得非常简单了（参照右页下方的延伸阅读）。此外，这些向量的布局如图 **3** 所示。因为 $\vec{a}\times\vec{b}$ 与 $\vec{a}$ 和 $\vec{b}$ 的内积都为零，从而可以确认 $\vec{a}\times\vec{b}$ 与 $\vec{a}$ 和 $\vec{b}$ 两者都垂直。

下面是常用的外积公式。

**3. 外积的例子**

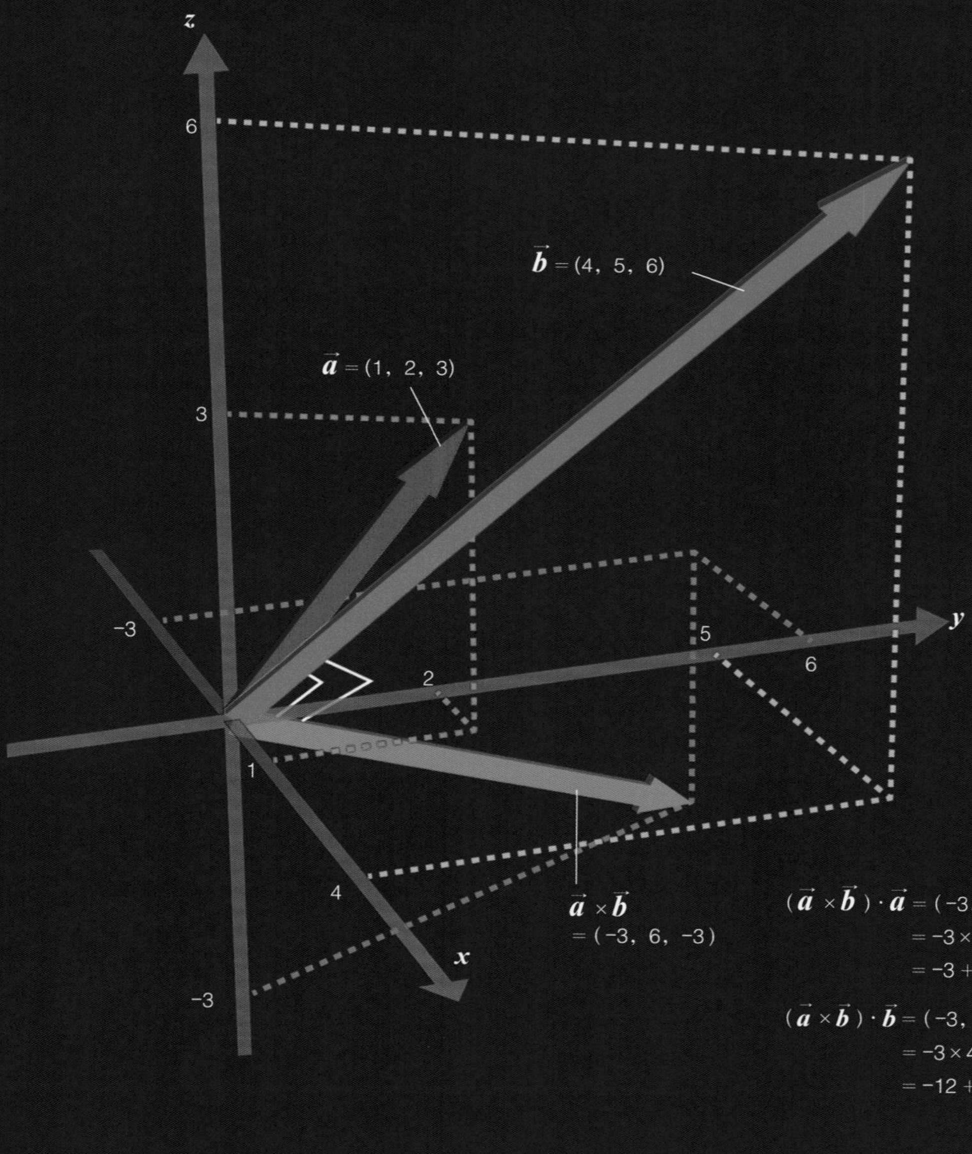


$(\vec{a}\times\vec{b})\cdot\vec{a}=(-3,\ 6,\ -3)\cdot(1,\ 2,\ 3)$
$=-3\times1+6\times2+(-3)\times3$
$=-3+12-9=0$ （$\vec{a}\times\vec{b}$ 与 $\vec{a}$ 垂直）

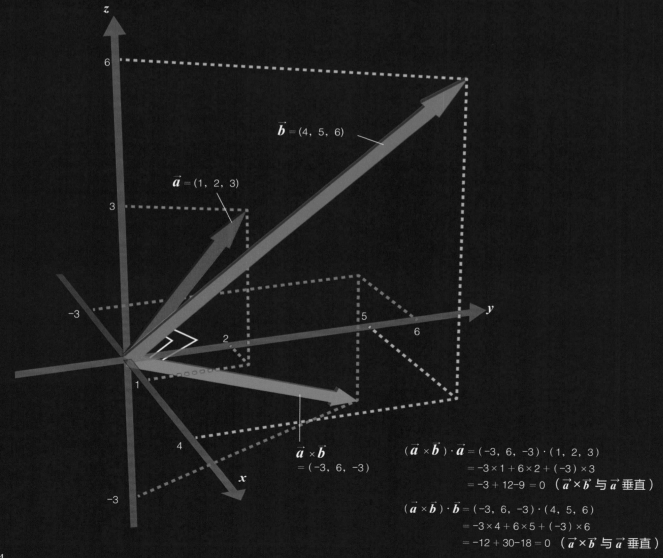

$(\vec{a}\times\vec{b})\cdot\vec{b}=(-3,\ 6,\ -3)\cdot(4,\ 5,\ 6)$
$=-3\times4+6\times5+(-3)\times6$
$=-12+30-18=0$ （$\vec{a}\times\vec{b}$ 与 $\vec{a}$ 垂直）

例如，$\vec{a}=(a_1, a_2, a_3)$ $\vec{b}=(b_1, b_2, b_3)$，则

$$\vec{a}\times\vec{b}=(a_2b_3-a_3b_2,\ a_3b_1-a_1b_3,\ a_1b_2-a_2b_1)$$

## 向量世界，奥妙无穷！

本章介绍了向量是如此方便又如此有用的工具，所列举的例子不过是应用向量的无数个例子中的一小部分。例如，结合了向量与微积分的“向量分析”是电磁力学、流体力学等物理学中不可缺少的工具。

也许很多人都很疑惑，在学校里所学的数学到底有什么用呢？通过这篇文章，大家就会发现，以向量为例的数学对于我们了解自然机制并应用于科学技术必不可缺，是支撑我们生活的“背后功臣”。

### 延伸阅读：

### 外积的计算方法

假设$\vec{a}$=（1，2，3），$\vec{b}$=（4，5，6），如下所示，将$\vec{a}$的坐标在上、$\vec{b}$的坐标在下排列。不过，在右端还要添加一列$x$坐标。

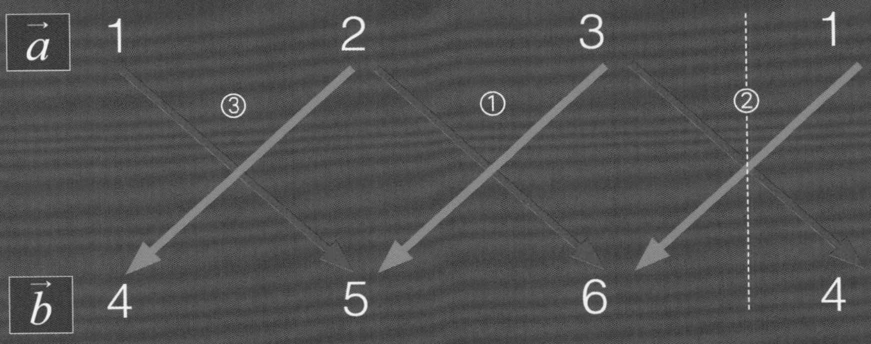

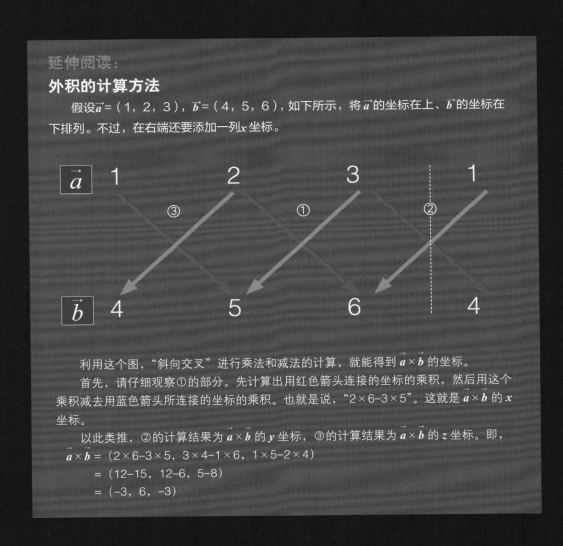

利用这个图，“斜向交叉”进行乘法和减法的计算，就能得到$\vec{a}\times\vec{b}$的坐标。

首先，请仔细观察①的部分。先计算出用红色箭头连接的坐标的乘积，然后用这个乘积减去用蓝色箭头所连接的坐标的乘积。也就是说，“2×6−3×5”。这就是$\vec{a}\times\vec{b}$的$x$坐标。

以此类推，②的计算结果为$\vec{a}\times\vec{b}$的$y$坐标，③的计算结果为$\vec{a}\times\vec{b}$的$z$坐标。即，

$$\begin{aligned}\vec{a}\times\vec{b}&=(2\times6-3\times5,\ 3\times4-1\times6,\ 1\times5-2\times4)\\&=(12-15,\ 12-6,\ 5-8)\\&=(-3,\ 6,\ -3)\end{aligned}$$

# 进阶篇

在第 2 章的最后，我们利用之前学到的向量去理解力学里重要的定律，随后将介绍与向量紧密相关的“矩阵”。这不仅是在物理学和工学中会被用到，也在社会科学里会被使用到的“线性代数”的入门，所以请大家一定阅读。

# 用向量去理解力学

## 使用向量能很好地理解运动的定律！

我们先来看看向量和力学的关系吧。首先我们使用向量的思维去理解一些基本定律，如大家熟悉的惯性定律、自由落体定律，以及行星的运转规律。然后，我们再用向量去解释稍微复杂一些的陀螺旋转的问题。

**执笔：和田纯夫** 日本成蹊大学外聘讲师

### 惯性定律

“惯性定律”是力学的基础，是指“对于不受外力影响的物体，则该物体会以一定的速率朝着一定的方向一直运动（匀速直线运动）。”

虽然是在初中物理中就会学到，很多人会认为惯性定律很简单，但为了和后面的内容深入衔接，我们再从头复习一遍吧！

惯性定律虽然又被称为“牛顿第一运动定律”，但实际上生活在牛顿稍微之前时代的伽利略和笛卡尔等人已经发现了这个定律。这些都是 17 世纪初的事情，而在那之前的人们没有类似的思考吗？

在现实世界里，即便沿着水平方向把物体投出去，它也不会沿直线前进，而是会落下。落到地面也许会翻转几下，但最终会停止。所以，我们会很自然地觉得，如果什么都不做，物体就会一直沿直线运动是不可能的。

但是，伽利略等人最初改变了这种想法，认为停止并不是由于物体本身的性质造成，而是受到了外部的影响（重力、摩擦力等）。据说伽利略看到在很光滑的水沟中滚动的球体，其速度基本不变、一直运动之后想出了惯性定律。那生活在现代的我们则可以尝试想象一下宇宙空间中会发生什么。假想如果在远离各天体并且什么都没有的真空空间里投出一个物体的话，我们能想象它会一直笔直地朝前运动吧。虽然在科学研究里实际的观察很重要，但在头脑中尝试思考一些假想的事情会产生什么样的结果也是非常重要的

## 惯性定律

**在地板上推动冰箱时**

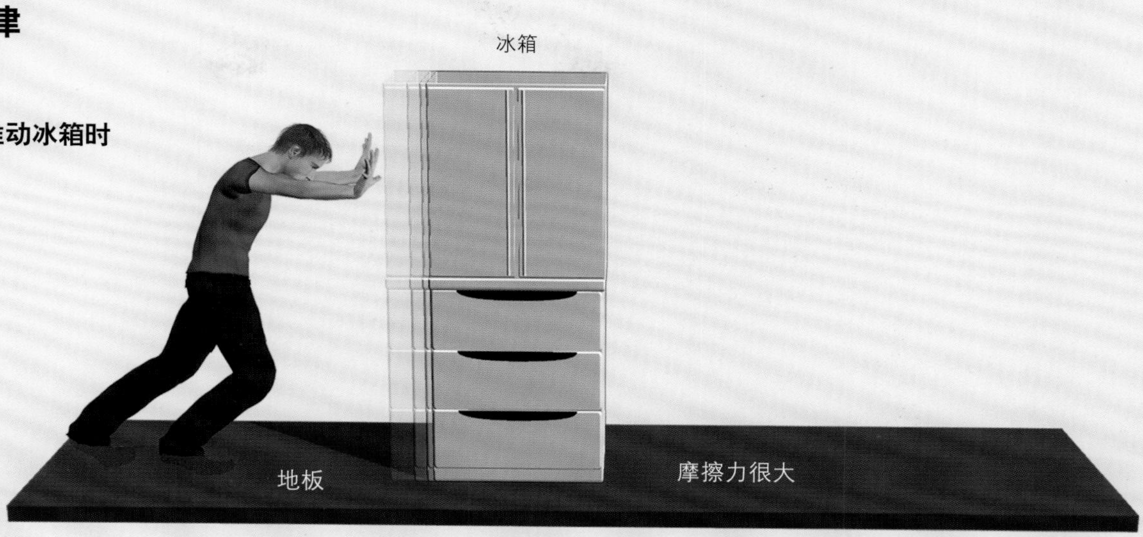


**在冰上滑掷石壶时**

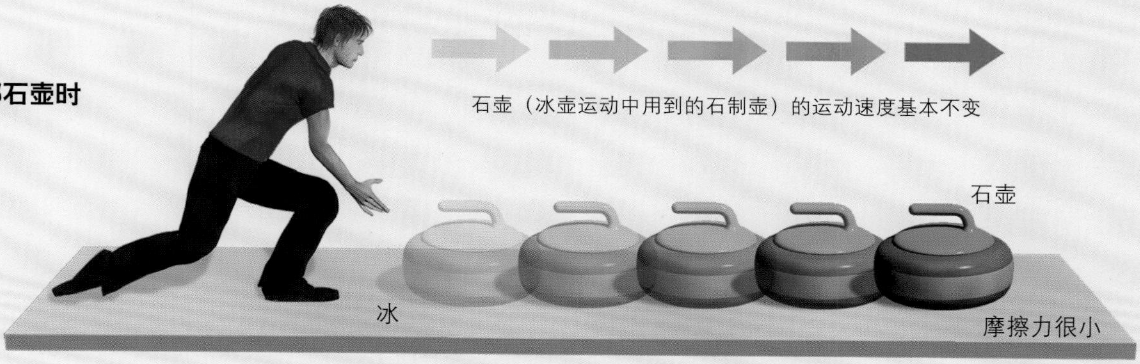


如果停止推动冰箱，由于摩擦力的影响，冰箱会马上停止运动（上图）。而在冰上滑掷石壶时（下图），石壶离开手之后也会保持同样的速率往同样的方向运动（现实中由于冰和石壶之间还是存在很小的摩擦力及空气阻力等的影响，石壶最终会停下来）。如果仅靠来源于日常生活中的感觉，也许会认为如果不继续给物体施力的话，其运动就会停下来，但实质上是如果物体不受外力影响，其运动的方向和速率是不会变化的，这就是惯性定律。

（这被称为思想实验）。

我们对在什么都没有的宇宙空间里一直笔直向前运动的物体进行思考，把物体的各个运动位置连起来的线称为“轨道”。如果物体一直笔直向前运动，它的轨道就是直线。

可是，如果只有轨道为直线，并不能完整地表述惯性定律。惯性定律中不仅指明朝着一定的方向一直运动，还提到另一个重点，即它的速率不会改变（匀速）。那我们来看看它在各个位置的速度向量吧！

我们在前面的章节已经说过，速度同时拥有大小和方向，所以它是一个向量。其大小就是指如每小时10千米这样的值；而方向指的是朝着哪边运动，往东运动或向北运动这样的意思。在物理学中，如果说“速率”时只指大小，不是向量，而说“速度”的话，就是指包含了方向和大小的向量。由于日常生活中说起速度时经常只指其大小，所以当我们要考虑到其方向时，为了更加清楚，我们会把它称为“速度向量”。

速度向量是一个在其“轨道”上各个位置的定量。对于一般的物体运动，如果改变位置其速度向量的大小和方向也会改变，但对于匀速直线运动来说，无论在“轨道”上的任何位置，它的大小和方向都不会改变（图 1）。这就是由惯性定律决定的运动的特征。

## 伽利略的自由落体定律

当然还存在虽然保持直线运动方向不变但速率发生变化的运动。例如，垂直落下的物体，其速度的方向总是朝下不变，但大小一直在增加。对于下落物体速率增加的规律进行详细研究的人就是伽利略。

伽利略发现，落下物体的速率在每单位之间（如 1 秒）后只会增大一定的量。虽然他实际上观察的是沿着斜面下滑的球的速率变化，但在垂直落下的情况中，物体的速度会增大约 10m/s，也就是说，每秒增加 10 米的速率（严格来说应该是 9.8m/s，这里当作约为 10m/s）。

再进一步详细说明的话，设物体在某时刻的速率为 V，则从那 1 秒后的时刻其速率为 V+10m/s。2 秒后的速率则变为 V+20m/s。以速度向量来表示的话就如图 2 所示。设 A 点的速度向量的长度为 V，则 1 秒后在 B 点的速度向量的长度增加了 10m/s，即为 V+10m/s。

伽利略发现了这样的速率变化的规律。我们把落下物体的速率按照一定的值不停增加的规律称为“伽利略的自由落体定律”（或者“自由落体定律”）。

## 牛顿第二运动定律

对于下落的物体，由于其速率一直在变化，看起来惯性定律不适用。那是因为“有被称为地球重力的外部影响在一直往下拉”造成的。那么，当有外部影响的情况下，速度又是如何变化的呢？关于此问题我们需要另一条运动定律。

在这里“登场”的就是“牛顿第二运动定律”。根据此定律我们知道，“物体的速度变化与之受到的外力成正比，并会朝着其方向运动”。

对其再详细说明一下，我们把引起速度变化的外部作用称为“力”，并且力也是一种向量。由于是向量，所以它有大小和方向，并且能够决定物体的速度变化。速度向量变化的大小与力的大小成正比，速度向量变化的方向也与力的方向一致，这就是牛顿第二运动定律的内容。根据这一定律确定的速度的变化，加上由牛顿第一运动定律（惯性定律）确定的原本的速度向量，就是受力之后物体的速度向量了。

上面第二定律里写到“成正比”，如果受力的时间变为 2 倍，速度的变化也变成 2 倍。另外，如果物体质量变为 2 倍的话，速度的变化会变为原来的一半。也就是说，速度的变化可以用“力 × 时间 ÷ 质量”这样的形式表示。

牛顿把此定律写成的是“动量的变化与其受力成正比”。这里的动量指的是速度向量乘以质量的量，如果质量一定，写成动量和写成速度向量是一样的含义。如果谈论动量时，其变化就可以用“力 × 时间”这样的形式表示（在力学里称之为“冲量”。惯性定律就是动量守恒定律的一个例子）。

牛顿第一运动定律（确定了原本的速度）和第二运动定律（确定了速度的变化）用到了向量的相加，而下落物体的运动的情况则更加简单，需要考虑的力就是垂直向下的重力。如果只考虑地表附近的空间，可以认为重力的大小是不变的定值，所以由它影响的速率的变化也可以认为是不变的，也就是说，每秒的速率约增加 10m/s。

速率的变化也并不是必须以 1 秒为单位来考虑。用每 2 秒来考虑的话，由于时间变成原来的 2 倍，期间速率的变化也成了 2 倍，可以看成 1 秒内的变化重复了 2 次。

另外，由于重力的方向垂直向下，落下的方向（速度的方向）也一致。根据牛顿第二运动定律确定的速度向量的变化量，与原本的速度向量朝着同样的方向相加即可。

## 图 1：匀速直线运动的轨道和速度向量

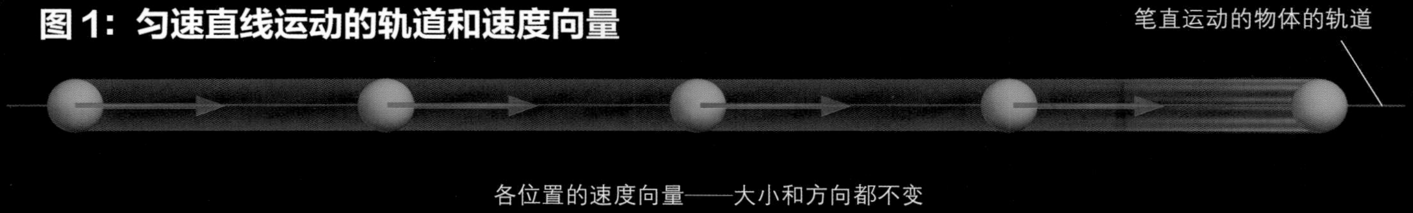


## 图 2：下落运动的速度向量的变化

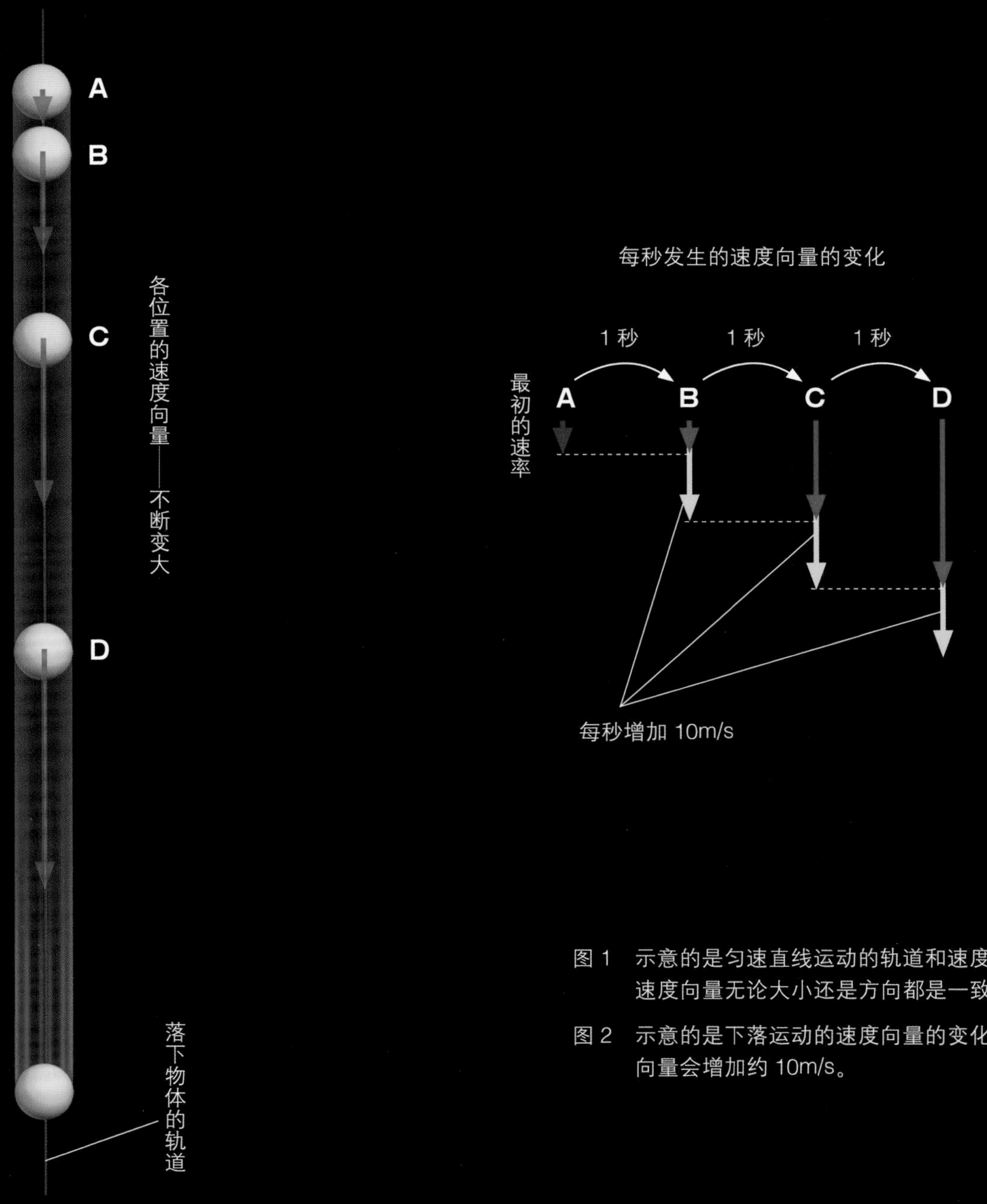


图 1　示意的是匀速直线运动的轨道和速度向量。各位置的速度向量无论大小还是方向都是一致的。

图 2　示意的是下落运动的速度向量的变化。各位置的速度向量会增加约 10m/s。

## 抛出物体的运动

下面对于非单纯的下落运动，我们来思考一下物体被横向抛出的情况。由于是研究被抛出物体的运动，所以被称为“抛物运动”。

图 3 描绘了沿着水平方向抛出物体的轨道。速度向量在轨道上各点表示的物体运动的方向为该点处轨道的切线方向。最初是水平向前的方向，接下来就慢慢往下倾斜了。

这个情况下的速度向量的变化过程也能用第一定律和第二定律来思考。运动过程中起到作用的力为垂直向下的重力，所以根据第二定律，速度向量的变化与垂直下落运动的情况一样。抛出时往水平横向施加的力，在物体离开手后已经没有直接作用了。但是，被沿着水平横向抛出的影响根据第一定律（而不是第二定律）一直留存着。

为了具体来思考这个问题，我们假设被抛出后每 1 秒物体所在位置为 A、B、C、D 这几个点。比如，被抛出 1 秒后在 B 点的速度向量是被抛出时在 A 点的速度向量（第一定律）与这一秒之间由于重力的影响产生的变化（第二定律）的向量之和。此时，由于两个向量的方向不相同，所以不能把它们的大小单纯地相加。

接着再过了 1 秒到 C 点时的速度向量是在 B 点的速度向量与这一秒之间由于重力的影响产生的变化的向量之和。像这样，加上每 1 秒由于重力引起的速度向量的变化，就知道这个物体的速度向量是如何变化的了。

在这里我们是用每 1 秒的变化去相加来进行解说，其实用每 2 秒的变化去相加也是一样的。因为 2 秒之间重力产生的效果是 1 秒产生的效果的 2 倍。另外，我们也可以用同样的方法直接考虑 5 秒后的速度向量，就是出发点（刚被抛出时）的速度向量（水平方向）与 5 秒内重力的效果总和（垂直方向），向量相加即可。

**图 3：横向抛出的物体的运动（抛物运动）**

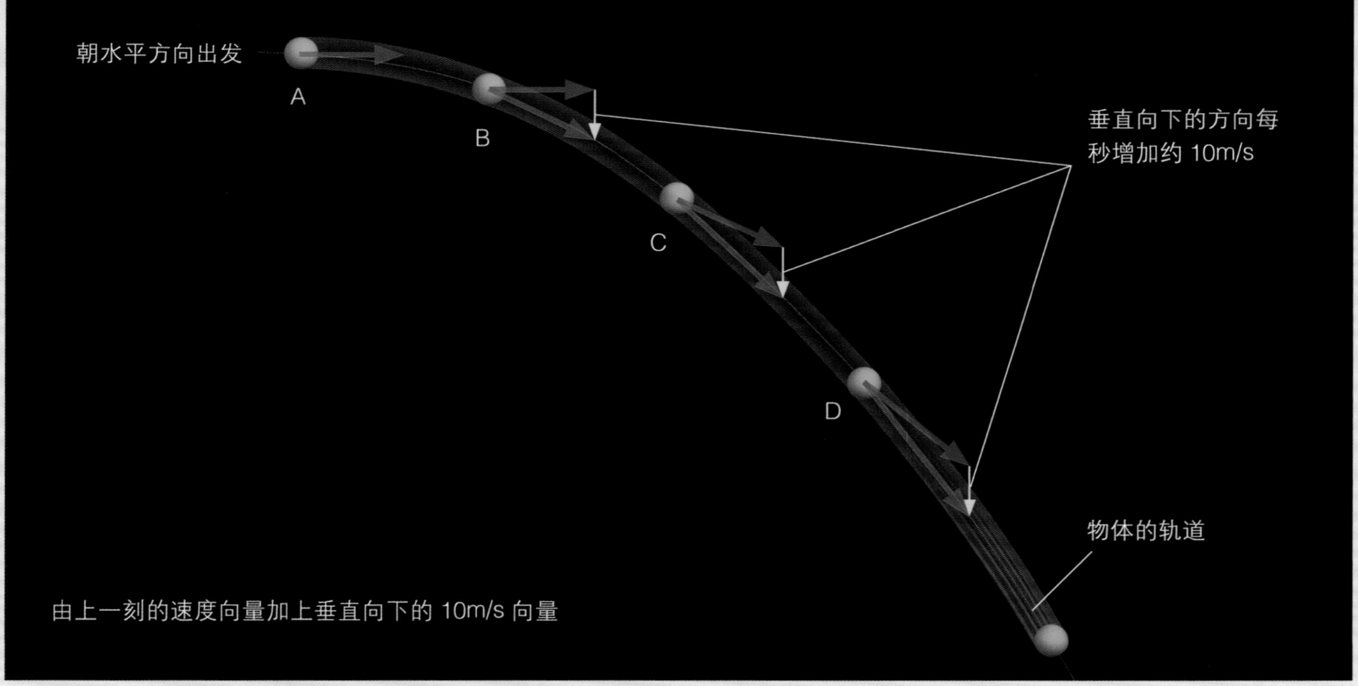

**图 4：匀速圆周运动**

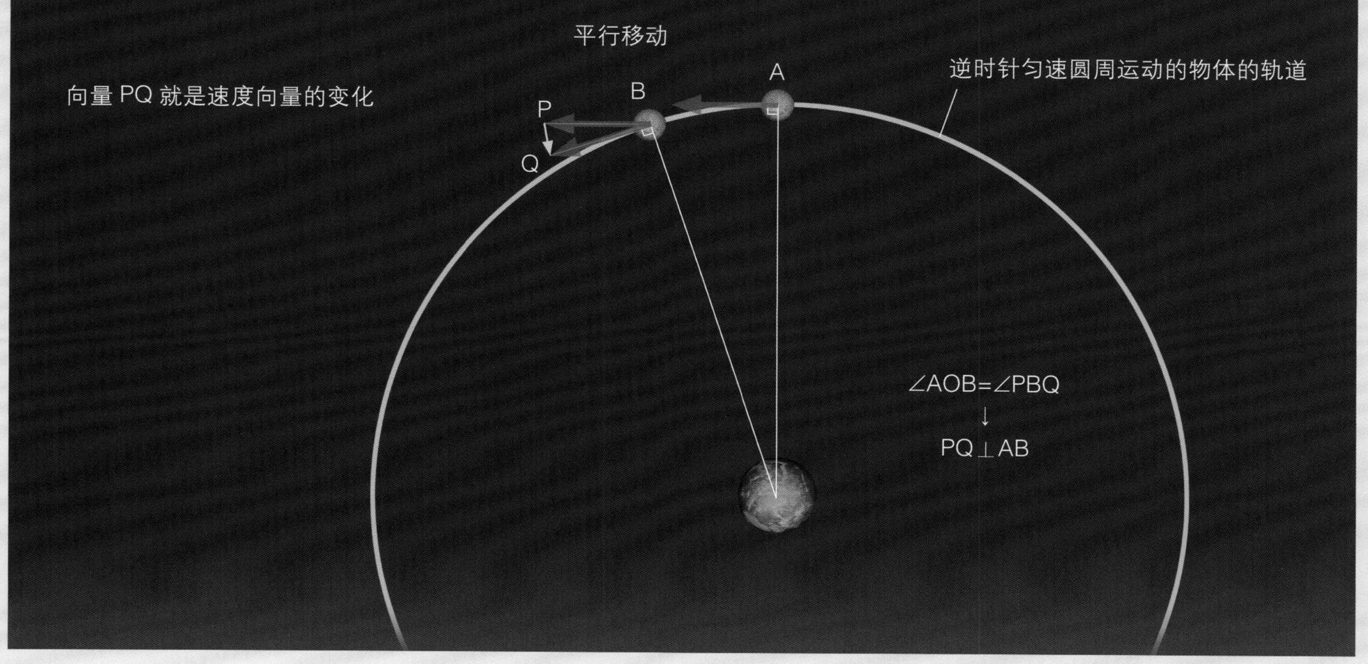


## 匀速圆周运动

接下来我们来看看更加难一点的问题“匀速圆周运动”。匀速圆周运动，也就是速率保持不变的状态下，在一个圆周上不停地绕着转圈的运动。可以想象手里拿着东西转，也可以想象成游乐园等场所的旋转木马等。地球等行星围绕太阳运转的运动，严格上来说虽然有些区别，但也差不多可看作是匀速圆周运动。

匀速虽然意味着速率是一定的，但并不是遵循惯性定律的运动。如图 4 所示，它的速度方向是随时都在变化的。虽然大小不变，但方向不同的话，作为向量来说就是不同的。这个不同是由于某个力造成的（第二定律）。那么是什么样的力能使得物体做匀速圆周运动呢？大家参考图 4 来思考一下吧。

我们假设物体沿着图中的圆圈做逆时针方向的匀速运动。圆周即为物体的轨道，速度向量就是轨道的切线方向。图中画出了稍微分隔的 2 点 A、B 的速度向量。由于是匀速，所以向量长度是一样的，但方向发生了一些变化。为了比较变化量，我们把 A 点的速度向量平行移动到 B 点（由于是平行移动，长度和方向都没有发生变化，所以对向量本身来说没有发生变化）。可以看出图中 PQ 所示的部分就是速度向量的变化量。

PQ 是朝向什么方向的呢？大家还记得对于圆来说，半径和对应的切线永远互相垂直吧。例如，OA 与在 A 点的速度向量是垂直的，所以 OA 和 BP 垂直。而 OB 和 BQ 也是互相垂直的，所以 ∠AOB 与 ∠PBQ 相等，即三角形 OAB 与三角形 BPQ 相似（顶角相等的两个等腰三角形）。那么也就能看出，AB 与 PQ 也是互相垂直的（三角形 OAB 转了 90 度后再适当缩小就能得到三角形 BPQ）。

也就是说，物体从 A 运动到 B 速度向量的变化是与 AB 互相垂直的，所以产生影响的力就是同方向的（根据第二定律）。

与 AB 垂直的方向，也就是从 AB 朝向圆心 O 的方向，严格地说，必须是由 AB 的中点引出的垂线才会通过圆心 O。再考虑 AB 的间隔如果非常短的话，就知道无论从何处引出的垂线都（几乎）会通过圆心 O（对于圆周运动这样力的方向随时都在变化的情况，有必要把此间隔最终考虑成为无限短）。

最终我们知道，匀速圆周运动是一个随时都被朝着圆心的方向拉着的运动（上面的讨论如果再继续深入，还能知道力的大小，在此因篇幅有限则省略不谈）。

## 开普勒第二定律

围绕太阳旋转的行星的轨道乍一看接近圆形，但仔细观察的话有一些扭曲，基本是椭圆形。椭圆可以看成圆形往一个方向拉伸形成的图形（从把圆看成拉伸量为 0 的椭圆的观点来看，圆也是椭圆的一种）。与伽利略同时代的开普勒发现了行星的轨道是椭圆形的，但为什么是椭圆对于当时的研究者仍是一个重大课题。

开普勒发现的定律有三条，行星轨道是（以太阳为焦点之一的）椭圆，这是“开普勒第一定律”。而开普勒第二定律又被称为“等面积定律”，乍一看仿佛是一个不可思议的定律，但这是一条揭示了行星的运动是受太阳引力（万有引力）影响的重要定律，下面我们就对它进行说明。

行星的运动不仅其轨道不是圆形，而且也不是匀速的，但又有着非常重要的规律性。那就是从太阳的角度来看行星运动的话，其“面积速度”是恒定的（图 5）。

所谓（从太阳角度观看时）行星的面积速度指的是在一定的时间内，太阳和行星的连线扫过的面积。无论行星是在离太阳近的时候，还是远的时候，这个

**图 5：开普勒第二定律（等面积定律）**

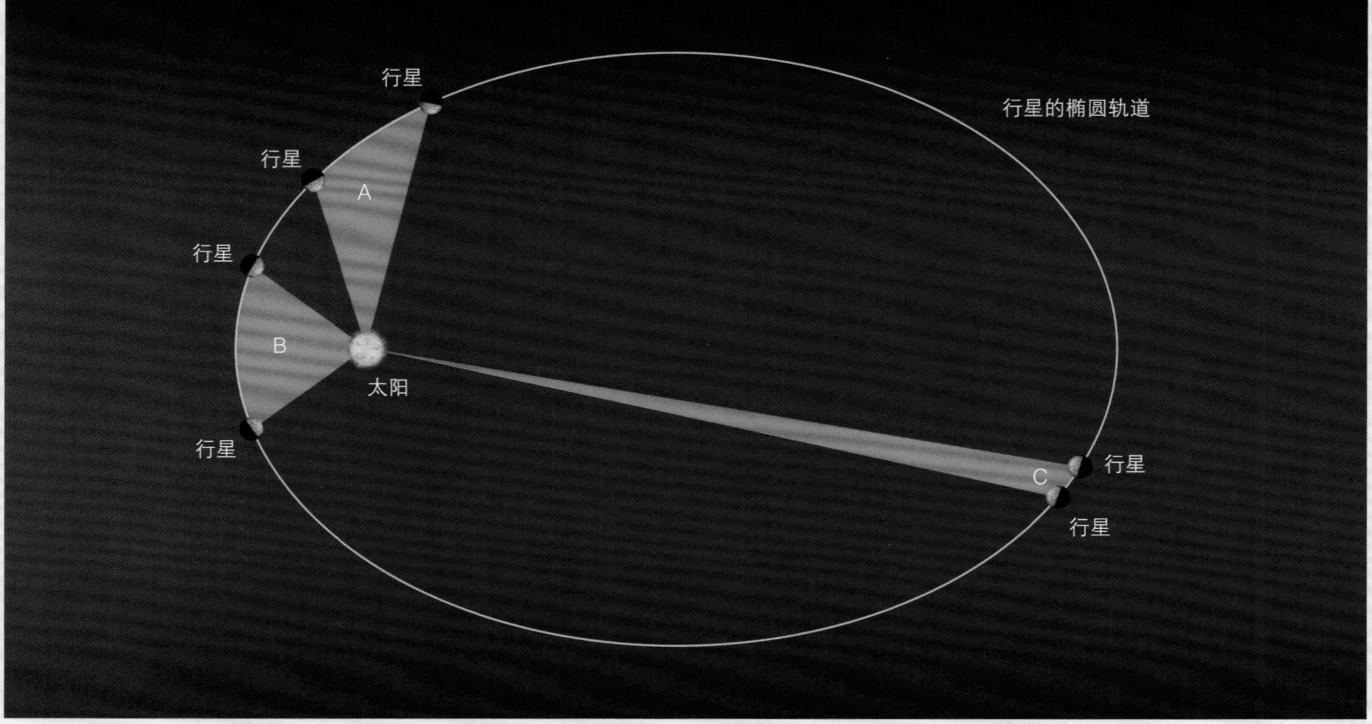


如果经历的时间相同，各个粉红色部分（A、B、C）的面积就相等（行星在距离太阳近时运行得快，距离远时运行得慢）。

**图 6：等面积定律的证明**

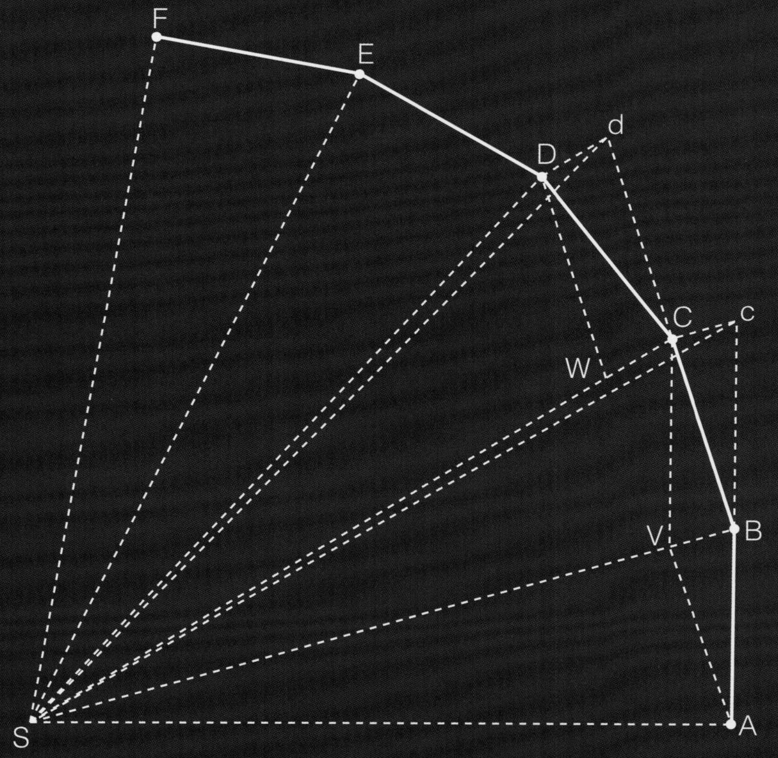


**＜第一天的运动＞**

A → B

**＜第二天的运动＞**

合成 B→c（牛顿第一运动定律）和 B→V（牛顿第二运动定律），即为 B→C

**＜第三天的运动＞**

合成 C→d 和 C→W，即为 C→D

**【面积速度不变】**

△ SAB 的面积
= △ SBC 的面积
= △ SCD 的面积
= ……

面积是恒定的，这就是等面积定律，又称“开普勒第二定律”（单位时间内扫过的面积即为面积速度）。如果轨道是圆周，那就是匀速运动的；对于椭圆的轨道，行星在离得远的地方动得就慢，离得近的地方动得就快。之后，牛顿实际上证明了在行星受到太阳引力而运动的情况下，运用牛顿第二运动定律可以导出等面积定律。我们来说明一下这个过程吧（反过来，由等面积定律也能证明得到的力是随时朝着太阳方向的，这个证明请大家试着思考）。

和圆周运动一样，由于力的方向是随时都在变化的，所以需要近似地思考。我们把它想成不是受到连续的有限大的力，而是受到断续间隔的无限的力（被称为“冲力”的思考方法）。施力的时间间隔如果十分短的话（或者最终考虑无穷短的极限），就能得到正确的结果。

如图 6 所示，假设行星从 A 运动到 B，再从 B 运动到 C。并假设在 B、C 处受到的冲力轨道发生了弯折，而在其他位置则保持匀速直线运动。另外，为了方便把从 A 到 B，再从 B 到 C 所需的时间间隔都设为相等的，如都假设为 1 天。

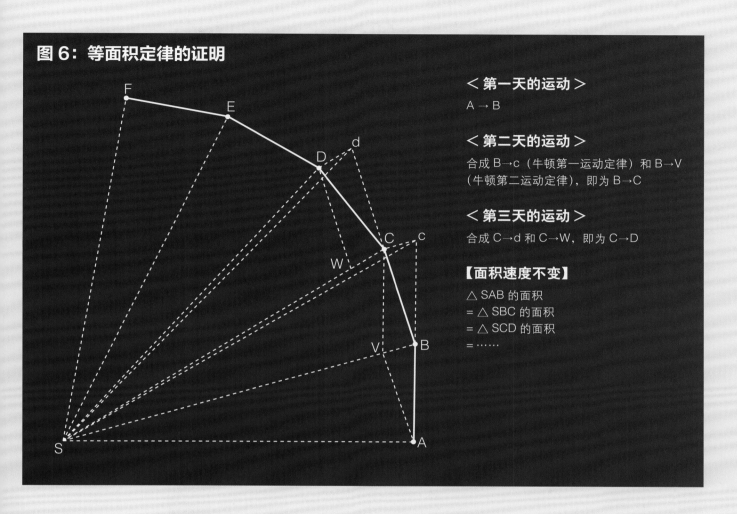

我们来说明一下轨道上行星的运动。首先，从 A 到 B，花费了 1 天做直线运动。正好经历了 1 天的时间，在 B 处受到 S 方向（S 表示太阳的位置）的瞬间冲力，产生了 BS 方向的速度向量的变化。由它影响发生的运动为 BV。另外，假设以冲力之前的速度向量在第二天发生的运动为 Bc。Bc 与 AB 同方向而且长度相同（根据牛顿第一运动定律）。所以综合起来看，行星在第二天的运动成了 BC。第三天也是一样，运动为 CD。

我们试着比较一下从 A 到 B 的面积速度和从 B 到 C 的面积速度。三角形 SAB 和三角形 SBc 的底边（AB 和 Bc）相等（牛顿第一定律），而顶点 S 又是共通的，所以两者面积相等。而对于三角形 SBc 和三角形 SBC 来说，二者共用底边（SB）而且高相等（因为 VB 与 Cc 平行），面积也就相等。所以最终 SAB 的面积与 SBC 相等，也就是说，行星在第 1 天和第 2 天运动扫过的面积相等，也就是说，面积速度保持不变。再把这个方法重复下去就知道，如果力始终朝着 S 方向的话，不管运动到哪里，面积速度都是一样的。

牛顿就是基于这样的思考结果提出了行星的运动原因在于太阳的引力，接着，他又在万有引力的大小与距离的平方成反比的条件下证明了行星的轨道是椭圆形的。这些证明都被总结在牛顿于 1687 年出版的《自然哲学的数学原理》一书中。

## 用向量表示旋转

以上的讨论并不仅局限于行星的运动。面积速度这个物理量可以适用于一般做旋转运动的物体。而且等面积定律与惯性定律也有对应关系，是有着多重意义的定律。

**图 7a：表示行星公转运动的旋转的向量**

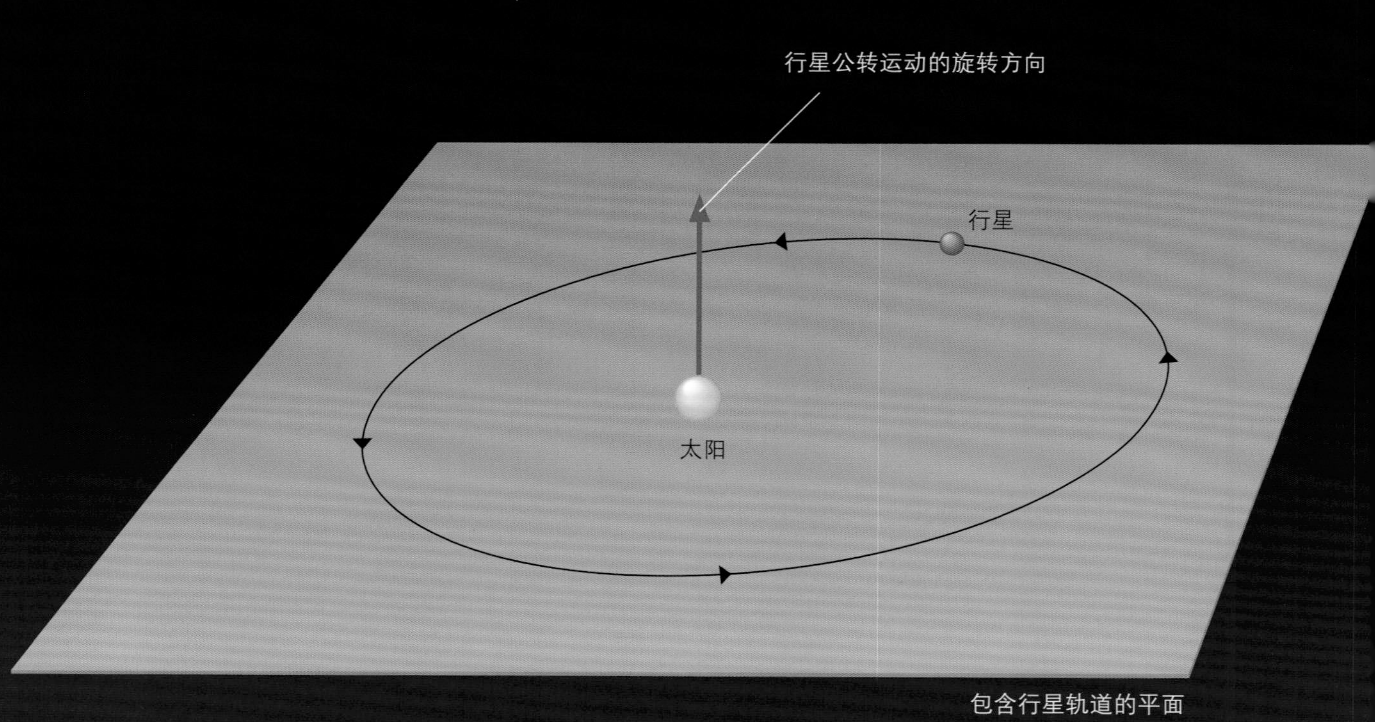


表示旋转的向量指的就是如图 7a 那样，思考一个把太阳作为出发点、垂直于包含行星轨道的平面的箭头，并把将旋转方向看成是左旋的那一侧定义为其方向。角动量守恒定律指的是“旋转速度 ×（半径）$^2$ 保持不变”的定律。由于面积速度保持不变，当旋转半径变小时，旋转速度就变快了（图 7b）。

要理解这些知识，就必须把旋转作为向量来理解。行星是在包含太阳的平面内运动。以太阳为出发点，想象一根垂直于这个平面的直线，就可以把行星看成以这根直线为轴（旋转轴）在旋转（在这里讨论的是行星的公转问题，自转是另外的问题，有另外的旋转轴）。

然后把旋转的方向定义为这根旋转轴的方向。旋转轴的方向有上下两个方向，按照习惯，我们把能将旋转方向看成是左旋（逆时针方向）的那一侧定义为旋转轴延伸的方向。按照这个定义图 7a 里的旋转方向就是朝上的。

**图 7b：角动量守恒定律**

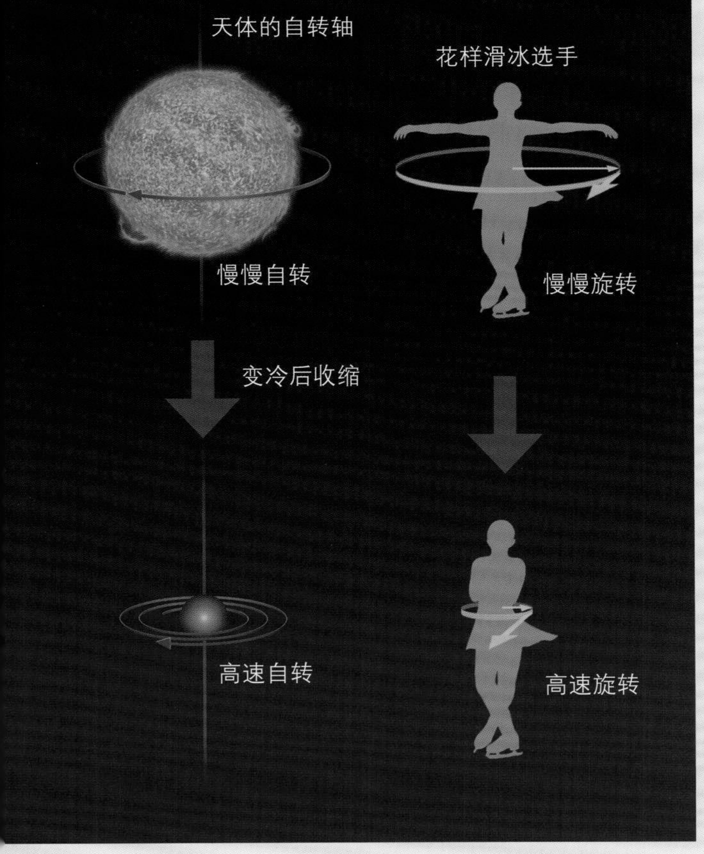


我们再定义一下被称为“角动量”（或者是“角动量向量”）的物理量。这是一个从旋转中心往旋转方向延伸，并且其大小与面积速度成正比的向量（严格地说，其大小为面积速度的 2 倍再乘以质量）。因此，等面积定律也可以说成是“角动量守恒定律”。由于它是向量，向量守恒代表着不仅大小保持不变，方向也不会改变。这就是说，行星在任何时候都是在同一个平面内旋转，包含轨道的平面不会在运行途中发生倾斜。

很多人应该听过“动量守恒定律”这个词。如前文所述，动量（向量）指的是速度向量乘以质量的结果。在不受力的情况下，速度向量不会改变（牛顿第一定律），所以动量也保持不变。也就是说，不受力的物体的动量能够守恒（守恒在这里指的是不会去消耗这个量的意思）。

角动量守恒定律，也就是等面积定律也是相似的存在。在这种情况下，受到力也没关系，但这个力必须是指向旋转中心的（在太阳系的行星就是指向太阳）。只有在这样的条件下，角动量才会守恒。另外，也可以反过来说，如果旋转的物体其角动量守恒不变，受到的力（如果有受到力的话）一定是指向旋转中心的。

虽说角动量守恒，但并不代表旋转的速率是不变的。由于面积速度不变，在旋转的半径小的情况下（离旋转轴比较近时）就转动得快。这和行星在靠近太阳时转得快的现象是一致的。

花样滑冰选手的旋转就是一个有名的角动量守恒例子。在旋转时，如果选手把伸出去的手收回放到身体上，旋转就会变快。虽然选手受到冰面的接触点来的力，但接触点就是旋转中心（可以理想化地看成二者完全重合为一），所以不会消耗角动量。

另外，宇宙里还有以飞快速度自转的天体。一般认为，这些天体是以前自转较慢的天体因为收缩变小，而角动量守恒导致其旋转速度变快。在这种情况下，天体没有受到外力作用，所以角动量守恒定律成立（图 7b）。关于自转的面积速度，这里不做详细说明，笼统地说就是旋转的速率（单位时间内旋转的圈数）乘以半径的平方。若半径变为原来半径的 1/10，旋转数就会变为原来的 100 倍。

## 角动量的变化——力矩

受到外力作用的话，物体的动量就会发生变化。揭示力与动量变化（速度向量的变化）之间的关系就是牛顿第二运动定律。另外，如果受到不是朝着旋转中心的力，角动量也会变化。那么这时候又有什么定律来描述那样的力与角动量变化之间的关系呢？

我们把描述改变角动量的作用的量称为“力矩”。为了理解力矩我们来想象一个正在自由旋转的圆板。假设圆板没有受到摩擦力的影响而一直在旋转。根据角动量守恒定律，没有摩擦力的话，旋转的圆板会一直旋转下去。由于角动量是方向与旋转方向一致的向量，所以，此时它与圆板垂直。

接着，我们考虑给圆板安装一个把手，通过推把手可以改变其旋转（见图 8a）。在旋转时去推把手有点困难，所以我们假设圆板最初是静止的，然后推把手并且思考圆板会有何变化。在静止的状态下角动量为 0，问题是如何施加力才能让角动量不为 0 呢？

当然，如果往圆板的中心方向推把手，圆板怎么都转不起来。这是大家直观上一目了然的事情。其实这是因为往旋转中心方向的力并不能改变它的角动量（面积速度），这也可以由我们之前的讨论而了解。

要让圆板开始转起来，那就必须朝着与中心方向至少有一点不同的方向推把手才行。我们可以很简单地想象到如果顺着它旋转的方向，即与朝着中心的方向垂直的方向推把手的话是最有效率的。

我们再考虑在圆板的另一侧也装一个把手。如果

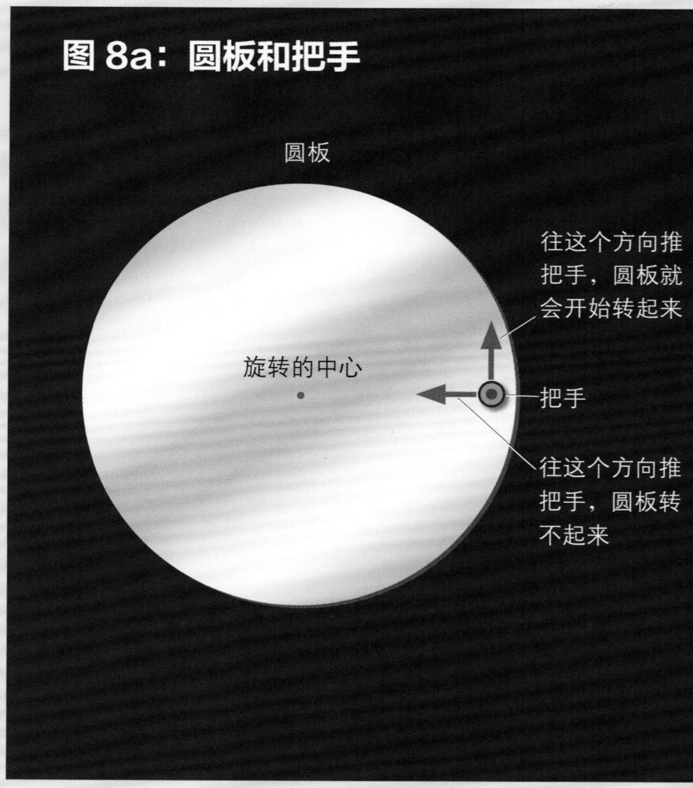


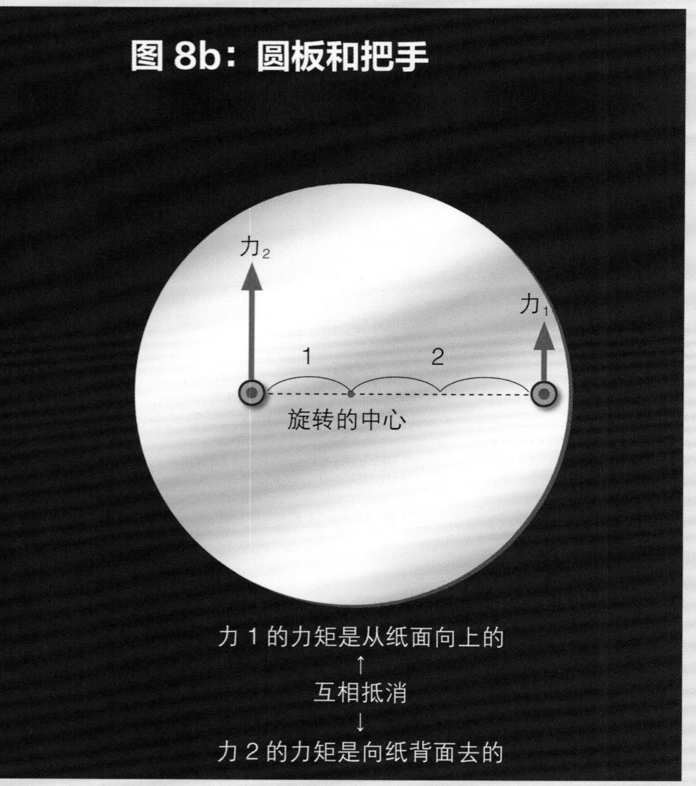


向旋转中心施力推圆板的把手，圆板怎么都转不起来，但往图中朝上的方向推的话圆板就会开始转起来（图 8a）。图 8b 所示，如果圆板有两个把手，左边的把手到中心的距离如果只有右边一半的话，左边就需要 2 倍的力推把手才能与右边相抵消。用力矩来考虑这个情形的话，力 1 的力矩是从纸面往上的，而力 2 的力矩是向纸背面去的。

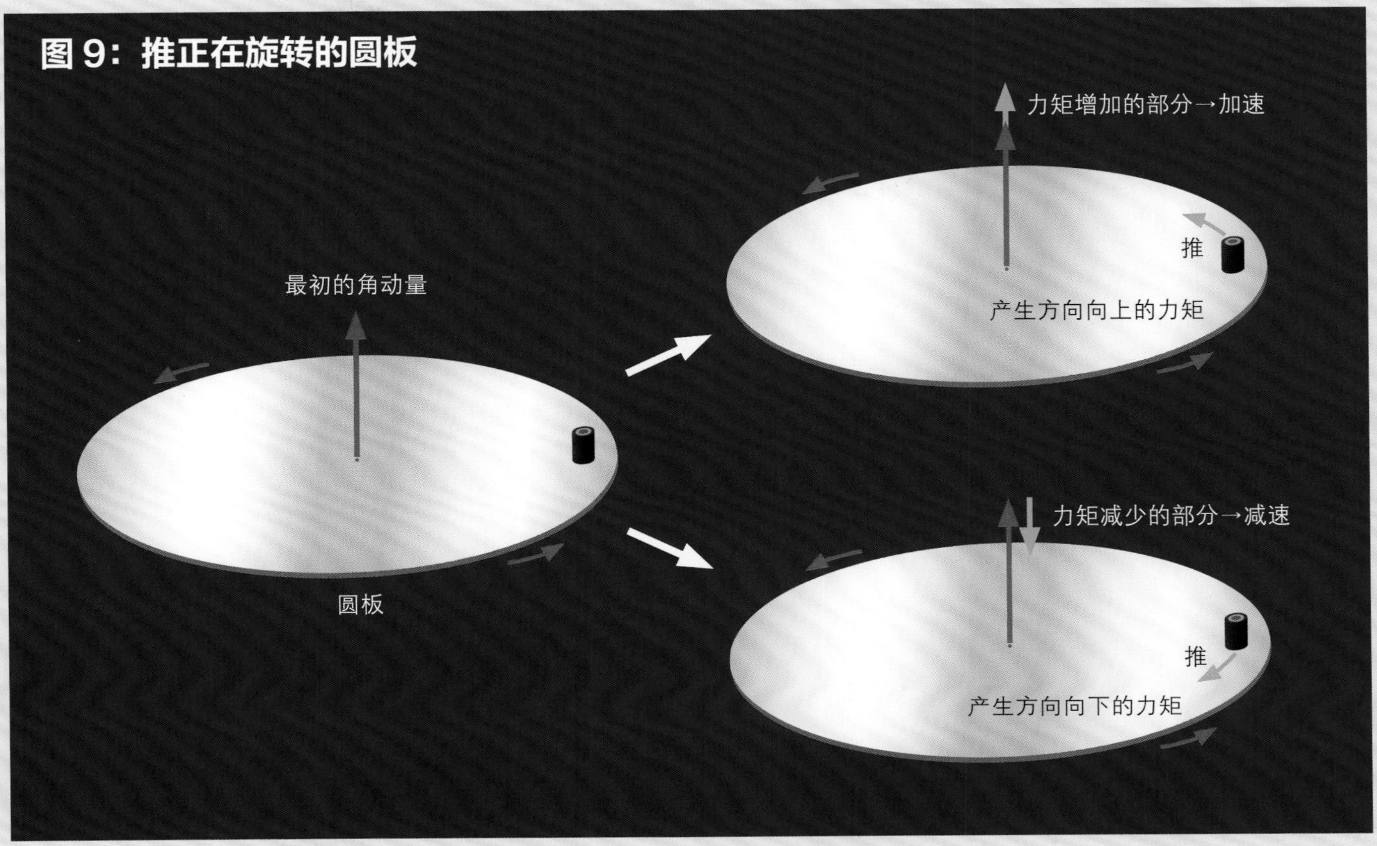


两个把手到中心的距离是一样的话，同时反向去推两个把手，两个力互相抵消，圆板也转不起来。如果左侧把手的位置是右侧把手位置的一半（从中心来看），左侧用 2 倍的力推把手时两个力也会互相抵消（图 8b）。这就是“杠杆原理”。能让圆板转起来的作用的强度是由到中心的距离乘以力的大小（如果力是顺着旋转方向的话）所得的积来决定的，这就是杠杆原理。

在这里，我们把用来表示改变角动量的作用的量定义为“力矩”。其大小被定义为从力的作用点到旋转轴的距离与旋转方向的力的大小的乘积（用数学式来标识的话会用到第三部分介绍的外积，在这里我们就不提外积了）。

力矩也是向量，其方向就是这个力矩引起的旋转的方向（前面已经介绍过，关于如何定义旋转的方向的正负）。如果力的方向反过来，力矩的方向也会随之反转。

## 旋转的变化与力矩的方向

像速度向量的变化与力成正比（牛顿第二运动定律）一样，角动量向量的变化（包含大小和方向）也与力矩成正比。力矩的方向与由它引起的旋转方向一致，角动量的变化朝着力矩的方向也是很自然的事情。

举个简单例子，我们再来思考刚才那个旋转的圆板（图 9）。这次我们假设圆板从最开始就已经呈左旋了。那么角动量向量的方向就是沿着旋转轴向上的方向（图中向上的方向）。这时顺着圆板的旋转去稍微推动把手的话，旋转会加速起来。

这时，手推的力产生的力矩是朝哪个方向的呢？

力矩的方向，就是这个力产生旋转的旋转轴的方向。由于这个力产生的旋转与原本的旋转同向，所以力矩的方向也与原本旋转的角动量方向相同。所以，这个力导致了角动量的增加。在圆板形状没有发生变化的情况下，旋转速度变快了，说明角动量增加了。

如果力的方向与旋转方向相反，圆板就会减速。这时的力矩虽然也是它引起旋转的旋转轴方向，但与原本旋转的角动量方向相反。所以，角动量做了减法，圆板减速也是理所当然的了。

## 陀螺的运动

到此，我们介绍的角动量与它的变化的方向都是同向的（或者正好反向），所以带来的变化只要用单纯的加法或减法就得知。随之而来的结论从日常生活经验来看也是一目了然的，所以可能并不能感受到特别的“惊喜”。如果需要求用什么样的力作用几秒时才能使旋转数变化多少这样的题目，也许我们更能感受到这个定律的有用之处，如果只是单纯地探讨方向，也只能得到一些常识性结论了。

但是，如果在旋转的方向和力矩的方向不同的情况下，也并不是那么简单。一个很有名的例子就是陀螺的运动。为什么旋转的陀螺不会倒下去呢？如果把铅笔的尖端放在下方让铅笔直立起来是非常困难的，但对于陀螺，把它的尖端放在下方，只要旋转不停止，它一直都能立起来。

大家有尝试去稍微推垂直立着的陀螺中心的铁轴顶端吗？陀螺并不会朝着推的方向倒下去，而是会朝与它垂直的方向倾斜（图 10a），也不是马上就倒，会在轴倾斜的状态下继续旋转，同时，倾斜的轴的方向也会慢慢地旋转。这被称为“进动现象”（又可称为“旋进现象”或“岁差现象”，图 10b）。

由于陀螺在旋转，当它倾斜时，一部分受到重力的影响朝下加速，而反面部分则会抑制使其朝上加速。另外，它与地面的接触点也受到很复杂的力。因此，要直观地去理解陀螺的运动是非常困难的，但从旋转轴及角动量变化的观点来看，就能容易地理解陀

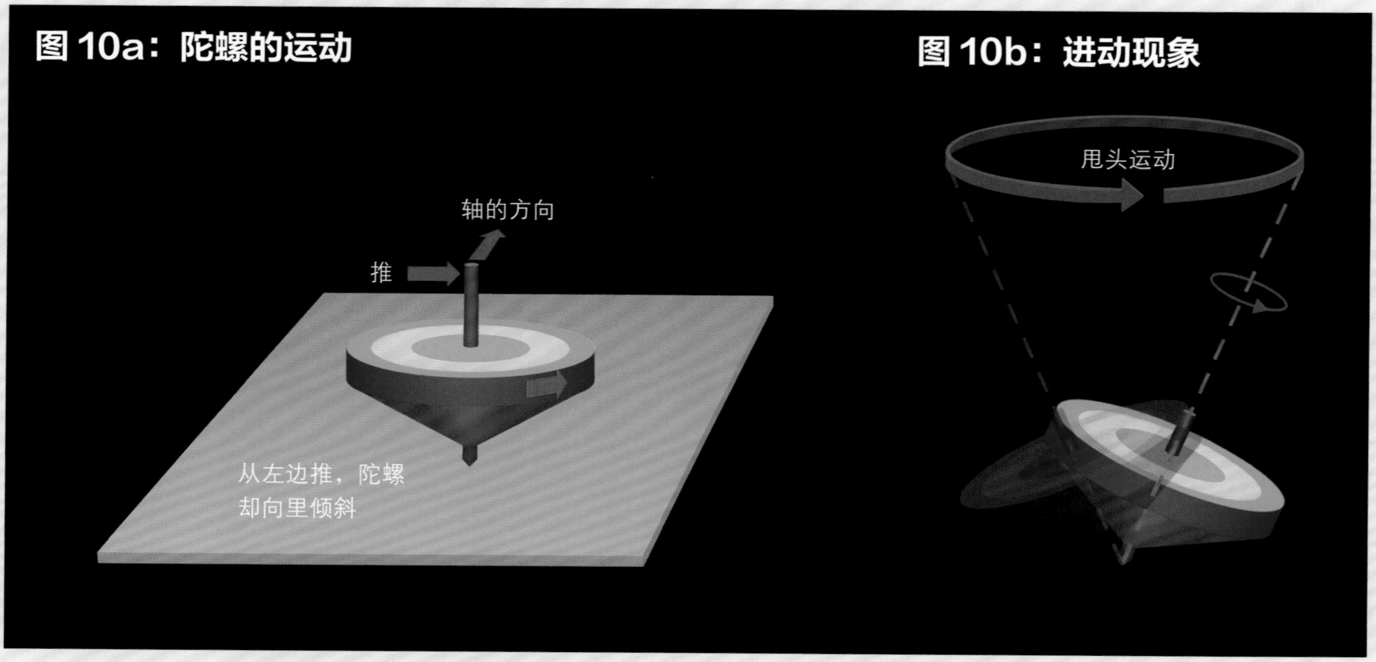


陀螺并不是顺着被推的方向倒下，而是倾斜到与之垂直的方向。如图 10a 所示从左边稍微推陀螺中心的铁轴顶端，陀螺会朝里倾斜。倾斜后的陀螺会继续旋转，轴的倾斜方向也会慢慢旋转（图 10b，进动现象）。

图 11a

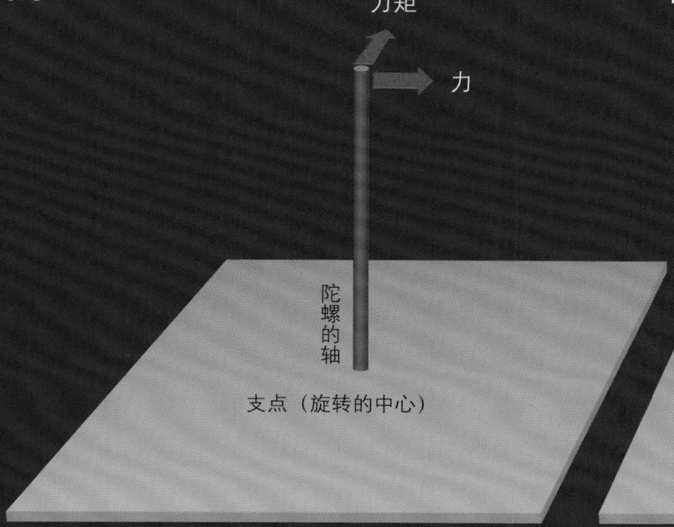

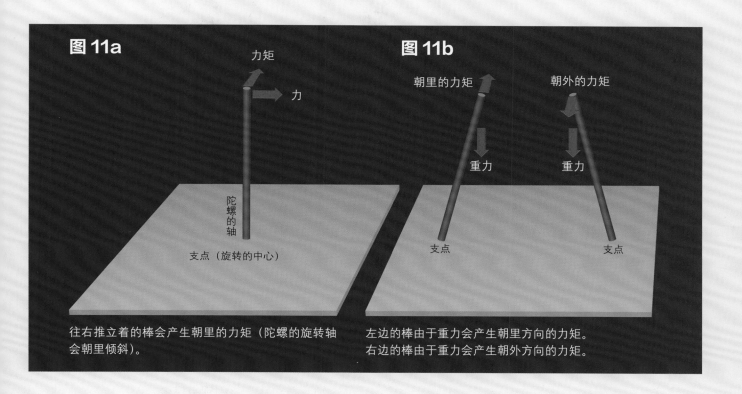

往右推立着的棒会产生朝里的力矩（陀螺的旋转轴会朝里倾斜）。

图 11b

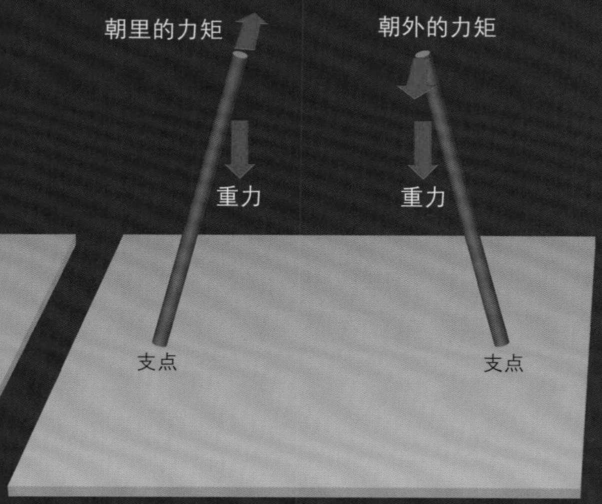


左边的棒由于重力会产生朝里方向的力矩。
右边的棒由于重力会产生朝外方向的力矩。

螺的基本运动了。

首先，我们来考虑垂直立着旋转的情况吧。陀螺旋转轴垂直于地面，所以角动量也是垂直方向的（图中旋转的情况为朝上）。接着，从左边往右稍微推一下它中心的铁轴顶端。由这个力产生的力矩导致角动量的变化。那力矩是朝向哪个方向呢？

考虑力矩的时候，与陀螺正在旋转没有关系。例如，图 11a 所示的那样，往右推垂直立着的铁棒的顶端，棒（以下方的支点为中心）会往右旋转到纸面内。这个旋转的旋转轴与纸面是垂直的。也就是说往右推的力的力矩方向是朝里去的（往左推的话，力矩就是朝外的）。

假设从上方俯视陀螺最开始是左旋的，那时的角动量就是垂直向上的，但当它受到朝里的力矩时，角动量就会朝里倾斜。角动量向量倾斜就代表陀螺的旋转轴倾斜了。也就是说，虽然是往右边推它，但它的旋转轴往里面倾斜；如果是往左边推陀螺，它就会朝前面倾斜。

接着，我们来说明倾斜的陀螺的进动现象吧。倾斜的陀螺受到重力向下拉的影响，并不是说它整体就会直接倒下去。旋转轴往哪个方向动，还必须考虑重力引起的力矩。

虽然重力使它向下，由于支点不动，陀螺向下倒的运动就变成以水平方向为轴的旋转。也就是说，重力引起的力矩是水平方向的（与轴垂直）。所以，陀螺的轴也会朝着横向移动，形成如图 11b 所示的头部旋转的运动。

类似的例子还有自行车。停止的自行车如果往左倾斜就会往左边倒下去，但如果是行驶中的自行车往左倾斜，则不会倒下去，而是往左边拐弯。如果考虑自行车车轮旋转的角动量在重力的力矩影响下是如何变化的，就知道这是怎么一回事了。重力的力矩是水平向，而且朝向自行车后方。最初是朝着自行车左右方向的车轮旋转轴变成朝向左后方，所以自行车就向左转了。

# 与向量有着不可分割关系的“矩阵”是什么？

有一种被称为“矩阵”的东西与向量有着密切的关系。我们来看这个问题：鹤与龟加起来一共有 9 只，它们的脚加起来一共有 26 只，问鹤与龟分别有几只？设鹤（2 只脚）有 $x$ 只，龟（4 只脚）有 $y$ 只，就可以列出下面这样的方程组来求解。

$x+y=9$ …①

$2x+4y=26$ …②

我们把这个方程组左边的系数抽出来作如下摆放来看看，这就是数学中的矩阵。

第1列 第2列

第1行 → $\begin{pmatrix} 1 & 1 \\ 2 & 4 \end{pmatrix}$
第2行 →

像这样把多个数有横有纵排列起来的就是矩阵。上面这个问题列出的矩阵是一个 2 行 2 列的矩阵，还有 3 行 3 列、5 行 6 列等的矩阵，无论多少行多少列的矩阵都可能存在。

**使用矩阵和向量的“乘法运算”就能像下面这样把①和②组成的方程组用简单的形式表示出来。**此时，向量的元素纵排书写。

$$\begin{pmatrix} 1 & 1 \\ 2 & 4 \end{pmatrix}\begin{pmatrix} x \\ y \end{pmatrix}=\begin{pmatrix} 9 \\ 26 \end{pmatrix} \cdots ③$$

“乘法运算”的法则如下所示。

$$\begin{pmatrix} 1 & 1 \\ 2 & 4 \end{pmatrix}\begin{pmatrix} x \\ y \end{pmatrix}=\begin{pmatrix} x+y \\ 2x+4y \end{pmatrix}=\begin{pmatrix} 9 \\ 26 \end{pmatrix}$$

按照红、蓝颜色箭头为顺序，把各元素进行乘法之后再相加得到的结果就成为右边的向量的各个元素。把它写成一般形式就是：

$$\begin{pmatrix} a & b \\ c & d \end{pmatrix}\begin{pmatrix} x \\ y \end{pmatrix}=\begin{pmatrix} ax+by \\ cx+dy \end{pmatrix}$$

把③左边的矩阵记为 A，左右向量记为 $\vec{x}$，右边向量记为 $\vec{a}$ 的话，就可以写成

$$A\vec{x}=\vec{a} \cdots ④$$

从形式上看，通过使用向量和矩阵把①和②两个式子总合成一个简洁的公式。

假设这些矩阵和向量只是单个数的话，对于“$Ax=a$”，只要在两边乘以 $A$ 的倒数，也就是 $A$ 分之 1（$A^{-1}$），就能通过“$x=A^{-1}a$”求出结果。

实际上，也存在着与这个倒数相当的“逆矩阵”，记为 $A^{-1}$。使用逆矩阵的话就有

$$\vec{x}=A^{-1}\vec{a} \cdots ⑤$$

只要计算上面公式的右边部分，就能求得 $\vec{x}$ 的元素，也就是未知数 $x$ 和 $y$（鹤与龟各自的只数）了。逆矩阵可如下求得

当 $A=\begin{pmatrix} a & b \\ c & d \end{pmatrix}$ 时，$A^{-1}=\dfrac{1}{ad-bc}\begin{pmatrix} d & -b \\ -c & a \end{pmatrix}$

对最开始的问题用逆矩阵求解的话，就得到

$$A^{-1}=\frac{1}{2}\begin{pmatrix} 4 & -1 \\ -2 & 1 \end{pmatrix}$$

随之可以进行如下计算。

$$\begin{pmatrix} x \\ y \end{pmatrix}=\frac{1}{2}\begin{pmatrix} 4 & -1 \\ -2 & 1 \end{pmatrix}\begin{pmatrix} 9 \\ 26 \end{pmatrix}$$
$$=\frac{1}{2}\begin{pmatrix} 4\times 9+(-1)\times 26 \\ (-2)\times 9+1\times 26 \end{pmatrix}$$
$$=\frac{1}{2}\begin{pmatrix} 36-26 \\ -18+26 \end{pmatrix}=\frac{1}{2}\begin{pmatrix} 10 \\ 8 \end{pmatrix}=\begin{pmatrix} 5 \\ 4 \end{pmatrix}$$

也就是说，我们求解出鹤（$x$）有 5 只，龟（$y$）有 4 只。

虽然我们已经求出上面问题的答案，但对于由①和②组成的方程组用常用的求解方法（首先消去 $x$，

求出 $y$ 的值，再求 $x$ 的值）会更快、更轻松，所以可能并不能感受到矩阵带来的便捷。

但是，**当未知数变为 3 个、4 个、10 个……未知数不断增加后（多元方程组），如果用常用的求解方法会非常繁杂。实际上，要求解多元方程组，使用包含多个元素的向量和矩阵会使计算变得更加轻松。**把这种计算变为可能的数学被称为“线性代数”。线性代数在物理学和工程学等领域的运用当然不言而喻，在经济学等学科里也是非常方便的工具而被广泛使用。

## 矩阵可以改变向量的方向和大小

如果把向量看成是拥有方向和大小的箭头的话，**可以说矩阵是“通过与向量相乘来改变向量的方向和大小的东西”**。例如下面这个矩阵：

$$\begin{pmatrix} 0 & -1 \\ 1 & 0 \end{pmatrix}$$

就是一个“能让所有向量不改变长度，以原点为中心旋转 90° 的矩阵”。我们随便选几个向量与这个矩阵相乘来看看。

$$\begin{pmatrix} 0 & -1 \\ 1 & 0 \end{pmatrix}\begin{pmatrix} 3 \\ 0 \end{pmatrix}=\begin{pmatrix} 0\times3+(-1)\times0 \\ 1\times3+0\times0 \end{pmatrix}=\begin{pmatrix} 0 \\ 3 \end{pmatrix}$$

$$\begin{pmatrix} 0 & -1 \\ 1 & 0 \end{pmatrix}\begin{pmatrix} 1 \\ 2 \end{pmatrix}=\begin{pmatrix} 0\times1+(-1)\times2 \\ 1\times1+0\times2 \end{pmatrix}=\begin{pmatrix} -2 \\ 1 \end{pmatrix}$$

如右上的图所示，乘上这个矩阵之后得到的向量，与原向量以原点为中心旋转 90° 后的向量一致，实际来计算它们的内积看看。

$$(3,0)\cdot(0,3)=3\times0+0\times3=0$$

$$(1,2)\cdot(-2,1)=1\times(-2)+2\times1$$
$$=-2+2=0$$

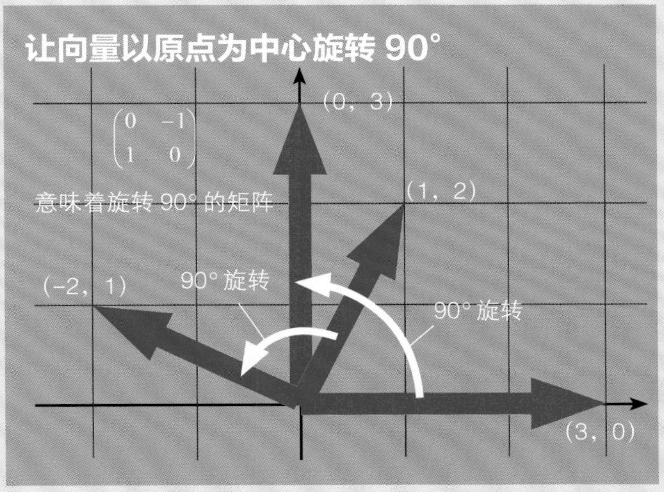


用左上所示的矩阵乘以向量的话，无论什么向量，都能使它变换成以原点为中心旋转 90° 后的向量。

结果都为 0，所以看得出两个向量是互相垂直的。

另外关于它们的长度，(3，0) 和 (0，3) 一看就知道长度都是 3，对于 (1，2) 和 (−2，1)，可以计算出

(1，2) 的长度 = $\sqrt{1^2+2^2}=\sqrt{5}$

(−2，1) 的长度 = $\sqrt{(-2)^2+1^2}=\sqrt{5}$

所以，向量长度也是没有变化的。

在这里，我们列出能让向量以原点为中心只旋转 $\theta$ 度的矩阵吧。

$$\begin{pmatrix} \cos\theta & -\sin\theta \\ \sin\theta & \cos\theta \end{pmatrix}$$

虽然用到了三角函数，但使用这个矩阵的话，无论什么向量都能自由自在地让它们旋转。

翻译 / 陈迅

**原版图书编辑人员**

主编　木村直之
编辑　疋田朗子

**图片版权说明**

| | |
|---|---|
| 52 | [ 肖像 ] Mary Evans Picture Library/ アフロ |
| | [ 对数表 ] Science & Society Picture Library/ アフロ |
| 64-65 | NASA |
| 77 | Universal Images Group/Cynet Photo |

**插图版权说明**

封面设计　宫川爱理
（插图：Newton Press）

| | |
|---|---|
| 2~3 | Newton Press |
| 5~11 | Newton Press |
| 12-13 | 吉原成行 |
| 14-15 | Newton Press · カサネ · 治 |
| 16~19 | Newton Press |
| 20-21 | Newton Press （credit ①，② ） |
| 22-23 | Newton Press （credit ①，②，[ 月 ]NASA） |
| 24~35 | Newton Press |
| 37 | Newton Press |
| 38-39 | 吉原成行 |
| 40~45 | Newton Press |
| 46-47 | Newton Press · カサネ · 治 |
| 48~51 | Newton Press |
| 52-53 | [ 星空 ] Newton Press |
| 54-55 | 吉原成行 · Newton Press |
| 56-57 | 吉原成行 |
| 66~76 | Newton Press |
| 78~79 | Newton Press |
| 80 | [ 欧拉 ] 小崎哲太郎 |
| 80-81 | Newton Press |
| 84~87 | Newton Press |
| 89 | Newton Press |
| 91~157 | Newton Press |
| 159 | Newton Press |
| 161~171 | Newton Press |
| 173 | Newton Press |
| 表 4 | Newton Press |

| | |
|---|---|
| credit ① | [ 地图数据 ]Reto Stöckli, Nasa Earth Observatory |
| credit ② | [ 云的数据 ]NASA Goddard Space Flight Center Image by Reto Stöckli (land surface, shallow water,clouds). Enhancements by Robert Simmon (ocean color, compositing, 3D globes, animation). Data and technical support: MODIS Land Group; MODIS Science Data Support Team; MODIS Atmosphere Group; MODIS Ocean Group Additional data: USGS EROS Data Center (topography); USGS Terrestrial Remote Sensing Flagstaf Field Center (Antarctica); Defense Meteorological Satellite Program (city lights). |


**协助**

木村俊一，日本广岛大学理学部数学科教授，哲学博士。1963年出生于日本大阪府，毕业于东京大学理学部数学专业。著有《天才数学家这样解答、这样生活》《连分数的不可思议》等。

**协助 · 执笔**

和田纯夫，日本成蹊大学特聘讲师、原东京大学大学院综合文化研究科专职讲师，理学博士。1949年出生于日本千叶县，毕业于东京大学理学部物理学科，专业是理论物理。研究主题是基本粒子物理学、宇宙论、量子论（多世界解释）、科学论等，著有《量子力学讲述的世界像》等。